Estudos de eletroquímica

reações químicas e energia

Ana Luiza Lorenzen Lima

O selo DIALÓGICA da Editora InterSaberes faz referência às publicações que privilegiam uma linguagem na qual o autor dialoga com o leitor por meio de recursos textuais e visuais, o que torna o conteúdo muito mais dinâmico. São livros que criam um ambiente de interação com o leitor – seu universo cultural, social e de elaboração de conhecimentos –, possibilitando um real processo de interlocução para que a comunicação se efetive.

Rua Clara Vendramin, 58 | Mossunguê
CEP 81200-170 | Curitiba-PR | Brasil
Fone: (41) 2106-4170
www.intersaberes.com
editora@editoraintersaberes.com.br

Dados Internacionais de Catalogação na Publicação (CIP)
(Câmara Brasileira do Livro, SP, Brasil)

Lima, Ana Luiza Lorenzen
  Estudos de eletroquímica: reações químicas e energia/ Ana Luiza Lorenzen Lima. Curitiba: InterSaberes, 2020. (Série Panorama da Química)

  Bibliografia.
  ISBN 978-65-5517-677-3

  1. Eletroquímica 2. Química – Estudo e ensino I. Título II. Série.

20-37004   CDD-540.7

Índices para catálogo sistemático:

1. Química: Estudo e ensino   540.7

Maria Alice Ferreira – Bibliotecária – CRB-8/7964

1ª edição, 2020.

Foi feito o depósito legal.

Informamos que é de inteira responsabilidade da autora a emissão de conceitos.

Nenhuma parte desta publicação poderá ser reproduzida por qualquer meio ou forma sem a prévia autorização da Editora InterSaberes.

A violação dos direitos autorais é crime estabelecido na Lei n. 9.610/1998 e punido pelo art. 184 do Código Penal.

Conselho editorial
☐ Dr. Ivo José Both (presidente)
☐ Dr.ª Elena Godoy
☐ Dr. Neri dos Santos
☐ Dr. Ulf Gregor Baranow

Editora-chefe
☐ Lindsay Azambuja

Gerente editorial
☐ Ariadne Nunes Wenger

Assistente editorial
☐ Daniela Viroli Pereira Pinto

Preparação de originais
☐ Ana Ziccardi

Edição de texto
☐ Palavra do Editor
☐ Floresval Nunes Moreira Junior
☐ Guilherme Conde Moura Pereira
☐ Larissa Carolina de Andrade

Capa e projeto gráfico
☐ Luana Machado Amaro (*design*)
☐ Eric Strand/Shutterstock (imagem)

Diagramação
☐ Muse Design

Equipe de *design*
☐ Luana Machado Amaro

Iconografia
☐ Regina Claudia Cruz Prestes

Sumário

Apresentação □ 8
Como aproveitar ao máximo este livro □ 11

Capítulo 1
Fundamentos da eletroquímica □ 18
1.1 Conceitos básicos □ 19
1.2 Leis de Faraday □ 29
1.3 Célula galvânica e célula eletrolítica □ 41
1.4 Potenciais-padrão □ 53
1.5 Diagrama de Latimer □ 63

Capítulo 2
Sistemas eletroquímicos □ 79
2.1 Eletrodo-padrão de hidrogênio □ 80
2.2 Trabalho elétrico □ 87
2.3 Potencial de célula □ 91
2.4 Terceira lei da termodinâmica e energia de Gibbs □ 96
2.5 Implicações da energia livre de Gibbs □ 101

Capítulo 3
Equilíbrio químico □ 120
3.1 Constantes de equilíbrio □ 122
3.2 Deslocamento do equilíbrio: princípio de Le Châtelier □ 127
3.3 Efeito da concentração e das atividades de íons em solução □ 130
3.4 Equação de Nernst □ 137
3.5 Propriedades do padrão eletroquímico □ 143

Capítulo 4
Processos de geração e armazenamento de energia □ 159
4.1 Pilhas e baterias: funcionamento e propriedades □ 160
4.2 Tipos de pilhas e baterias □ 170
4.3 Células a combustível □ 187
4.4 Tipos de células a combustível □ 195
4.5 Uso do hidrogênio como proposta de geração de energia limpa □ 206

Capítulo 5
Eletroquímica analítica □ 225
5.1 Cinética de processos eletródicos □ 227
5.2 Eletrodos □ 237
5.3 Técnicas voltamétricas □ 251
5.4 Técnicas eletroanalíticas □ 263
5.5 Potenciometria □ 275

Capítulo 6
Eletroquímica na prática industrial □ 297
6.1 Processos eletroquímicos industriais □ 298
6.2 Passivação □ 309
6.3 Eletrodeposição □ 315
6.4 Controle de corrosão □ 321
6.5 Eletrorremediação □ 331

Referências □ 349
Compostos químicos □ 357
Respostas □ 366
Sobre a autora □ 390

Dedicatória

Dedico este trabalho aos meus pais, Maria Tereza e Wagner, que construíram nossa família sobre alicerces de amor, confiança e apoio incondicional aos filhos.

Agradecimentos

Agradeço aos meus pais, Maria Tereza e Wagner, e aos meus irmãos, Guilherme e Marcelo, por todo o apoio, incentivo e paciência que cada um dirigiu a mim, conforme suas características pessoais. Em especial, aos meus pais, por sempre destacarem a relevância do estudo para o desenvolvimento pessoal. Deus não poderia ter me inserido em uma família melhor.

Agradeço ao Pedro, pela sua simples serenidade, pela nossa convivência, pelas nossas conversas, cafés, planos e por ser a melhor pessoa que poderia estar ao meu lado neste momento.

Agradeço a todos os professores que contribuíram para a minha formação profissional e àqueles que, desde a idade escolar, fizeram despertar em mim o gosto e o hábito pelos estudos.

Agradeço também à Editora InterSaberes, pela oportunidade de desenvolver este trabalho.

Epígrafe

A humanidade precisará de uma substancial nova forma de pensar se quiser sobreviver.

Albert Einstein

Apresentação

A química constitui tudo aquilo de que nos alimentamos, assim como tudo o que somos, vivemos, usamos e, até mesmo, sentimos. E a eletroquímica? Você, leitor, saberia indicar qual é a relevância dessa área em nosso cotidiano?

Estamos em um processo de transição da era industrial para a era tecnológica que ocorre sem nem ao menos nos darmos conta. A cada dia, surgem novos equipamentos, novas funcionalidades, novos processos e novas necessidades que, até então, não tínhamos, não é mesmo? Esse processo só é possível porque as áreas do conhecimento o acompanham e se desenvolvem em conjunto. Em outras palavras, para que a tecnologia se desenvolva cada vez mais, a evolução da química e da eletroquímica é indispensável.

Ao longo deste livro, são explorados conceitos e fundamentos para torná-lo apto a reconhecer como processos eletroquímicos e eletroanalíticos estão presentes no dia a dia. Tais processos são extremamente importantes para as mais diversas atividades, desde as mais corriqueiras, como o uso do celular, até aquelas relacionadas a questões financeiras nacionais e processos industriais, sem os quais, certamente, nossa vida seria muito menos confortável e mais escassa de recursos e possibilidades. Com uma abordagem leve, direta e interativa, nosso objetivo é possibilitar a compreensão de novos conceitos, ideias e correlações no âmbito da eletroquímica, sempre considerando conhecimentos prévios e a observação de situações cotidianas. Afinal, a química está presente em tudo o que vemos e sentimos.

Para alcançar esse objetivo, este livro de eletroquímica foi organizado em seis capítulos. No Capítulo 1, reforçamos as definições básicas de reações de oxirredução, resgatando conceitos de química geral. Nele, você conhecerá os meios de conversão de energia química e o cálculo da variação de energia gerada por uma reação química.

No Capítulo 2, destacamos a importância da adoção de sistemas de referência e a relação entre trabalho elétrico, potencial de célula e espontaneidade de processos, retomando a relação entre as funções de estado entalpia, entropia e energia livre de Gibbs.

No Capítulo 3, abordamos a análise dos equilíbrios químicos sob um ponto de vista eletroquímico, preparando-o para entender como a variação de concentração das espécies em equilíbrio influencia no potencial medido de uma célula eletroquímica.

No Capítulo 4, apresentamos o funcionamento de pilhas e baterias, objetos muito presentes em nosso cotidiano, buscando ampliar sua interpretação para outros dispositivos de geração e armazenamento de energia.

Novas aplicações da eletroquímica são discutidas no Capítulo 5, com o estudo dos processos interfaciais entre eletrodo e eletrólito e das técnicas voltamétricas e eletroanalíticas, as quais se baseiam em medidas de potencial ou de corrente elétrica para fornecer informações qualitativas e quantitativas sobre um sistema eletroquímico. Nesse capítulo, explicamos cuidadosamente o funcionamento dos sensores, dispositivos de detecção muito utilizados nas áreas ambiental, de saúde, alimentícia, entre outras.

No Capítulo 6, abordamos, de modo mais amplo, a eletroquímica nas práticas industriais e nos métodos de grande escala. Discorremos sobre como são preparados alguns dos reagentes de maior importância no setor industrial e apresentamos diferentes formas de tratamento de superfícies. Você perceberá como produtos derivados de processos eletroquímicos estão presentes nas residências e nos objetos em geral. Encerramos mostrando alguns métodos eletroquímicos de tratamento de áreas contaminadas e o papel importante das técnicas de eletrorremediação na recuperação do meio ambiente.

Esperamos que o estudo deste livro possibilite que você se encante com a eletroquímica e se torne um observador da beleza dos processos químicos envolvidos na natureza, contribuindo para ampliar a visão limitada que ainda persiste sobre a eletroquímica.

Bons estudos!

Como aproveitar ao máximo este livro

Empregamos nesta obra recursos que visam enriquecer seu aprendizado, facilitar a compreensão dos conteúdos e tornar a leitura mais dinâmica. Conheça a seguir cada uma dessas ferramentas e saiba como estão distribuídas no decorrer deste livro para bem aproveitá-las.

Início do experimento
Logo na abertura do capítulo, informamos os temas de estudo e os objetivos de aprendizagem que serão nele abrangidos, fazendo considerações preliminares sobre as temáticas em foco.

Fique atento!
Ao longo de nossa explanação, destacamos informações essenciais para a compreensão dos temas tratados nos capítulos.

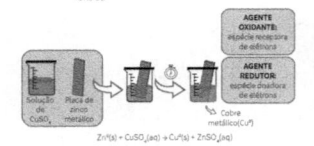

Lembrete
Relembramos conhecimentos básicos que você já sabe e precisa ativar para compreender mais facilmente os conteúdos tratados.

Novo elemento!

Nestes boxes, apresentamos informações complementares e interessantes relacionadas aos assuntos expostos no capítulo.

Por dentro da química

Disponibilizamos, nesta seção, exemplos para ilustrar conceitos e operações descritos ao longo do capítulo a fim de demonstrar como as noções de análise podem ser aplicadas.

Síntese química
Ao final de cada capítulo, relacionamos as principais informações nele abordadas a fim de que você avalie as conclusões a que chegou, confirmando-as ou redefinindo-as.

Prática laboratorial
Apresentamos estas questões objetivas para que você verifique o grau de assimilação dos conceitos examinados, motivando-se a progredir em seus estudos.

Análises químicas
Aqui apresentamos questões que aproximam conhecimentos teóricos e práticos a fim de que você analise criticamente determinado assunto.

Repertório químico
Para ampliar seu repertório, indicamos conteúdos de diferentes naturezas que ensejam a reflexão sobre os assuntos estudados e contribuem para seu processo de aprendizagem.

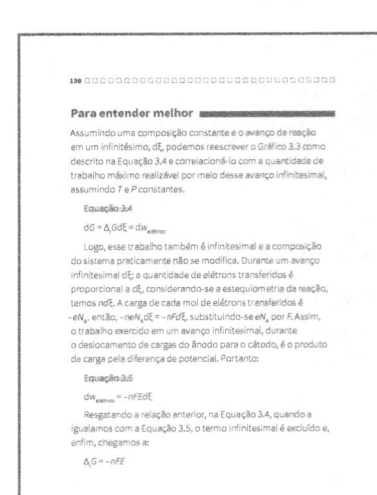

Para entender melhor
Apresentamos informações importantes para auxiliar você a compreender o conceito que está apresentado na seção, de modo a aprofundar sua aprendizagem.

Núcleo atômico
Algumas das informações centrais para a compreensão da obra aparecem nesta seção. Aproveite para refletir sobre os conteúdos apresentados.

Compostos químicos

Nesta seção, comentamos algumas obras de referência para o estudo dos temas examinados ao longo do livro.

Compostos químicos

ATKINS, P.; PAULA, J. de. **Físico-química**. Rio de Janeiro: LTC, 2008. v. 1.

Organizado em dois volumes, esse é um livro muito utilizado por diversas instituições de ensino superior. Trata-se de uma obra consagrada no ramo da físico-química, que pode ser útil para estudar não apenas a eletroquímica, mas também os demais assuntos correlatos.

AVERILL, B. A.; ELDREDGE, P. **General Chemistry**: Principles, Patterns, and Applications. [S.l.]: Saylor Academy, 2012.

Esse é um livro de química geral muito interessante, tanto que foi extensamente citado nesta obra. Os autores, Bruce A. Averill e Patricia Eldredge, abordam desde os princípios mais básicos da química, de forma clara e objetiva, inserindo ao longo do texto muitos exemplos e aplicações da área médica e biológica. Outro fator que o torna um material de consulta importante é a qualidade e a beleza das ilustrações.

BARD, A. J.; FAULKNER, L. R. **Electrochemical Methods**: Fundamentals and Applications. 2. ed. New York: John Wiley & Sons, 2001.

Esse é um livro específico de eletroquímica, muito completo e essencial para estudiosos da área, pois o nível de aprofundamento das explicações, inclusive a parte matemática, é bastante complexa.

IUPAC – International Union of Pure and Applied Chemistry. **Compendium of Chemical Terminology**. 2014. Disponível em: <https://goldbook.iupac.org/pdf/goldbook.pdf>. Acesso em: 31 jul. 2020.

Conhecido como *Gold Book*, na verdade, esse é um compêndio de terminologias químicas. Desenvolvido pela Iupac (sigla em inglês para União Internacional de Química Pura e Aplicada), ele contém as definições internacionalmente aceitas no âmbito da química. O acesso é livre pelo link indicado.

Capítulo 1

Fundamentos da eletroquímica

Início do experimento

Iniciaremos nosso estudo pelos fundamentos básicos das reações de transferência de elétrons, recordando os conceitos do processo de oxirredução e a relação entre as espécies reduzidas e oxidadas. Este capítulo tem o objetivo de reforçar e aprofundar seu conhecimento sobre as definições básicas, garantindo o aproveitamento máximo dos conteúdos futuros, uma vez que os assuntos abordados aqui são determinantes para compreender a eletroquímica de modo geral, seus processos e as técnicas associadas.

Algumas reações químicas são capazes de gerar energia, que pode ser aproveitada de forma útil, porém outras reações apenas acontecem por meio de estímulos externos. Esses dois tipos de sistema, denominados, respectivamente, *galvânicos* e *eletrolíticos*, possibilitam inúmeras aplicações, desde a geração e o armazenamento energético em pilhas e baterias até os processos industriais de eletrodeposição, como veremos mais à frente.

O sentido da reação em células eletroquímicas é determinado pela análise de seu potencial-padrão. Todos esses conceitos serão examinados neste capítulo e têm aplicação prática na área de atuação do químico.

1.1 Conceitos básicos

O que a combustão, a ferrugem, as baterias e a respiração celular têm em comum?

Apesar de, aparentemente, serem processos totalmente diferentes, todos esses exemplos se baseiam em apenas um tipo de reação química, a **reação de transferência de elétrons**.

Nas próximas páginas, vamos explorar reações em que há movimentação de elétrons entre átomos ou íons, as chamadas *reações de oxidação e de redução*, ou simplesmente, *reações redox*.

O conceito básico desse tipo de reação é a **transferência** de elétrons entre as espécies. Desse modo, se há "alguém" desejando doar algo, necessariamente outro "alguém" precisa estar disponível para receber. Traduzindo para termos químicos, quando há um processo oxidativo ocorrendo, obrigatoriamente há um processo de redução acontecendo de forma simultânea.

Inicialmente, o termo *oxidação* era relacionado à capacidade dos materiais – principalmente os metálicos – de se combinarem com o oxigênio, produzindo óxidos. Contudo, com a ampliação do entendimento na área da química, esse conceito foi expandido e concluiu-se que a **oxidação** não envolve, necessariamente, átomos de oxigênio, mas representa a doação ou perda de elétrons entre átomos ou íons. Por sua vez, as espécies que recebem esses elétrons sofrem o processo de **redução**. Os compostos aptos a aceitar elétrons são denominados **agentes oxidantes**, pois promovem a oxidação das espécies doadoras, ao mesmo tempo que sofrem a redução. Já os compostos com tendência à doação de elétrons são chamados **agentes redutores**, pois causam a redução da outra espécie – recebedora – por meio de sua própria oxidação. Observe o exemplo a seguir:

$Zn^0(s) + Cu^{2+}(aq) \rightarrow Cu^0(s) + Zn^{2+}(aq)$

Nesse caso, o íon Cu^{2+} é o agente oxidante, pois recebeu elétrons, promovendo a oxidação do Zn^0. Ao mesmo tempo, o Zn^0 é o agente redutor, pois promoveu a redução do Cu^{2+} para Cu^0. Na linguagem eletroquímica que adotaremos daqui em diante, podemos descrever esse caso afirmando que o Zn^0 foi oxidado pelo Cu^{2+}, ao mesmo tempo que o Cu^{2+} foi reduzido pelo Zn^0.

Fique atento!

Reações redox sempre ocorrem aos pares, isto é, simultaneamente.

O exemplo anterior pode ser visualizado macroscopicamente por meio de um experimento simples de imersão de uma placa de zinco metálico (Zn^0) em uma solução de $CuSO_4$, a qual mantém uma coloração azul em razão da presença de íons Cu^{2+}, como representado na Figura 1.1. Após algum tempo, a cor da solução diminui de intensidade, podendo até mesmo se tornar incolor, o que se deve à diminuição da concentração de íons Cu^{2+} em razão de sua redução a cobre metálico (Cu^0). Este, por sua vez, é depositado sobre a superfície da placa de zinco, a qual adquire uma coloração avermelhada, característica de cobre metálico. Na figura, a diferença de coloração é representada pela textura quadriculada sobre o eletrodo.

Figura 1.1 – Representação da reação de oxirredução entre uma placa de zinco metálica e uma solução aquosa de íons Cu^{2+}

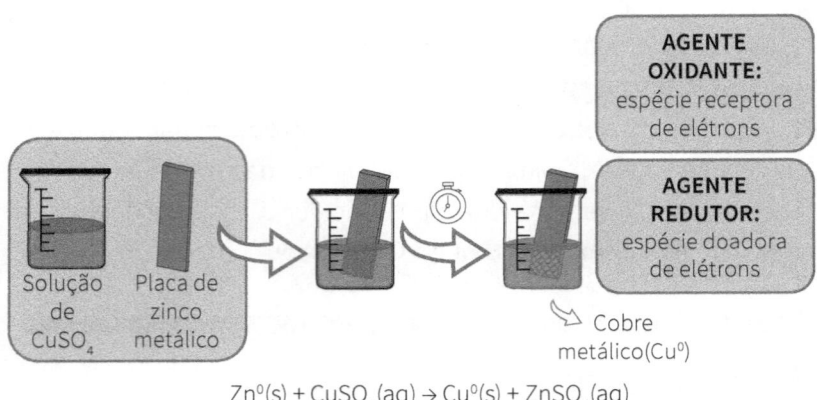

$Zn^0(s) + CuSO_4(aq) \rightarrow Cu^0(s) + ZnSO_4(aq)$

Para identificar quais espécies são oxidadas ou reduzidas nos processos redox, basta observar quais registraram mudanças em seus **estados de oxidação**.

Lembrete

Estados de oxidação

O estado de oxidação é uma medida do grau de oxidação de um átomo em uma substância (Iupac, 2014), sendo definido como a carga que o átomo ou íon deve ter quando os elétrons são contabilizados, levando-se em conta algumas considerações:

i. Em elementos livres, o estado de oxidação é zero.
ii. Em íons monoatômicos, o estado de oxidação é igual à carga livre do íon.
iii. O hidrogênio tem estado de oxidação +1 e o oxigênio tem estado de oxidação −2 na maioria dos compostos. Exceções:

hidretos de metais, em que o estado de oxidação do hidrogênio é –1 (exemplo: LiH), e peróxidos, em que o estado de oxidação do oxigênio é –1 (exemplo: H_2O_2).

iv. A soma de todos os estados de oxidação dos átomos de uma molécula deve ser zero. Para íons, a soma dos estados de oxidação dever ser igual à sua carga.

Agora que relembramos esse conteúdo, podemos associar o conceito de reação de oxidação ao aumento do estado de oxidação, pois a espécie fica deficiente em elétrons e acumula carga positiva. Por sua vez, a redução está associada à diminuição do estado de oxidação, pois, ao receber elétrons, torna-se menos positiva. Vamos realizar essa análise utilizando a reação de oxidação do zinco metálico por ácido clorídrico. A contabilização do estado de oxidação de cada átomo das moléculas foi feita conforme o "Lembrete" anterior, evidenciando quais espécies estão envolvidas nos processos redox.

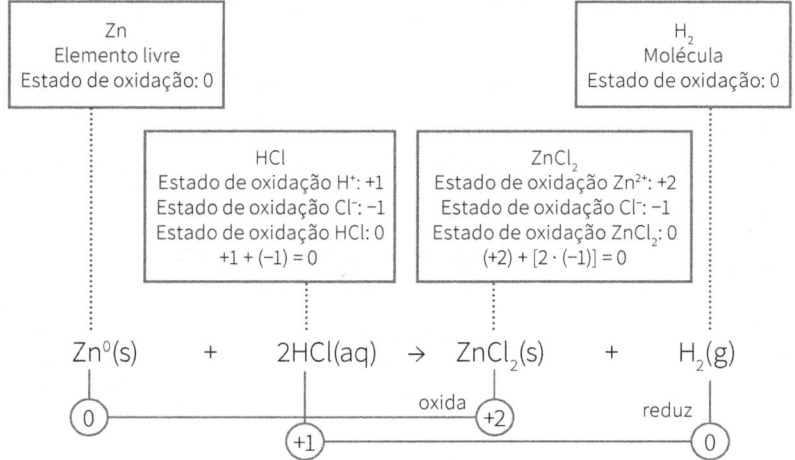

Nessa reação, o zinco foi oxidado, perdendo dois elétrons para o hidrogênio, como indicado pela variação de seu estado de oxidação de 0 para +2. O hidrogênio, que inicialmente mantinha estado de oxidação +1, no HCl, recebeu os elétrons do zinco e seu estado de oxidação diminuiu para 0 no gás hidrogênio, caracterizando a redução. Em resumo, nessa reação, o HCl foi o agente oxidante, pois promoveu a oxidação do zinco, que, por sua vez, agiu como redutor, promovendo a redução do hidrogênio.

Como as reações de oxirredução são compostas por dois processos químicos, é mais prático representá-las por meio de duas reações parciais, ou semirreações – uma delas referente ao processo de oxidação e a outra, ao de redução. Quando as semirreações são somadas, resultam na reação química global.

Diversos processos oxidativos estão presentes no meio ambiente, como já citamos: combustão, baterias, corrosão e respiração celular. A oxidação de peças de ferro é um tipo de corrosão, fenômeno que provavelmente você já deve ter observado. Quando o ferro entra em contato com o oxigênio do ar ou da água, ocorre sua oxidação e, consequentemente, a redução do oxigênio, gerando o produto $Fe(OH)_2$, cuja coloração alaranjada conhecemos como *ferrugem*. As reações redox envolvidas são apresentadas na Figura 1.2. Uma delas é relativa à oxidação do ferro, cujo estado de oxidação aumentou de zero para +2, e a outra é associada à redução do oxigênio a íons OH^-, nos quais o oxigênio tem estado de oxidação −2. Quando essas duas reações parciais são somadas, é obtida a reação global para o processo.

Figura 1.2 – Processo oxidativo de peças de ferro

Oxidação do ferro:
$Fe^0 \rightarrow Fe^{2+} + 2e^-$

Redução do oxigênio:
$O_2 + 2H_2O + 4e^- \rightarrow 4OH^-$

Reação global do processo de formação da ferrugem:
$2Fe^0 + O_2 + 2H_2O \rightarrow 2Fe(OH)_2$

Nota: a semirreação para a oxidação do ferro é multiplicada por 2 na etapa de balanceamento da equação.

A observação do processo redox por meio de semirreações auxilia na compreensão sobre a movimentação dos elétrons e é essencial para a etapa de balanceamento das reações redox. Como você provavelmente já percebeu, o número de elétrons doados pelo agente oxidante deve ser igual ao número de elétrons recebidos pelo agente redutor, para que se mantenha o equilíbrio do sistema. Aliás, você lembra como é feito o balanceamento de equações redox? Esse conhecimento é essencial para a continuidade de nosso estudo, por isso, na Seção "Por dentro da química", a seguir, há dois exemplos para você revisar esse conceito. No Apêndice 1, há um compilado de informações sobre as etapas necessárias para o balanceamento desse tipo de reação.

Novo elemento!

Espécies metálicas, quando apresentam estado de oxidação zero, estão sob sua forma metálica, ou seja, no estado sólido. Vejamos o exemplo da reação de redução do zinco:

$$Zn^{2+}(aq) + 2e^- \rightarrow Zn^0(s)$$

As formas de representação mais usuais para o zinco metálico são Zn(s) ou simplesmente Zn. Observe que o estado de oxidação não é mostrado, ficando implícito seu valor zero. No entanto, para maior clareza, ao longo de nossa discussão, adotaremos a representação $Zn^0(s)$. O importante é você reconhecer que, quando o estado de oxidação não estiver evidenciado, ele valerá zero*.

Por dentro da química

Exemplo 1.1

Neste primeiro exemplo, vamos considerar o balanceamento de uma equação em meio ácido:

$$I_2 + HNO_3 \rightarrow HIO_3 + NO_2 + H_2O$$

---

* Exceção: o mercúrio é líquido quando apresenta estado de oxidação igual a zero.

Inicialmente, devemos identificar as espécies que tiveram variação no número de oxidação e escrever as respectivas semirreações. Nesse caso, o número de oxidação do iodo variou de 0 para +5, então sofreu oxidação, e o do nitrogênio, de +5 para +4, sofrendo redução:

$I_2 \rightarrow 2HIO_3$

$HNO_3 + NO_2$

Devemos balancear as espécies químicas, lembrando que o oxigênio é balanceado com a adição de H_2O e o hidrogênio é balanceado por meio de íons H^+:

$I_2 + 6H_2O \rightarrow 2HIO_3 + 10H^+$

$HNO_3 + H^+ \rightarrow NO_2 + H_2O$

Em seguida, analisamos as cargas elétricas e adicionamos elétrons, se necessário:

$I_2 + 6H_2O + 10e^- \rightarrow 2HIO_3 + 10H^+$

$HNO_3 + H^+ \rightarrow NO_2 + H_2O + e^-$

Multiplicamos as reações por um fator comum que iguale o número de elétrons, sendo possível, assim, cancelá-los. Nesse caso, multiplicamos a segunda equação por 10:

$I_2 + 6H_2O + 10e^- \rightarrow 2HIO_3 + 10H^+$

$10HNO_3 + 10H^+ \rightarrow 10NO_2 + 10H_2O + 10e^-$

Enfim, somamos as duas reações e simplificamos as espécies em comum, obtendo a reação global balanceada:

$I_2 + 10HNO_3 \rightarrow 2HIO_3 + 10NO_2 + 4H_2O$

Exemplo 1.2

Neste segundo exemplo, vamos examinar o balanceamento de uma equação em meio básico:

$Br^- + MnO_4^- \rightarrow MnO_2 + BrO_3^-$

Primeiramente, identificamos as espécies que sofrem modificação do número de oxidação. Aqui, o Br passou de −1 para +5, portanto foi oxidado, e o manganês variou de +7 para +2, sendo reduzido. As semirreações são:

$Br^- \rightarrow BrO_3^-$

$MnO_4^- \rightarrow MnO_2$

Agora, balanceamos as espécies químicas. Para o meio básico, balanceamos o oxigênio com H_2O. A deficiência de hidrogênio é compensada pela adição de H_2O e pela simultânea adição de OH^- do lado oposto, na proporção de um H_2O para cada H faltante. Observe o exemplo para entender melhor, considerando que, na semirreação para o bromo, faltavam 3 oxigênios do lado esquerdo, compensados por $3H_2O$:

$Br^- + \mathbf{3H_2O} \rightarrow BrO_3^-$

A semirreação ficou com excesso de 6 hidrogênios do lado esquerdo, o qual foi compensado pela adição de 6 H_2O do lado direito e, simultaneamente, 6 OH^- do lado esquerdo, balanceando novamente o oxigênio:

$Br^- + 3H_2O + \mathbf{6OH^-} \rightarrow BrO_3^- + \mathbf{6H_2O}$

Realizando o mesmo procedimento para a semirreação do manganês, obtemos:

$$MnO_4^- + \mathbf{4H_2O} \rightarrow MnO_2 + \mathbf{2H_2O} + \mathbf{4OH^-}$$

Analisemos, agora, as cargas elétricas, adicionando elétrons, se necessário:

$$Br^- + 3H_2O + 6OH^- \rightarrow BrO_3^- + 6H_2O + 6e^-$$

$$MnO_4^- + 4H_2O + 3e^- \rightarrow MnO_2 + 2H_2O + 4OH^-$$

Para simplificarmos os elétrons, devemos multiplicar a reação do manganês por 2. Lembre-se de que, nessa etapa, o objetivo é deixar ambas semirreações com o mesmo número de elétrons:

$$2MnO_4^- + 8H_2O + 6e^- \rightarrow 2MnO_2 + 4H_2O + 8OH^-$$

Por fim, somando as duas reações e simplificando as espécies em comum, obtemos a reação global balanceada:

$$2MnO_4^- + Br^- + H_2O \rightarrow 2MnO_2 + BrO_3^- + 2OH^-$$

A melhor forma para assimilar os conceitos do balanceamento redox é resolvendo exercícios. Então, procure praticar.

1.2 Leis de Faraday

Os processos redox estão presentes nos mais diversos setores produtivos, desde os que envolvem as baterias de celulares e computadores até os que abrangem a pintura de automóveis, passando pela indústria metalúrgica e também pela produção de latas de alumínio de refrigerante, por exemplo.

Vejamos o caso prático da purificação do cobre. Esse metal é extensamente utilizado na fabricação de fios e dispositivos elétricos, porém não existe em sua forma pura e livre na natureza, apenas associado com outras espécies sob a forma de minérios. Daí a necessidade de ser submetido a processos de purificação, pois apresenta baixa condutividade elétrica quando associado a impurezas.

Uma maneira de realizar a purificação do cobre é por meio de um refinamento eletrometalúrgico, como veremos na Seção 6.1. Agora, abordaremos esse procedimento de um modo simplificado. O cobre impuro funciona como ânodo e, durante o processo, é oxidado, liberando íons Cu^{2+} para o eletrólito. Simultaneamente, os íons do eletrólito reduzem no cátodo, que é composto por um metal nobre, obtendo-se cobre metálico de alta pureza.

Em resumo, o cobre impuro é oxidado e, no mesmo processo, é reduzido no cátodo, formando cobre metálico "puro". Uma representação desse processo e as semirreações envolvidas são ilustradas a seguir. Nesse sistema, o cobre metálico impuro é oxidado, migrando para a solução aquosa; ao mesmo tempo, íons Cu^{2+} da solução são reduzidos a cobre metálico no cátodo:

$Cu^0(s) \rightarrow Cu^{2+}(aq) + 2e^-$ (ânodo)

$Cu^{2+}(aq) + 2e^- \rightarrow Cu^0(s)$ (cátodo)

Figura 1.3 – Representação simplificada de uma célula eletroquímica usada no processo de purificação do cobre

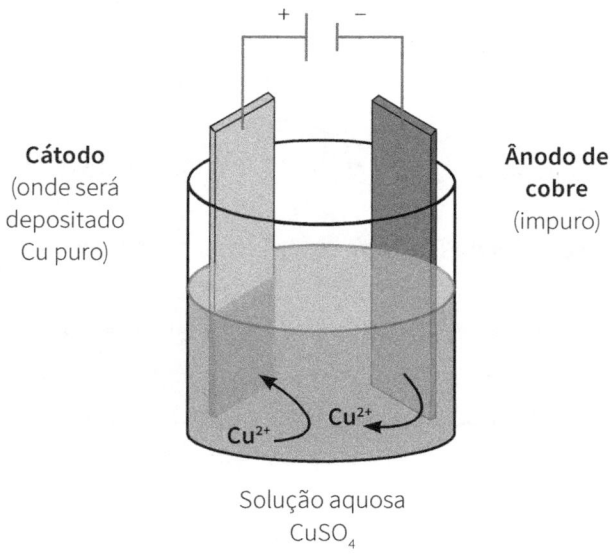

Diversos processos redox oferecem grande aplicabilidade em escala industrial, graças à possibilidade de monitoração da reação no sentido de controlar as quantidades consumidas e geradas de reagentes e produtos. No processo de purificação do cobre, por exemplo, desde que conhecidas a massa inicial dos eletrodos e a corrente elétrica que circula no sistema, podemos afirmar que a massa – ou quantidade de material – depositada no cátodo é diretamente proporcional à massa perdida no ânodo, conforme predizem as leis de Faraday.

Em meados do século XIX, Michael Faraday, um famoso cientista britânico, dedicou boa parte de sua vida ao estudo de processos elétricos e eletroquímicos e estabeleceu o que hoje conhecemos como *leis de Faraday*, ou *leis da eletrólise*, as quais permitem uma análise quantitativa de processos eletroquímicos. A **eletrólise** é um processo eletroquímico em que uma fonte externa fornece energia para que uma reação ocorra. Nas próximas seções, vamos explorar mais detalhadamente esse conceito.

A **primeira lei de Faraday** determina a relação entre a massa dos produtos formados e a quantidade de carga elétrica que circula no sistema durante a eletrólise. É expressa matematicamente pela Equação 1.1, significando que a massa dos produtos gerados é proporcional à quantidade de eletricidade (ou carga) transportada pelo sistema (Bard; Faulkner, 2001; Mahan, 1995).

Equação 1.1

$$m = k_1 \cdot Q$$

Em que m é a massa do composto em gramas (g), k_1 é uma constante de proporcionalidade e Q é a carga elétrica, em coulomb (C).

Para prosseguirmos no estudo da eletroquímica, é importante que alguns conceitos estejam claros, como a ideia de **carga elétrica**, a qual é simbolizada por Q e definida como a quantidade de elétrons transportados em um intervalo de tempo determinado, quando uma corrente elétrica é aplicada ao sistema (Bard; Faulkner, 2001; Averill; Eldredge, 2012; Jensen, 2012). Observe a Equação 1.2:

Equação 1.2

$Q = i \cdot t$

Em que Q é expresso em coulomb, i é a corrente elétrica expressa em ampère (A) e t é o tempo, em segundos (s).

Cabe lembrar que uma **corrente elétrica** se deve à movimentação ordenada de espécies carregadas. Como estamos tratando de transferência de elétrons, então toda reação redox tem uma corrente elétrica associada. Perceba, pela Equação 1.2, que a corrente elétrica é proporcional à carga, o que, na prática, significa que, quanto maior for a corrente elétrica aplicada, maior será a quantidade de material formada. Isso também é verdadeiro para o tempo.

Por exemplo, na reação de redução de íons Fe^{2+} ($Fe^{2+}(aq) + 2e^- \rightarrow Fe^0(s)$), 2 mols de elétrons dão origem a 1 mol de ferro metálico. A quantidade de mols de elétrons depende tanto da corrente aplicada como da quantidade de tempo pela qual isso vai acontecer. Portanto, quanto maior for a corrente aplicada e/ou o tempo do processo, maior será a massa de ferro metálico formada.

A **segunda lei de Faraday** determina que, para uma mesma quantidade de carga, a massa final depositada dependerá da espécie química, sendo consideradas sua massa molar e sua valência. Na época em que Faraday formulou essas ideias, ainda não se conheciam os conceitos de partícula atômica e de mol. Assim, a relação entre quantidade de matéria e massa do elemento formado era entendida com base no conceito de equivalente-grama, simbolizado por E, que pode ser interpretado como a relação entre a massa molar e a valência do íon (Jensen, 2012; Ehl; Ihde, 1953), como mostrado na Equação 1.3.

Repertório químico

Caso você tenha interesse em conhecer melhor a parte histórica da química, consulte o seguinte artigo:

EHL, R. G.; IHDE, A. J. Faraday's Electrochemical Laws and the Determination of Equivalent Weights. **Journal of Chemical Education**, v. 31, n. 5, 1953.

A implicação prática desse conceito é que, para uma mesma quantidade de carga elétrica que atravessa o sistema, espécies químicas de maior valência depositarão um menor número de átomos, ou seja, uma menor massa.

Para espécies com valência 1, seu equivalente-grama é igual à massa molar. Porém, em espécies com valências maiores, o valor de E é menor do que a massa molar, o que significa que será depositada uma menor quantidade de átomos. Vejamos o caso dos íons ferro (massa molar = 55,8 g · mol^{-1}). A espécie Fe^{2+} tem equivalente-grama igual a 27,9 g, enquanto, na espécie Fe^{3+}, esse parâmetro vale 18,61 g. Dessa forma, para sistemas em condições idênticas, inclusive com a mesma quantidade de carga elétrica, a espécie Fe^{2+} formará uma maior massa de depósito sobre o letrodo do que a espécie Fe^{3+}.

As formas matemáticas da segunda lei de Faraday estão expressas nas Equações 1.3 e 1.4.

Equação 1.3

$$E = \frac{M}{x}$$

Equação 1.4

$$m = k_2 \cdot E \cdot Q$$

Em que E é o equivalente-grama (g), M é a massa molar (g·mol^{-1}), x é a valência do íon e k_2 é uma constante de proporcionalidade.

Núcleo atômico

Atualmente, o parâmetro equivalente-grama está em desuso, mas é bom conhecer sua definição, pois esse termo ainda pode ser empregado por alguns autores e professores.

Contudo, com o avanço dos estudos científicos, alguns anos mais tarde, vieram à tona os conceitos de elétron – e a informação de que ele tem carga – e de mol. Dessa forma, já sabendo que a corrente deriva da movimentação dos elétrons e que estes são carregados, foi possível definir a **constante de Faraday (F)**:

$$1{,}6 \cdot 10^{-19}\,C \cdot 6{,}02 \cdot 10^{23}\,mol^{-1} = 9{,}64 \cdot 10^4\,C\,mol^{-1} =$$
$$= 9{,}64 \cdot 10^4\,F$$

Certamente, você já ouviu falar dela. A constante de Faraday, em termos práticos, equivale ao total de cargas transportadas por um mol de elétrons. Isso significa que, independentemente da espécie química, a movimentação de 1 mol de elétrons gerará uma carga de, aproximadamente, 96 485 C. E, conforme a segunda lei de Faraday, a quantidade de massa formada vai depender do equivalente-grama da espécie.

Combinando as equações da primeira e da segunda lei em apenas uma, obtemos:

$$m = (k_1 \cdot k_2) \cdot E \cdot Q$$

Consideramos $k_1 \cdot k_2$ como uma nova constante K, ficamos com a Equação 1.5:

Equação 1.5

$$m = k \cdot E \cdot Q$$

Para uma espécie monovalente, a Equação 1.3 indica que a massa formada será igual ao equivalente-grama da espécie ($m = E$), sendo transportado apenas 1 mol de elétrons, Q = 96 485 C. Assim, teremos a Equação 1.5 como:

$$E = K \cdot E \cdot 96\,485, \text{ ou seja, } K = \frac{1}{96\,485} C$$

Substituindo essa relação de K e a Equação 1.3 na Equação 1.5, obtemos, enfim, a equação geral da eletrólise, expressa na Equação 1.6:

Equação 1.6

$$m = \frac{1}{96\,485} \cdot \frac{M}{x} \cdot Q$$

Por dentro da química

Vejamos alguns exemplos da aplicação das leis de Faraday.

> **Exemplo 1.3**

Precisamos recobrir uma peça metálica com uma camada de cobre metálico. Sabemos que, para fazermos essa cobertura, são necessários 25 g de cobre, cuja massa molar é 63,5 g mol^{-1}. A célula eletroquímica contém, como eletrólito, uma solução de $CuSO_4$ e será aplicada uma corrente de 4 A. Qual é o tempo de eletrólise necessário para recobrir a placa metálica?

Primeiramente, vamos identificar a reação envolvida: $Cu^{2+} + e^- \rightarrow Cu$, ou seja, são 2 mols de elétrons. Substituindo os dados fornecidos na Equação 1.6 e substituindo Q por $i \cdot t$, temos:

$$25\,g = \frac{1\,mol}{96485\,C} \cdot \frac{63,5\,g}{2\,mols} \cdot 4\,A \cdot t$$

Rearranjando e isolando o termo t, obtemos:

$$t = \frac{96485\,C \cdot 25\,g \cdot 2\,mol}{1\,mol \cdot 63,5\,g \cdot 4\,C \cdot s}$$

$$t = 18993\,s \cdot \frac{1\,minuto}{60\,s} = 316,6\,minutos$$

Perceba que as unidades foram carregadas durante o cálculo. A vantagem de fazer isso é diminuir a possibilidade de erros ou conversões. O ampère (A) é equivalente a coulomb (C) por segundo (s) e, por isso, foi substituído na equação anterior.

Dessa forma, após os cálculos, resta apenas a unidade *segundos* para a resposta. É claro que, nesse exemplo simples, sabemos qual é a unidade da resposta, entretanto é interessante resolvermos esses exemplos numéricos permanecendo cientes de quais unidades estão envolvidas, a fim de diminuir o risco de erros quando for necessário resolver exercícios mais complexos.

Exemplo 1.4

Durante um processo de eletrólise, foi aplicada uma corrente constante de 0,15 A em uma solução salina de um metal, cuja massa atômica é 65 u.m.a., durante 100 minutos. Ao final, foi depositada uma massa de 300 mg sobre o cátodo. Qual é a valência desse metal?

É importante nos lembrarmos de sempre considerar as unidades conforme o Sistema Internacional de Unidades (SI). Portanto, devemos converter os dados fornecidos, deixando-os em unidades de segundos e grama.

$$t = 100 \text{ minutos} \cdot \frac{60 \text{ segundos}}{1 \text{ minuto}} = 6\,000 \text{ segundos}$$

$$t = 300 \text{ mg} \cdot \frac{1 \text{ g}}{1\,000 \text{ mg}} = 0,3 \text{ g}$$

Agora, vamos aplicar a Equação 1.6, fazendo $\frac{M}{x} = E$, sendo E o equivalente-grama dessa substância e $Q = i \cdot t$:

$$m = \frac{1}{96\,485} \cdot E \cdot Q \text{, então } E = \frac{0,3 \text{ g} \cdot 96\,485 \text{ C}}{0,15 \text{ A} \cdot 6000 \text{ s}} = 32,1 \text{ g}$$

Substituindo o valor de E calculado, obtemos:

$$E = \frac{M}{x}; \quad x = \frac{M}{E} = \frac{65}{32,1} = 2,0$$

Ou seja, a valência do metal é 2.

E quando o produto da reação é um gás? É possível determinar quanto gás é gerado ao longo da reação? Vejamos o Exemplo 1.5.

Exemplo 1.5

A eletrólise de ácido sulfúrico diluído foi realizada durante 15 minutos com aplicação de corrente de 1,0 A. Qual é o volume de gás produzido no cátodo?

Nesse caso, o ácido está diluído e dissociado em íons H^+ e SO_4^{2-}. Dessa forma, a reação que ocorrerá no cátodo é a redução dos íons H^+, gerando gás hidrogênio (H_2).

$2H^+(aq) + 2e^- \rightarrow H_2(g)$

Por meio da Equação 1.2, calculamos a quantidade de carga que atravessa o circuito durante o experimento, sabendo que 15 minutos equivalem a 900 segundos:

$Q = 1,0 \text{ A} \cdot 900 \text{ s}$

$Q = 900 \text{ C}$

Lembre-se de que a constante de Faraday indica que 1 mol de elétrons equivale a 96 485 C e, conforme a estequiometria, 2 mols de elétrons estão envolvidos na reação. Pelo cálculo anterior, também sabemos que, efetivamente, circulam no sistema 900 C. Assim, aplicamos a Equação 1.6:

$$m = \frac{1\,mol}{96\,485\,C} \cdot \frac{M}{x} \cdot 900\,C$$

No entanto, nosso interesse está em conhecer o volume de gás hidrogênio liberado na reação, por isso resgate de seus conhecimentos sobre química geral o conceito de que 1 mol de qualquer gás ocupa um volume de 22,4 L, em Condições Normais de Temperatura e Pressão (CNTP). Lembra-se disso?

Desse modo, adequamos a reação anterior para o nosso interesse, substituindo m por volume (V) e o termo $\frac{M}{x}$ por 22,4 L/2 mol, já que sabemos o volume que 1 mol de qualquer gás ocupa e conhecemos a estequiometria dessa reação.

$$V = \frac{1\,mol}{96\,485\,C} \cdot \frac{22,4\,L}{2\,mols} \cdot 900\,C$$

$V = 0{,}10\,L$

Portanto, calculamos o volume de 0,10 L de gás hidrogênio liberados na eletrólise do ácido sulfúrico diluído nas condições descritas.

Agora que você está familiarizado com as reações de transferência de elétrons, entendeu como é possível quantizar esses processos e já está se acostumando com os termos, vamos analisar os diferentes tipos de reação eletroquímica.

1.3 Célula galvânica e célula eletrolítica

Ao contrário dos diferentes tipos de reação química que você vem estudando, as reações redox não precisam ocorrer, necessariamente, no mesmo frasco reacional. É fisicamente possível que cada semirreação ocorra em um compartimento diferente, desde que seja estabelecido um circuito elétrico entre eles, permitindo-se o fluxo de elétrons entre as espécies, de modo a originar uma corrente elétrica. Esta pode ser adequadamente aproveitada para a realização de trabalho elétrico, configurando uma **célula eletroquímica**. Pilhas e baterias são células eletroquímicas e seus princípios de funcionamento serão estudados mais adiante. Antes disso, precisamos tratar de seus componentes e de sua dinâmica de funcionamento.

Uma célula eletroquímica é composta por duas placas condutoras, os **eletrodos**, interligadas por meio de um circuito elétrico externo e imersas em uma solução contendo íons, conhecida como **solução eletrolítica**, ou **eletrólito**, que permite a movimentação iônica. O eletrodo em que ocorre a redução é denominado **cátodo**, e o que sofre a oxidação, **ânodo**. Assim, os elétrons fluem do ânodo para o cátodo. A migração eletrônica por meio dos eletrodos promove um desequilíbrio de cargas entre os compartimentos e, para compensar isso, uma **ponte salina** une os dois frascos, permitindo a movimentação de íons e mantendo a eletroneutralidade do sistema.

Uma membrana porosa que permita a passagem de íons também pode ser usada para a mesma função. A ponte salina é constituída de vidro contendo uma solução aquosa salina concentrada e bastante solúvel, imobilizada em ágar – substância gelatinosa –, e as extremidades são fechadas com algodão, vidro sintetizado ou com o próprio ágar. É importante que os íons da ponte salina não interfiram na reação nem formem precipitados; normalmente, são usados cloreto de potássio (KCl), sulfato de potássio (K_2SO_4) ou nitrato de sódio ($NaNO_3$).

As células eletroquímicas são classificadas em dois tipos, dependendo de seu modo de funcionamento: (1) **célula galvânica**, na qual a reação redox é espontânea e gera eletricidade por meio do fluxo de elétrons; ou (2) **célula eletrolítica**, em que uma fonte externa fornece energia para provocar a reação redox que não ocorreria espontaneamente.

Você consegue identificar um exemplo bastante comum de célula galvânica?

Sim! As pilhas e as baterias são células galvânicas, pois geram energia. Pare por um instante e observe ao seu redor a quantidade de objetos que utilizam pilhas ou baterias – relógios, celulares, computadores, automóveis etc. Você entenderá melhor esses dispositivos na Seção 1.4.

E as células eletrolíticas? Onde as encontramos?

Nesse caso, o melhor exemplo não é um dispositivo, mas um processo: a eletrólise. Para que uma reação ocorra em uma célula eletrolítica, há a necessidade de fornecimento de energia a esse sistema. Em nosso cotidiano, há uma variedade de objetos que sofreram eletrólise em sua etapa de preparação, como joias, bijuterias, utensílios domésticos, alguns objetos metálicos (maçanetas, chaves, ferramentas), carcaças de automóveis, eletrodomésticos, entre outros. Na seção anterior, vimos como as leis de Faraday orientam os processos de eletrólise por meio do controle de variáveis como concentração, tempo e corrente aplicada ao sistema.

Inicialmente, vamos analisar com detalhes o funcionamento de uma **célula galvânica**. A Figura 1.4 ilustra uma placa de zinco colocada em um béquer contendo uma solução de íons Zn^{2+} e, em outro béquer, um eletrodo de cobre imerso em uma solução de íons Cu^{2+}. Os dois compartimentos eletródicos foram unidos por uma ponte salina e o circuito elétrico foi estabelecido; assim, a reação redox inicia-se, sendo verificada no voltímetro uma diferença de potencial de +1,10 V.

Novo elemento!

- Compartimento eletródico: vaso reacional que contém o eletrodo mais o eletrólito.
- Voltímetro: aparelho para medição de tensão ou diferença de potencial em um circuito elétrico.

Figura 1.4 – Montagem experimental de uma célula galvânica, as reações envolvidas em cada compartimento e a reação global para o processo.

Célula galvânica (A)

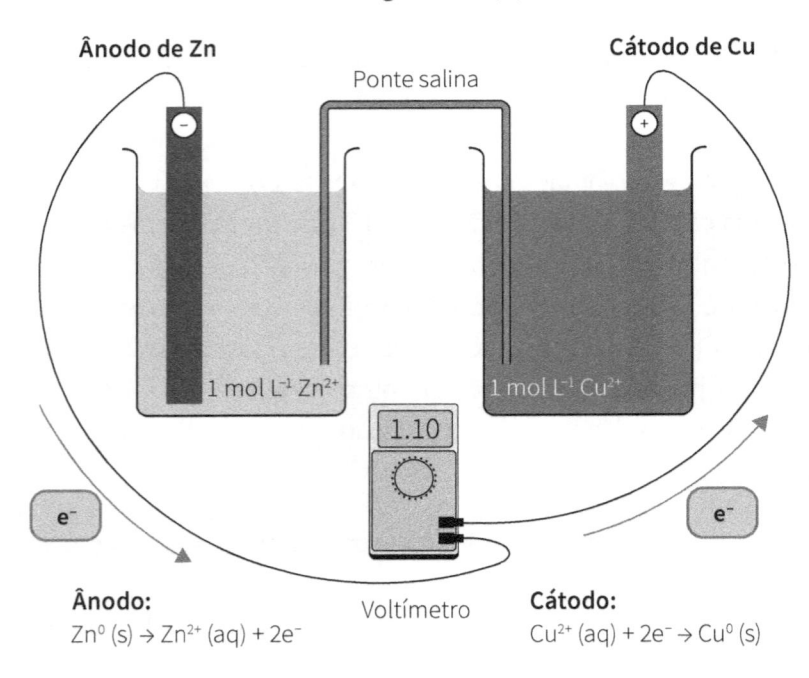

Ânodo de Zn — Ponte salina — Cátodo de Cu

1 mol L^{-1} Zn^{2+} — 1 mol L^{-1} Cu^{2+}

Voltímetro (1.10)

Ânodo:
Zn^0 (s) → Zn^{2+} (aq) + 2e$^-$

Cátodo:
Cu^{2+} (aq) + 2e$^-$ → Cu^0 (s)

Reação global:
Zn^0 (s) + Cu^{2+} (aq) → Zn^{2+} (aq) + Cu^0 (aq)

Fonte: Elaborado com base em Averill; Eldredge, 2012.

No decorrer da reação, o sistema modifica-se pela movimentação de íons e de elétrons. A placa de zinco começa a dissolver-se, liberando íons Zn^{2+}, e elétrons. Os íons permanecem no eletrólito, aumentando a concentração de íons Zn^{2+} e os elétrons são transportados por meio do circuito externo até o cátodo. Dessa forma, o eletrodo de zinco é o ânodo e sua semirreação está expressa na Equação 1.7.

Equação 1.7

Ânodo: $Zn^0(s) \rightarrow Zn^{2+}(aq) + 2e^-$

Simultaneamente, os íons Cu^{2+} que estão no eletrólito migram em direção à placa de cobre, que está polarizada negativamente em razão dos elétrons recebidos por meio do circuito elétrico, provenientes do eletrodo de zinco. Assim, os íons Cu^{2+} combinam-se com esses elétrons e dão origem ao cobre metálico (Cu^0), que é sólido e fica aderido à superfície do eletrodo de cobre. É habitual que se faça referência a esse processo dizendo que o cobre foi reduzido sobre o eletrodo, uma vez que essa é a reação de redução e esse eletrodo é chamado *cátodo*. Esse processo é expresso na Equação 1.8. Nele, a placa ganha massa e a concentração de íons Cu^{2+} no eletrólito diminui.

Equação 1.8

Cátodo: $Cu^{2+}(aq) + 2e^- \rightarrow Cu^0(s)$

Em resumo, com o estabelecimento da conexão elétrica, a placa de zinco (**ânodo**) se comporta como o **agente redutor**, promovendo a **redução** dos íons Cu^{2+} no **cátodo** e liberando íons Zn^{2+} no eletrólito. Assim, a placa de cobre é o **agente oxidante**, pois promove, simultaneamente, a **oxidação** do zinco metálico. A combinação das **semirreações** expressas nas Equações 1.7 e 1.8 fornece a **reação global** para o processo, como expresso na Equação 1.9. Essa reação, no sentido em que está descrita, é **espontânea**, isto é, os elétrons fluem naturalmente da placa de zinco para a de cobre, quando se estabelece o contato elétrico.

Equação 1.9

$Zn^0(s) + Cu^{2+}(aq) \rightarrow Zn^{2+}(aq)Cu^0(s)$

Você notou que, no parágrafo anterior, alguns termos estão em negrito? A intenção é chamar sua atenção para a definição e a aplicabilidade desses termos, pois, durante nosso estudo, usaremos muito essas palavras. Por isso, é importante que você compreenda perfeitamente esses conceitos.

A Figura 1.5 ilustra a mesma célula galvânica da Figura 1.4, porém com alguns detalhes destacados, como as setas indicando o sentido da movimentação dos íons e dos elétrons. Nas laterais, você pode ver ilustrações representando a perda de massa na oxidação e o ganho de massa durante a redução.

Figura 1.5 – Representação detalhada de célula galvânica, ou célula de Daniell

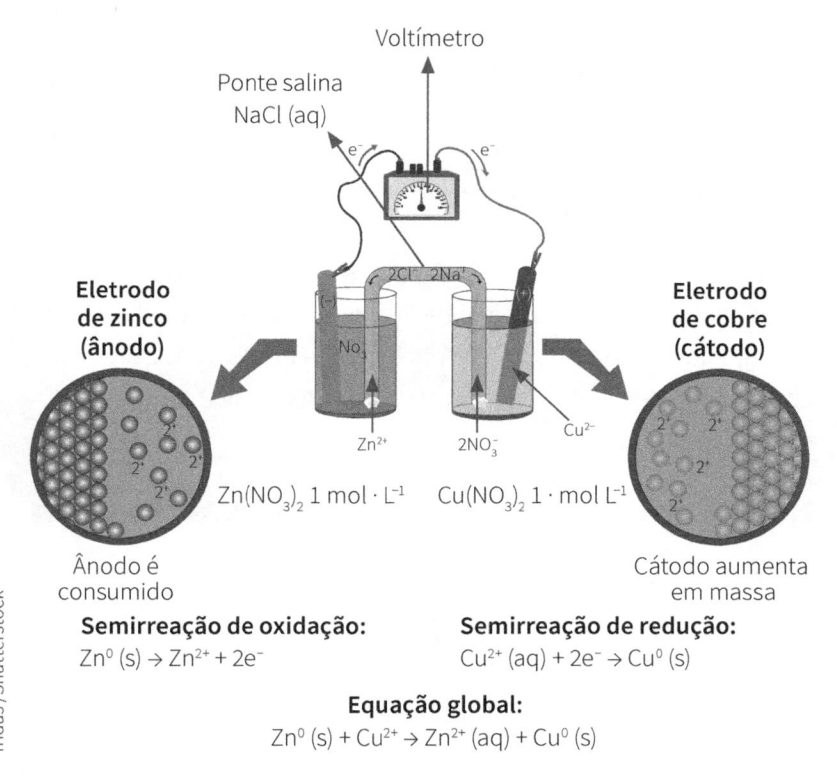

Eletrodo de zinco (ânodo)

$Zn(NO_3)_2$ 1 mol · L^{-1}

Ânodo é consumido

Semirreação de oxidação:
$Zn^0 (s) \rightarrow Zn^{2+} + 2e^-$

Eletrodo de cobre (cátodo)

$Cu(NO_3)_2$ 1 · mol L^{-1}

Cátodo aumenta em massa

Semirreação de redução:
$Cu^{2+} (aq) + 2e^- \rightarrow Cu^0 (s)$

Equação global:
$Zn^0 (s) + Cu^{2+} \rightarrow Zn^{2+} (aq) + Cu^0 (s)$

Fonte: Averill; Eldredge, 2012.

As reações descritas nas Equações 1.7, 1.8 e 1.9 e a célula eletroquímica representada na Equação 1.6 descrevem a célula de Daniell. A montagem experimental exposta na Figura 1.5 é muito semelhante à executada pelo químico John Frederic Daniell, ainda em 1836. Na época, estudiosos começavam a entender os processos de conversão e armazenamento de energia usando eletrodos metálicos. A proposta de Daniell em estabelecer um circuito por meio da ponte salina, mantendo os eletrodos de cobre e zinco em frascos separados e em eletrólitos distintos de seus próprios íons, foi um grande avanço, pois o processo não era mais limitado pela oferta de eletrólito e apresentava maior estabilidade.

O experimento de Daniell é considerado um avanço em relação à pilha de Volta, que também fazia uso de eletrodos de cobre e zinco para a condução elétrica, mas mantinha-os empilhados. A célula de Daniell é utilizada frequentemente como modelo para a aprendizagem sobre células eletroquímicas e seus componentes. Ainda retornaremos a esse exemplo no decorrer de nosso estudo.

Novo elemento!
Importância do arranjo experimental

É possível realizar a mesma reação redox descrita na Equação 1.9 por meio da imersão de uma placa de zinco em solução contendo íons cobre. Nesse caso, o resultado seria o desgaste da placa de zinco pela saída de íons Zn^{2+} e a formação de um precipitado de cobre metálico sobre o eletrodo de zinco. Contudo, a energia gerada durante a reação é liberada na forma de calor para o ambiente, sendo desperdiçada para a realização de trabalho. Na Figura 1.6, são mostrados os momentos anterior e posterior à reação redox. Note a diferença na coloração do eletrólito.

Figura 1.6 – Placa de zinco imersa em solução CuSO⁴

$Zn^0(s) + Cu^{2+}(aq) \rightarrow Zn^{2+}(aq) + Cu^0(s)$

Fonte: Averill; Elderedge, 2012.

Agora que você sabe como funciona a movimentação de elétrons e íons em uma célula galvânica, fica fácil compreender o funcionamento de uma célula eletrolítica. Como ilustrado na Figura 1.7, o fluxo de elétrons está do lado oposto ao estabelecido na célula na Figura 1.4; os elétrons deixam a placa de cobre migrando para o zinco e a reação redox ocorre no sentido contrário. Nesse caso, o eletrodo de zinco funciona como cátodo, porque está recebendo os elétrons do ânodo, que passa a ser a placa de cobre. Observe as semirreações e a reação global para a célula eletrolítica e compare com as semirreações e a reação global equivalente aos processos redox da célula galvânica.

Figura 1.7 – Montagem experimental de uma célula eletrolítica, as reações envolvidas em cada compartimento e a reação global para o processo

Célula eletrolítica (B)

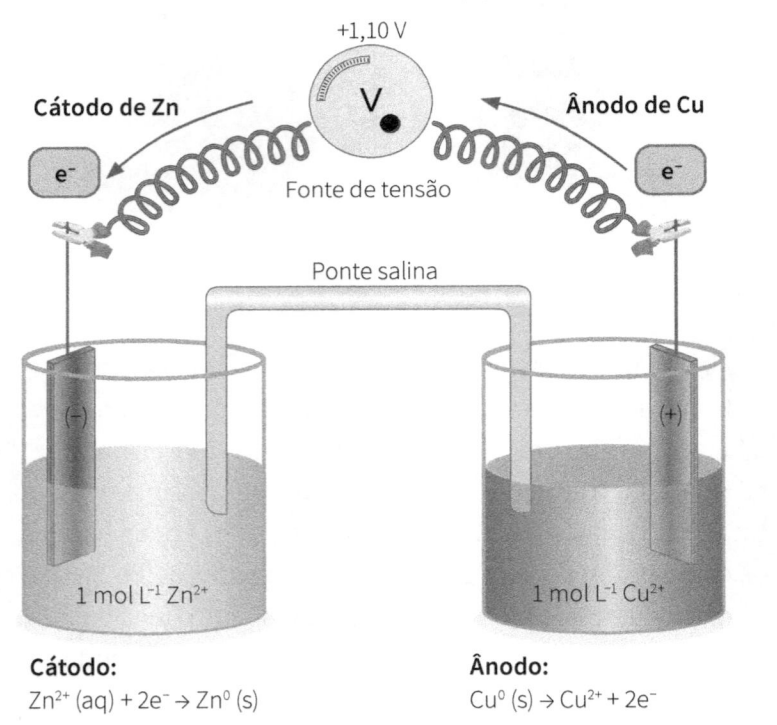

+1,10 V

Cátodo de Zn

Ânodo de Cu

Fonte de tensão

Ponte salina

1 mol L^{-1} Zn^{2+}

1 mol L^{-1} Cu^{2+}

Cátodo:
Zn^{2+} (aq) + 2e$^-$ → Zn^0 (s)

Ânodo:
Cu^0 (s) → Cu^{2+} + 2e$^-$

Reação global:
Zn^{2+} (aq) + Cu^0 (s) → Zn^0 (s) + Cu^2 (aq)

Fonte: Elaborado com base em Averill; Eldredge, 2012.

Equação 1.10

Ânodo: $Cu^0(s) \rightarrow Cu^{2+}(aq) + 2e^-$

Equação 1.11

Cátodo: $Zn^{2+}(aq) + 2e^- \rightarrow Zn^0(s)$

Equação 1.12

Reação global: $Cu^0(s) + Zn^{2+}(aq) \rightarrow Cu^{2+} + Zn^0(s)$

Como destacado anteriormente, em uma célula eletrolítica essas reações não ocorrem de modo espontâneo. Por isso, na ilustração da Figura 1.7, há uma fonte de tensão externa fornecendo energia ao sistema, "forçando" o fluxo de elétrons do ânodo para o cátodo; assim, a reação ocorre no sentido não espontâneo termodinamicamente.

A barreira energética que se precisa superar para que a reação aconteça no sentido não espontâneo se deve à menor tendência que o zinco tem de reduzir-se, em relação ao cobre. Para entender isso de forma mais clara, imagine como se fosse mais difícil o zinco receber elétrons quando comparado ao cobre, por isso é necessário que uma energia seja aplicada ao sistema para "forçar" esse fluxo de elétrons a ocorrer de modo inverso ao natural. Nesse exemplo, essa energia adicional deve ser maior do que +1,10 V.

No Quadro 1.1, há uma comparação entre as diferenças na convenção de sinais em células galvânicas e eletrolíticas.

Quadro 1.1 – Comparação entre células galvânicas e eletrolíticas

Tipo de célula	Galvânica		Eletrolítica	
	ânodo	cátodo	ânodo	cátodo
Processo	oxidação	redução	oxidação	redução
Sinal do eletrodo	−	+	+	−
	Fluxo de elétrons →		Fluxo de elétrons →	

Para tornar mais simples a descrição das células eletroquímicas, foi desenvolvida uma forma de representação linear e simplificada. Essa notação, chamada *diagrama de célula*, mantém algumas convenções:

- O ânodo é sempre expresso à extrema esquerda.
- O cátodo é sempre expresso à extrema direita.
- Interfaces eletrodo/eletrólito são representadas por uma linha vertical (|).
- A ponte salina é representada por duas linhas verticais paralelas (||), uma vez que mantém duas interfaces, uma com cada eletrólito.
- A atividade ou concentração dos componentes deve ser indicada, exceto no caso de componentes puros, cuja atividade é sempre 1.

O diagrama de célula para a célula galvânica da Figura 1.4 é representado da seguinte maneira:

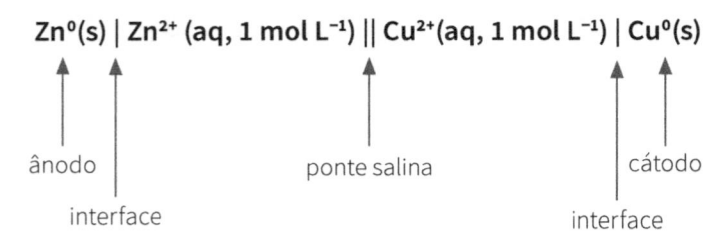

$$Zn^0(s) \mid Zn^{2+}(aq,\ 1\ mol\ L^{-1}) \parallel Cu^{2+}(aq,\ 1\ mol\ L^{-1}) \mid Cu^0(s)$$

ânodo ↑ ↑ interface   ↑ ponte salina   ↑ ↑ cátodo / interface

Fique atento!

Os sinais relativos ao cátodo e ao ânodo são inversos para as células galvânicas e eletrolíticas. Lembre-se de que o fluxo de elétrons é sempre do ânodo para o cátodo, por isso há essa inversão dos sinais.

Novo elemento!

- Interface: fronteira física que delimita duas fases.

Quando falamos em reações que ocorrem nas células eletrolíticas, estamos lidando com **eletrólise**, processo citado na seção anterior, em que uma fonte externa de energia é usada para conduzir a reação no sentido não espontâneo, ou seja, sem esse estímulo elétrico, a reação não aconteceria. Trata-se de um processo de grande relevância no setor industrial, pois é empregado na produção de peças metálicas, gás cloro, soda cáustica, produtos derivados de alumínio etc. Algumas aplicações industriais da eletrólise serão apresentadas no Capítulo 6.

1.4 Potenciais-padrão

Sempre que tratarmos de sistemas eletroquímicos, certamente, vamos nos deparar com medidas ou determinações de potencial elétrico. Voltando à Figura 1.4, a célula eletroquímica representada indica um valor de +1,10 V. Esse valor, chamado de *potencial de célula* ($E_{célula}$) e usualmente medido em unidades de volt (1 V = 1 J · C⁻¹), está associado ao trabalho realizado para movimentar uma partícula carregada dentro de um campo elétrico. Em termos mais práticos, vamos aplicá-lo no sentido da diferença de potencial elétrico entre as semirreações que constituem uma reação global. Como veremos adiante, cada semirreação tem um potencial elétrico associado, e a combinação entre duas semirreações fornece o valor de $E_{célula}$. Além disso, pela análise do potencial de cada semirreação, é possível prever qual espécie será o agente oxidante e qual será o redutor para um determinado par redox.

Um ponto importante é reconhecermos que a reação de redução será sempre o inverso da reação de oxidação, assumindo as mesmas condições experimentais e o comportamento reversível da célula eletroquímica. Assim, o potencial de redução terá o mesmo valor numérico que o potencial de oxidação, mas com sinal matemático oposto:

$$E_{redução} = -E_{oxidação}$$

Dessa forma, a força eletromotriz da célula eletroquímica pode ser definida como a soma dos potenciais de oxidação e redução das reações que ocorrem em cada um dos eletrodos:

$$E_{global} = E_{oxidação} + E_{redução}$$

Por convenção, nas tabelas de potencial-padrão que trazem os valores de potencial para diversas semirreações, estes são expressos sempre na forma de potencial-padrão de redução. Assim, é usual calcular o potencial de célula pela diferença entre os potenciais-padrão de redução de cada semirreação, como indica a Equação 1.13.

Equação 1.13

$E_{global} = E_{redução}(\text{cátodo}) - E_{redução}(\text{ânodo})$

No Anexo, você encontra uma tabela que reúne os potenciais-padrão de redução para diversas semirreações. Vamos utilizá-la ao longo do livro.

A seguir, vamos aplicar essa equação para calcularmos o potencial da reação expressa no diagrama de célula a seguir:

$Cu^0 \mid Cu^{2+} \parallel Ag^+ \mid Ag^0$

Devemos recordar que, em diagramas de célula, à esquerda, é expresso o ânodo, eletrodo que sofre a reação de redução; à direita, o cátodo, no qual ocorre redução. Por meio da identificação das espécies que serão oxidadas e reduzidas, indicamos suas semirreações e, mediante consulta ao Anexo 1, obtemos os valores de potencial associado a cada uma.

Atenção à estequiometria!

Ânodo: $Cu^0 \rightarrow Cu^{2+} + 2e^-$ $E = +0,3$ V

Cátodo: $2Ag^+ + 2e^- \rightarrow Ag^0$ $E = +0,80$ V

Com isso, basta aplicar a Equação 1.13 e obter o valor de potencial para essa reação, que equivale à diferença de potencial entre as semirreações:

$E_{global} = +0,80 - 0,34 = +0,46$ V

E o que significam esses valores de potencial?

Em seções anteriores, você aprendeu que, em uma célula galvânica, os elétrons fluem entre o cátodo e o ânodo por meio de um circuito externo, em razão de diferença de energia potencial entre os eletrodos. Cada espécie química mantém um valor de energia potencial diferente em razão da sua estrutura eletrônica. Ainda analisando o exemplo de cobre e zinco, vamos interpretar a representação mostrada na Figura 1.8. Consideremos o sistema 1 como a placa de zinco metálico e a solução contendo íons Cu^{2+} e o sistema 2 como a placa de cobre metálico e a solução contendo íons Zn^{2+}. Quando os comparamos em termos de energia potencial, o sistema 1 tem mais energia do que o sistema 2. Essa diferença é associada, principalmente, com o preenchimento dos orbitais e a distribuição dos elétrons de valência. Mas o que é importante, neste momento, é compreender que há uma diferença energética entre sistemas diferentes, com os elétrons tendendo a migrar para a condição de menos energia, pelo fato de ela oferecer mais estabilidade.

Na representação da Figura 1.8, assumimos que a energia é crescente de baixo para cima e é indicado que dois elétrons deixam o sistema 1 migrando para o sistema 2. Isso significa que a reação de oxidação do zinco e a consequente redução do cobre ocorrem espontaneamente, conforme a reação que já conhecemos.

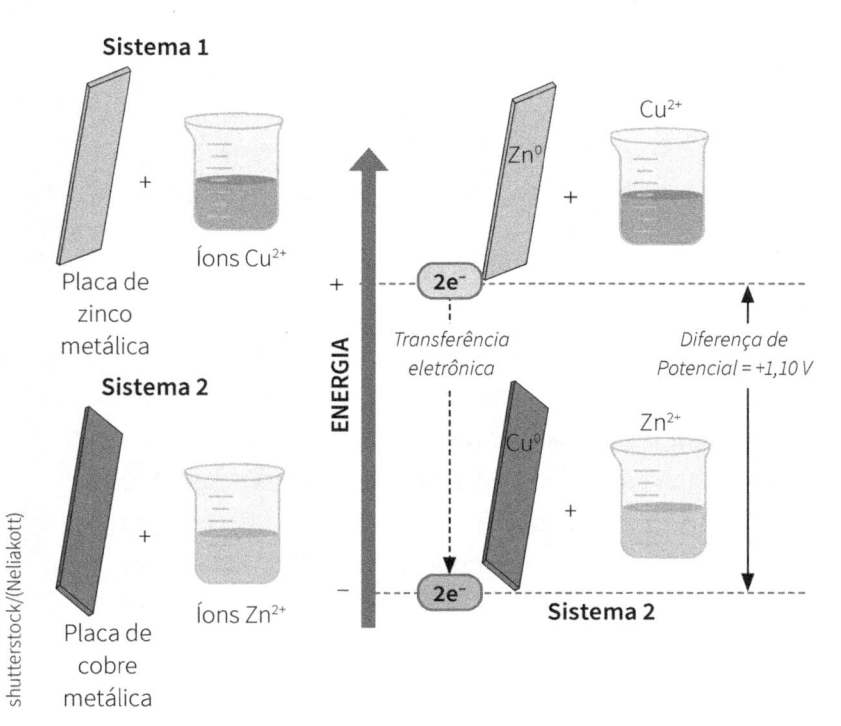

Figura 1.8 – Esquema representativo da diferença de energia potencial entre reagentes e produtos para a reação redox de oxidação do zinco metálico por íons Cu^{2+}

O sistema 1 é +1,10 V mais energético do que o sistema 2, portanto, na transferência eletrônica para o estado mais estável, essa energia excedente deve ser liberada. A quantidade de energia liberada equivale exatamente à diferença entre os dois sistemas; para o exemplo dado, é +1,10 V. Ou seja, essa é a energia liberada durante a reação redox e que pode ser aproveitada para a realização de trabalho.

Se o eletrodo e a solução de íons zinco fossem substituídos por um eletrodo e uma solução de íons prata, por exemplo, as condições energéticas sofreriam modificações porque dependem da estrutura eletrônica da espécie. Nesse caso, a diferença de potencial do processo redox seria de +1,56 V, variação de energia maior do que no sistema zinco/cobre.

Os valores de potencial para cada processo redox são dependentes da temperatura e da concentração das espécies no meio reacional. Você deve saber que não faz sentido comparar coisas diferentes, nesse caso, reações que estejam em condições experimentais distintas. Assim, para que comparações coerentes possam ser feitas entre diferentes sistemas, é necessário assegurar que estejam sob as mesmas condições, por isso foram definidas **condições-padrão** para a realização de medidas de referência. Tais condições implicam que todas as substâncias assumem seus estados-padrão em temperatura de 25 °C ou 298 K, pressão de 1 bar e atividade unitária. O pH deve ser igual a zero quando envolver íons H^+ e, quando as substâncias forem sólidos ou líquidos puros, a atividade será unitária (Atkins; Paula, 2008).

Todos os valores de potencial de que trataremos em eletroquímica são sempre valores relativos e não valores absolutos. Vamos esclarecer melhor isso na Seção 2.1. Por ora, prosseguiremos na análise dos potenciais de célula.

Os valores de potencial-padrão da reação são muito importantes para a identificação do sentido de **espontaneidade** desse processo. Uma reação é espontânea quando apresenta uma tendência natural de ocorrer, sem adição de energia extra ou externa (Brett; Brett, 1993). Quando ouvimos ou lemos o termo *espontaneidade*, automaticamente deve vir à nossa mente o conceito de energia livre de Gibbs (ΔG). Isso aconteceu com você? Esperamos que sim.

O conceito de energia livre de Gibbs será explorado à frente, mas, neste momento, é importante entender que ΔG é o parâmetro termodinâmico que determina se um processo será espontâneo no sentido direto ou inverso ou se o equilíbrio químico já foi atingido. Assumindo-se uma reação espontânea no sentido direto, a energia livre de Gibbs da reação ($\Delta_r G$) deverá ser negativa, correspondendo a $K > 1$, sendo K a constante de equilíbrio da reação.

Novo elemento!

- Constante de equilíbrio termodinâmica (K): constante de equilíbrio expressa em termos das atividades de reagentes e produtos (Skoog et al., 2006).

Tanto o potencial-padrão de reação como a energia livre de Gibbs fornecem medidas da quantidade de energia (ou trabalho) efetuada pelo sistema. Os valores de variação de energia livre medidos experimentalmente são expressos em termos da diferença de potencial elétrico, em unidades de volt, uma vez que o volt é a medida da quantidade de trabalho realizado por carga elétrica (joule/coulomb), enquanto os valores da energia livre de Gibbs são fornecidos em termos de trabalho por quantidade de matéria (joule/mol).

Perceba que são duas formas de expressar a mesma variação de energia, mas, enquanto o ΔG considera o número de mols, o ΔE é independente da estequiometria da reação. Esses termos se relacionam entre si por meio da relação matemática expressa na Equação 1.14.

Equação 1.14

$$\Delta G^\ominus = -nFE^\ominus$$

Em que n é o número de elétrons transferidos na reação e F a constante de Faraday.

A compreensão da relação entre $\Delta G^\ominus$ e $E^\ominus$ será importante durante todo o nosso estudo, pois permite analisar de maneira rápida a tendência termodinâmica do processo. Genericamente, se para uma reação qualquer o valor de $E^\ominus$ calculado for positivo, isso implica que o valor de $\Delta G^\ominus$ será negativo, logo essa reação será favorável termodinamicamente.

As espécies químicas podem ser ordenadas conforme seu poder redutor em uma sequência que indica a facilidade para se reduzirem ou oxidarem, segundo os respectivos potenciais-padrão de redução. Essa sequência é chamada série eletroquímica e tem utilidade prática para a previsão da tendência de uma reação e para a comparação entre diferentes pares redox.

Fique atento!

- Agente redutor: promove a redução da outra espécie e é oxidado.
- Agente oxidante: promove a oxidação da outra espécie e é reduzido.

Em uma das extremidades da Tabela 1.1, a seguir, estão localizadas as espécies com maior poder oxidante, isto é, aquelas com maior valor de E^θ e força suficiente para oxidar todas as espécies mais abaixo. Na extremidade inversa, estão os compostos de maior poder redutor, com valores de E^θ mais negativos e capacidade de reduzir as espécies que estão mais acima. Portanto, quanto maior o valor de E^θ (parte superior da tabela), maior sua tendência à redução e maior sua força como agente oxidante.

A Tabela 1.1 apresenta valores de potencial-padrão de redução para alguns pares redox. A versão mais completa dessa tabela pode ser encontrada no Anexo.

Tabela 1.1 – Potenciais-padrão de redução a 298 K

Par redox	E^θ/V
$Ce^{4+}(aq) + e^- \to Ce^{3+}(aq)$	+1,61
$Ag^+(aq) + e^- \to Ag^0(s)$	+0,80
$Cu^{2+}(aq) + 2e^- \to Cu^{2+}(s)$	+0,34
$H^+(aq) + e^- \to \frac{1}{2}H_2(g)$	0
$AgCl(s) + e^- \to Ag^0(s) + Cl^-(aq)$	+0,22
$Zn^{2+}(aq) + 2e^- \to Zn^0(s)$	−0,76
$Al^{3+}(aq) + 3e^- \to Al^0(s)$	−1,66
$Na^+(aq) + e^- \to Na^0(s)$	−2,71

MAIOR PODER OXIDANTE

↕

MAIOR PODER REDUTOR

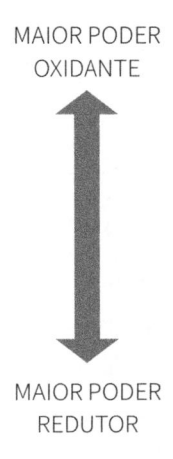

Consideremos os pares redox Zn^{2+}/Zn^0 ($E^\theta = -0,76$ V) e H^+/H_2 ($E^\theta = 0$ V). Como conhecemos os valores de E^θ e a tendência de reação dentro da série eletroquímica, podemos prever que a reação espontânea entre essas espécies acontecerá no sentido da redução do hidrogênio, uma vez que essa espécie apresenta o maior valor de E^θ, conforme a reação expressa a seguir:

$Zn^0(s) + 2H^+(aq) \rightarrow H_2(g) + Zn^{2+}(aq)$

Essa reação se processa com a dissolução do zinco metálico em meio ácido, ocorrendo a liberação de gás hidrogênio. Outras espécies metálicas com $E^\theta < 0$ também são agentes redutores de íons H^+.

Podemos simplificar a previsão de tendência da reação considerando que o par redox que mantiver o maior valor de potencial-padrão de redução terá a respectiva espécie oxidada sofrendo a reação de redução. Vejamos:

$E^\theta(Zn^{2+}/Zn^0) = -0,76$ V e $E^\theta (Cu^{2+}/Cu^0) = +0,34$ V

A espécie Cu^{2+} será reduzida a cobre metálico pelo zinco.

$E^\theta (H^+/H_2) = 0$ V e $E^\theta (Mg^{2+}/Mg^0) = -2,36$ V

Os íons H^+ serão reduzidos a gás hidrogênio (H_2) pelo magnésio (Mg^0). Em razão do valor bastante negativo (–2,36 V), o magnésio metálico (Mg^0) é considerado um forte agente redutor.

$E^\theta (H^+/H_2) = 0$ V e $E^\theta (Cu^{2+}/Cu^0) = +0,34$ V

A espécie Cu^{2+} será reduzida a cobre metálico pelo H_2.

A série eletroquímica indica a tendência **termodinâmica** da reação, isto é, a espontaneidade sob as condições-padrão, não contemplando a questão cinética, que se relaciona com a velocidade em que a reação se processa. Dessa forma, mesmo que a série eletroquímica indique que a reação redox é possível, isso pode ocorrer de forma muito lenta, ou até mesmo não acontecer, em virtude de fatores cinéticos.

1.5 Diagrama de Latimer

Talvez você já tenha sentido dificuldade, ao consultar a tabela de potenciais-padrão de redução (Anexo), para encontrar determinada reação em razão da grande quantidade de informações. Além disso, essa tabela não é muito prática quando se pretende analisar diferentes estados de oxidação para uma mesma espécie e não considera a possível influência do pH do meio.

Assim, em alguns casos, é interessante o uso dos chamados *diagramas de Latimer*, que trazem informações sobre os potenciais-padrão de redução de uma forma mais objetiva, por meio de uma representação linear.

Nesses diagramas, os diferentes estados de oxidação para um mesmo elemento químico são dispostos lado a lado e uma seta une duas espécies adjacentes, indicando o potencial-padrão de redução daquela reação, sempre em unidades de volt. Nesse tipo de representação, o pH do sistema é considerado, uma vez que influencia no valor da diferença de potencial medido. Observe a representação para o hidrogênio e para o magnésio:

Meio ácido	Meio básico	Meio ácido	Meio básico
$H^+ \xrightarrow{0} H_2$	$H_2O \xrightarrow{-0,83} H_2$	$Mg^{2+} \xrightarrow{-2,35} Mg^0$	$Mg(OH)_2 \xrightarrow{-2,68} Mg^0$

Perceba que a construção do digrama considera os números de oxidação decrescentes, da esquerda para a direita, os quais podem estar escritos acima ou abaixo da respectiva espécie química (nos diagramas apresentados nesta obra, eles sempre serão mostrados acima do respectivo elemento). Nos diagramas de Latimer, as semirreações são suprimidas, mas é possível obtê-las por meio do balanceamento redox, não se esquecendo de verificar se o meio é ácido ou básico.

A seguir, veja o exemplo para o manganês, que tem sete estados de oxidação diferentes, todos representados no diagrama de Latimer. Em meio ácido, temos o seguinte perfil:

$$\overset{+7}{MnO_4^-} \xrightarrow{+0,90} \overset{+6}{HMnO_4^-} \xrightarrow{+1,28} \overset{+5}{H_3MnO_4} \xrightarrow{+2,90} \overset{+4}{MnO_2} \xrightarrow{+0,95} \overset{+3}{Mn^{3+}} \rightarrow$$

$$\xrightarrow{+1,50} \overset{+2}{Mn^{2+}} \xrightarrow{-1,18} \overset{+3}{Mn^0}$$

Para o par redox (Mn^{2+}/Mn^0), apresentado nesse diagrama pela sequência $Mn^{2+} \xrightarrow{-1,18} Mn^0$, a reação redox associada é:

$$Mn^{2+}(aq) + 2e^- \rightarrow Mn^0(s) \qquad E^\theta = -1,18 \text{ V}$$

Em outras palavras, ela assume a mesma forma presente na tabela de potenciais-padrão, assim como $MnO_2 \xrightarrow{+0,95} Mn^{3+}$ é a representação do par redox Mn^{4+}/Mn^{3+}, considerando-se a reação balanceada em meio ácido:

$$MnO_2(s) + 4H^+(aq) + e^- \rightarrow Mn^{3+}(aq) + 2H_2O \qquad E^\theta = +0,95 \text{ V}$$

Considerando-se o meio básico, o diagrama de Latimer para o manganês fica:

$$\overset{+7}{MnO_4^-} \xrightarrow{+0,56} \overset{+6}{MnO_4^{2-}} \xrightarrow{+0,27} \overset{+5}{MnO_4^{3-}} \xrightarrow{+0,93} \overset{+4}{MnO_2} \xrightarrow{+0,14} \overset{+3}{Mn_2O_3} \rightarrow$$

$$\xrightarrow{-0,23} \overset{+2}{Mn(OH)_2} \xrightarrow{-1,56} \overset{0}{Mn}$$

Então, para o mesmo par redox Mn^{4+}/Mn^{3+}, a reação balanceada em meio básico assume a forma:

$$2MnO_2(s) + H_2O + 2e^- \rightarrow Mn_2O_3(s) + 2OH^-(aq) \quad E^\theta = -0,23 \text{ V}$$

Contudo, examinamos reações em que o número de oxidação de uma espécie varia em mais de uma unidade, havendo transferência de 2, 3 ou até mais elétrons em um mesmo processo. Nesses casos, qual será o potencial-padrão a ser considerado? Resista à tentação de imaginar que vamos somar diretamente os valores de potencial do diagrama entre uma espécie e outra. Na verdade, vamos convertê-los em valores de energia livre padrão de Gibbs ($\Delta_r G^\theta$) e só então somá-los.

Essa conversão é necessária porque o E^θ é uma propriedade intensiva, isto é, independe da estequiometria do processo. Usemos, como exemplo, a reação de redução do ferro – $Fe^{2+} + 2e^- \rightarrow Fe^0$ –, em que o E^θ vale –0,44 V. Não importa se 2 mols ou 10 mols de Fe^{2+} reagem, o valor de E^θ mantém-se igual a –0,44 V. No entanto, isso não é verdade para o ΔG^θ, pois, por ser uma propriedade dita *extensiva*, seu valor total depende da quantidade de mols envolvida na reação. Por essa razão, esse termo costuma ser apresentado na forma normalizada pela quantidade de matéria e expresso em unidades J mol^{-1}.

Novo elemento!

- Propriedade intensiva: quantidade física cuja magnitude é independente da extensão do sistema.
- Propriedade extensiva: quantidade física cuja magnitude é aditiva para sistemas envolvidos, ou seja, é dependente da extensão do sistema (Iupac, 2014).

Núcleo atômico

Já revisamos o balanceamento redox, porém, se ainda restarem dúvidas, reveja o Apêndice 1.

Retomando os diagramas de Latimer, devemos observar, primeiramente, que cada valor de E^θ dos processos incluídos no intervalo entre as espécies não adjacentes é convertido em valor de $\Delta_r G^\theta$ aplicando-se a Equação 1.14. Em seguida, esses valores são somados, chegando-se ao valor de $\Delta_r G^\theta$ da reação global. Este é novamente convertido a E^θ, obtendo-se, então, o valor de potencial-padrão da reação entre espécies adjacentes no diagrama de Latimer. Vejamos um exemplo hipotético:

Diagrama de Latimer

$$\overset{+3}{X} \xrightarrow{E_1^\theta} \overset{+2}{Y} \xrightarrow{E_2^\theta} \overset{0}{Z}$$

Reação do par redox X^{+3}/Z^0

$X^{+3} + 3e^- \to Z^0 \quad E^\theta = ?$

1. Converter o valor de E^θ de cada etapa para $\Delta_r G^\theta$

   $\Delta_r G_1^0 = -n_1 F E_1^0 \qquad \Delta_r G_2^0 = -n_2 F E_2^0$

2. Somar os valores de $\Delta_r G^\theta$ das etapas envolvidas

   $\Delta_r G^0 = \Delta_r G_1^0 + \Delta_r G_2^0$

3. Converter $\Delta_r G^\theta$ para E^θ

   $$E^0 = \frac{\Delta_r G^0}{-nF}$$

Note que, no primeiro passo, os valores de n serão o número de elétrons envolvidos em cada reação; nesse exemplo, n_1 será igual a 1 e n_2 será igual a 2. No terceiro passo, o valor de n será o número de elétrons global da reação ($n_1 + n_2$); nesse exemplo, $n = 3$.

Podemos simplificar essas etapas em apenas uma equação, desde que você tenha bem claro em sua mente a validade da relação expressa a seguir, a qual significa que o valor da energia livre padrão de uma reação global será igual à combinação dos valores das energias livre padrão das etapas sucessivas envolvidas no processo:

$$\Delta_r G^\theta = \Delta_r G^\theta_1 + \Delta_r G^\theta_2$$

Assim, os valores de E^θ são convertidos em $\Delta_r G^\theta$ por multiplicação pelo fator $-nF$, sendo n relativo aos elétrons envolvidos em cada etapa. Na sequência, os termos de $\Delta_r G^\theta$ são somados e novamente convertidos em E^θ, agora por divisão pelo fator $-nF$, em que n equivale ao número de elétrons da reação global.

$$-nFE^\theta(\text{etapa 1} + \text{etapa 2}) = -n_1 F E^\theta_1 - n_2 F E^\theta_2$$

Rearranjando-se a equação, os termos $-F$ cancelam-se e $n = n_1 + n_2$. Portanto:

Equação 1.15

$$E^\theta(\text{etapa 1} + \text{etapa 2}) = \frac{n_1 E^\theta_1 + n_2 E^\theta_2}{n_1 + n_2}$$

Vamos, agora, aplicar essa sequência para um exemplo real, considerando o diagrama de Latimer para o cromo em meio ácido, e calcular o potencial-padrão de redução para o par redox Cr^{3+}/Cr.

$$Cr_2O_7^{2-}\overset{+6}{}\xrightarrow{+0,55}Cr^{+5}\overset{+5}{}\xrightarrow{+1,34}Cr^{+4}\overset{+4}{}\xrightarrow{+2,10}Cr^{3+}\overset{+3}{}\xrightarrow{-0,42}Cr^{2+}\overset{+2}{}\xrightarrow{-0,90}Cr\overset{0}{}$$

Reação global: $Cr^{3+} + 3e^- \rightarrow Cr^0$ $E^\theta = ?$

Reações envolvidas:

1. $Cr^{3+} + e^- \rightarrow Cr^{2+}$ $\qquad\qquad E^\theta = -0,42$ V

2. $Cr^{2+} + 2e^- \rightarrow Cr^0$ $\qquad\qquad E^\theta = -0,90$ V

Aplicando a Equação 1.15, obtemos:

$$E^\theta(\text{etapa 1 + etapa 2}) = \frac{1 \cdot (-0,42) + 2 \cdot (-0,90)}{1+2} \quad E^\theta = -0,74 \text{ V}$$

Da mesma maneira, podemos obter o valor do potencial-padrão de redução para o par redox Cr^{6+}/Cr^{3+} em meio ácido:

Reação global: $Cr^{6+} + 3e^- \rightarrow Cr^{3+}$ $E^\theta = ?$

Reações envolvidas:

1. $\frac{1}{2}Cr_2O_7^{2-} + 7H^+ + e^- \rightarrow Cr^{5+} + \frac{7}{2}H_2O$ $\qquad E^\theta = +0,55$ V

2. $Cr^{5+} + e^- \rightarrow Cr^{4+}$ $\qquad\qquad E^\theta = +1,34$ V

3. $Cr^{4+} + e^- \rightarrow Cr^{3+}$ $\qquad\qquad E^\theta = +2,10$ V

Aplicando a Equação 1.15, obtemos:

$$E^\theta(\text{etapa 1 + etapa 2 + etapa 3}) = \frac{1 \cdot (0,55) + 1 \cdot (1,34) + 1 \cdot (2,10)}{1+1+1}$$

$E^\theta = +1,38$ V

Em alguns diagramas de Latimer, processos redox que não são adjacentes, mas ocorrem com frequência para aquela espécie são também expressos no digrama, evitando-se a necessidade de cálculos. Observe o digrama de Latimer completo para o cromo e note que os valores de E^θ calculados para os pares redox Cr^{3+}/Cr^0 e Cr^{6+}/Cr^{3+} estão indicados sobre as setas, unindo-se as espécies:

$$\overset{+6}{Cr_2O_7^{2-}} \xrightarrow{+0,55} \overset{+5}{Cr^{+5}} \xrightarrow{+1,34} \overset{+4}{Cr^{+4}} \xrightarrow{+2,10} \overset{+3}{Cr^{3+}} \xrightarrow{-0,42} \overset{+2}{Cr^{2+}} \xrightarrow{-0,90} \overset{0}{Cr}$$

$$\underbrace{\phantom{Cr_2O_7^{2-} \xrightarrow{+0,55} Cr^{+5} \xrightarrow{+1,34} Cr^{+4}}}_{+1,38} \quad \underbrace{\phantom{Cr^{3+} \xrightarrow{-0,42} Cr^{2+}}}_{-0,74}$$

Outra aplicação prática e importante dos diagramas de Latimer é a previsão sobre a espontaneidade de reações. Para isso, relembramos a relação entre E^θ e espontaneidade, em que $E^\theta > 0$ indica reação termodinamicamente favorável, enquanto $E^\theta < 0$ indica reação termodinamicamente desfavorável.

Espécies químicas instáveis podem sofrer **desproporcionamento**, processo em que o elemento tem seu número de oxidação aumentado e diminuído, simultaneamente, por meio de um processo redox, de modo que as novas espécies tenham mais estabilidade. Ou seja, o elemento que será desproporcionado age como seu próprio agente oxidante e redutor.

Os diagramas de Latimer ajudam-nos a prever quais espécies têm tendência a se desproporcionarem. Para que isso ocorra, o potencial à direita da espécie deve ser maior que o potencial à esquerda. Vejamos o exemplo para o cromo, considerando um recorte do digrama de Latimer em meio ácido e a respectiva reação de desproporcionamento:

$$\overset{+5}{Cr^{+5}} \xrightarrow{+1,34} \overset{+4}{Cr^{+4}} \xrightarrow{+2,10} \overset{+3}{Cr^{3+}} \qquad Cr^{4+} \rightarrow Cr^{5+} + Cr^{3+}$$

Nesse exemplo, o Cr^{4+} tem a tendência a sofrer desproporcionamento em Cr^{5+}, que tem maior número de oxidação, e em Cr^{3+}, cujo número de oxidação é menor, porque +2,10 V (potencial à direita) é maior que +1,34 V (potencial à esquerda). As semirreações envolvidas são:

$Cr^{4+} + e^- \rightarrow Cr^{3+}$ $\qquad E^\theta_{direita} = +2,10$ V

$Cr^{5+} + e^- \rightarrow Cr^{4+}$ $\qquad E^\theta_{esquerda} = +1,34$ V

Para calcularmos o E^θ total do processo, devemos considerar $E^\theta_{direita} - E^\theta_{esquerda}$; nesse caso, $E^\theta = +0,76$ V. Assim, obtemos $E^\theta > 0$, indicando que o desproporcionamento da espécie Cr^{4+} em seus vizinhos é termodinamicamente favorável. Vale ressaltar que as questões de estabilidade são sensíveis aos tipos e às concentrações dos sais no meio.

Síntese química

Neste capítulo, abordamos conceitos fundamentais para a compreensão da eletroquímica e de seus processos associados, essenciais para a sequência de nosso estudo. Você precisa compreender com clareza que a **reação de oxidação** ocorre quando uma espécie perde elétrons e a **reação de redução** se dá quando uma espécie recebe elétrons e que ambas sempre acontecem simultaneamente. No processo redox, o átomo ou íon que doa seus elétrons é o **agente redutor** e a espécie que recebe esses elétrons é o **agente oxidante**. Você viu que uma **célula eletroquímica** é composta por dois eletrodos, imersos em uma solução de eletrólito, e que, caso estejam em compartimentos separados, as espécies migram entre eles por meio de uma ponte salina. O eletrodo em que ocorre a redução é o **cátodo** e a oxidação ocorre no **ânodo**. Agora você também já sabe que há dois tipos de células eletroquímicas, a **célula galvânica**, que gera energia por meio da reação redox, e a **célula eletrolítica**, que necessita do consumo de energia para que a reação de transferência eletrônica aconteça.

Nas células eletrolíticas, ocorre o processo de **eletrólise**, regido pelas **leis de Faraday**, as quais determinam que o fluxo de elétrons é proporcional à corrente elétrica que circula no sistema, que, por sua vez, determina a quantidade de massa depositada sobre o eletrodo, considerando-se a relação entre a valência e a massa molar para cada espécie química (equivalente-grama). Para a determinação do **potencial elétrico da célula** (E), é calculada a diferença entre o potencial para a semirreação do cátodo e do ânodo ($E_{global} = E_{redução}$ (cátodo) $- E_{redução}$ (ânodo)). Com o valor calculado de E_{global}, é possível determinar a condição de espontaneidade da reação redox pela relação com a energia livre de Gibbs (ΔG) ($\Delta G^\theta = -nFE^\theta$).

Por fim, você aprendeu que a **série eletroquímica** é útil para a previsão da tendência de reação entre os pares redox e que os **diagramas de Latimer** nos fornecem informações sobre os potenciais-padrão de redução para uma mesma espécie em diferentes estados de oxidação.

Figura 1.9 – Principais conceitos abordados no Capítulo 1

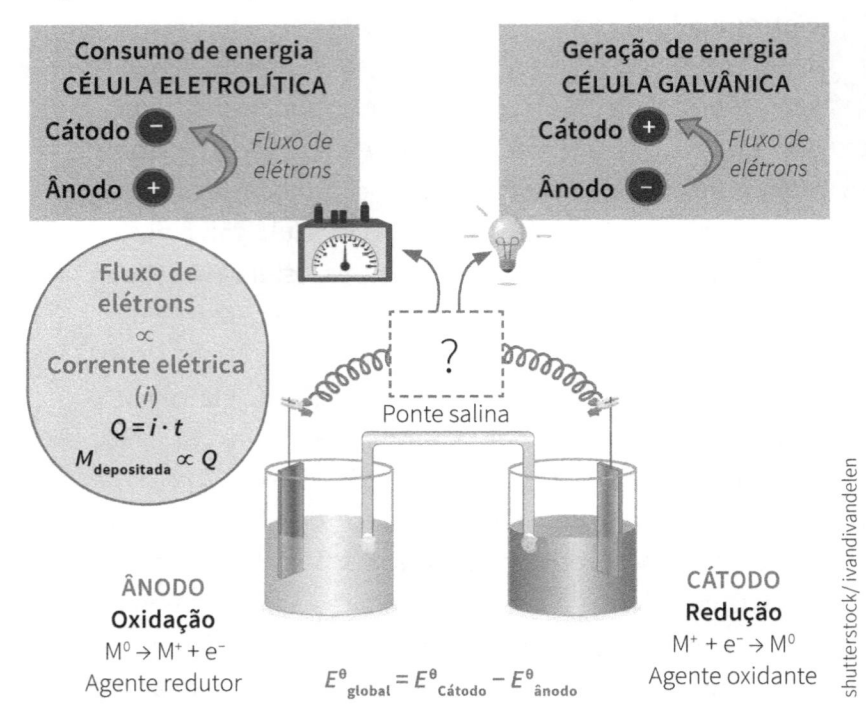

Consumo de energia
CÉLULA ELETROLÍTICA
Cátodo ⊖
Ânodo ⊕
Fluxo de elétrons

Geração de energia
CÉLULA GALVÂNICA
Cátodo ⊕
Ânodo ⊖
Fluxo de elétrons

Fluxo de elétrons
∝
Corrente elétrica
(i)
$Q = i \cdot t$
$M_{depositada} \propto Q$

Ponte salina

ÂNODO
Oxidação
$M^0 \rightarrow M^+ + e^-$
Agente redutor

$E^\theta_{global} = E^\theta_{cátodo} - E^\theta_{ânodo}$

CÁTODO
Redução
$M^+ + e^- \rightarrow M^0$
Agente oxidante

shutterstock/ ivandivandelen

Prática laboratorial

1. Considerando a reação a seguir, determine o estado de oxidação dos elementos envolvidos e os agentes oxidante e redutor. Em seguida, julgue se as afirmações são verdadeiras (V) ou falsas (F):

   $3Cu^0 + 8HNO_3 \rightarrow 3Cu(NO_3)_2 + 2NO + 4H_2O$

I. ( ) O átomo de nitrogênio tem estado de oxidação de +5 no HNO_3 e passou para o estado de oxidação +2 no NO.
II. ( ) O ácido nítrico oxidou o cobre metálico e, ao mesmo tempo, foi reduzido a monóxido de nitrogênio.
III. ( ) Todos os átomos de nitrogênio dos reagentes tiveram seu estado de oxidação modificado.
IV. ( ) O cobre metálico é o agente oxidante.
V. ( ) Durante o balanceamento redox, foram transferidos 12 elétrons.

Agora, assinale a alternativa que corresponde à sequência obtida:

a) V, V, F, F, V.
b) V, F, V, F, F.
c) F, F, V, F, V.
d) V, V, F, V, V.
e) F, F, F, V, V.

2. Com base na ilustração da célula galvânica, indique se as afirmações a seguir são verdadeiras (V) ou falsas (F):

Dados:

$Pb^{2+}(aq) + 2e^- \rightarrow Pb^0(s)$ $E^\theta = -0,13$ V

$Ag^+(aq) + e^- \rightarrow Ag^0(s)$ $E^\theta = +0,80$ V

I. ( ) O diagrama de célula para esse sistema pode ser expresso por $Ag^0|Pb^{2+}||Ag^+|Pb^0$.
II. ( ) O potencial-padrão da célula é de +0,93 V.
III. ( ) A semirreação que ocorre no eletrodo de polaridade negativa é $Pb^0(s) \rightarrow Pb^{2+}(aq) + 2e^-$.
IV. ( ) No polo positivo da célula, ocorrerá a oxidação do chumbo.
V. ( ) Nessa célula galvânica, o fluxo de elétrons ocorre do cátodo para o ânodo.

Agora, assinale a alternativa que corresponde à sequência obtida:
a) V, V, F, F, V.
b) V, F, V, F, F.

c) F, V, V, F, F.
d) V, V, F, V, V.
e) F, F, F, V, V.

3. A produção do ácido nítrico é realizada industrialmente por meio do gás nitrogênio ou da amônia, em combinação com o gás oxigênio. As reações envolvidas nas três etapas do método que utiliza oxigênio e amônia como reagentes são apresentadas a seguir:

   I. $4NH_3(g) + 5O_2(g) \rightarrow 4NO(g) + 6H_2O(g)$
   II. $2NO(g) + O_2(g) \rightarrow 2NO_2(g)$
   III. $2NO_2(g) + H_2O(l) \rightarrow HNO_2(aq) + HNO_3(aq)$

   Segundo essas reações, a amônia, o gás oxigênio e o dióxido de nitrogênio sofrem, respectivamente:
   a) oxidação, redução e desproporcionamento.
   b) eletrólise, redução e desproporcionamento.
   c) desproporcionamento, combustão e hidratação.
   d) hidratação, combustão e oxidação.
   e) redução, oxidação e desproporcionamento.

4. A eletrólise é muito empregada na indústria com o objetivo de reaproveitar parte dos metais sucateados. O cobre, por exemplo, é um dos metais com maior rendimento no processo de eletrólise, com uma recuperação de aproximadamente 99,9%. Por ser um metal de alto valor comercial e de múltiplas aplicações, sua recuperação torna-se viável economicamente. Suponha que, em um processo de recuperação de cobre puro, tenha sido eletrolisada uma solução de sulfato de cobre ($CuSO_4$) durante quatro horas,

empregando-se uma corrente elétrica de intensidade igual a 5 A.

Dados: F = 96 500 C/mol; M em g/mol: Cu = 63,5.

Assinale a alternativa que indica a massa de cobre puro recuperada, aproximadamente:

a) 15 g
b) 5 g
c) 7 g
d) 47 g
e) 24 g

5. O diagrama de Latimer é uma forma de apresentar os potenciais-padrão de redução das espécies com diferentes estados de oxidação de maneira mais objetiva, porém, em suas configurações mais simplificadas, são indicados apenas os valores de potencial de espécies adjacentes, ou seja, aquelas com o número de oxidação sequencial. Contudo, é possível obter os valores de potencial-padrão entre espécies não adjacentes. Acerca do diagrama de Latimer para o cromo em meio ácido, indique se as afirmações a seguir são verdadeiras (V) ou falsas (F):

$$\overset{+6}{Cr_2O_7^{2-}} \xrightarrow{+0,55} \overset{+5}{Cr^{+5}} \xrightarrow{+1,34} \overset{+4}{Cr^{+4}} \xrightarrow{+2,10} \overset{+3}{Cr^{3+}} \xrightarrow{-0,42} \overset{+2}{Cr^{2+}} \xrightarrow{-0,90} \overset{0}{Cr}$$

I. ( ) Na reação balanceada global de redução de $Cr_2O_7^{2-}$ a Cr^{3+}, foram transferidos três elétrons.
II. ( ) O potencial-padrão de redução de Cr^{3+} para Cr^{2+} indica que essa reação é favorável termodinamicamente.

III. ( ) A espécie Cr^{4+} é estável em meio ácido.
IV. ( ) A espécie Cr^{5+} sofrerá desproporcionamento em Cr^{6+} e Cr^{4+} e este, por sua vez, desproporcionará para Cr^{3+}.
V. ( ) O potencial-padrão de redução para a reação de redução Cr^{6+}/Cr^{3+} é de +1,3 V.

Agora, assinale a alternativa que corresponde à sequência obtida:

a) V, V, F, F, V.
b) V, F, V, F, F.
c) F, V, V, F, F.
d) V, F, F, V, V.
e) F, F, F, V, V.

Análises químicas

Estudos de interações

1. Em um laboratório de pesquisa, há uma recomendação na apostila de boas práticas segundo a qual não se devem armazenar soluções ácidas em recipientes metálicos, como os de alumínio. Explique o porquê dessa recomendação.

2. Um curioso estudante de Química, desejando deixar o laboratório em clima de Natal, recortou uma folha de cobre em forma de árvore e a imergiu em uma solução de $AgNO_3$. Após algum tempo, ele notou que a solução adquiriu uma coloração azulada e que sobre a placa de cobre se formou um sólido com a aparência de pequenos cristais. O que

aconteceu? Depois de responder à questão, acesse o *site* indicado na Seção "Respostas" e assista a um curto vídeo sobre a reação.

Sob o microscópio

3. Neste capítulo, foram abordados conceitos fundamentais para o prosseguimento de seu estudo em eletroquímica. Faça um fichamento dos principais conceitos examinados no capítulo, para facilitar sua revisão e consulta.

Um exemplo de como isso pode ser feito é mostrado a seguir:

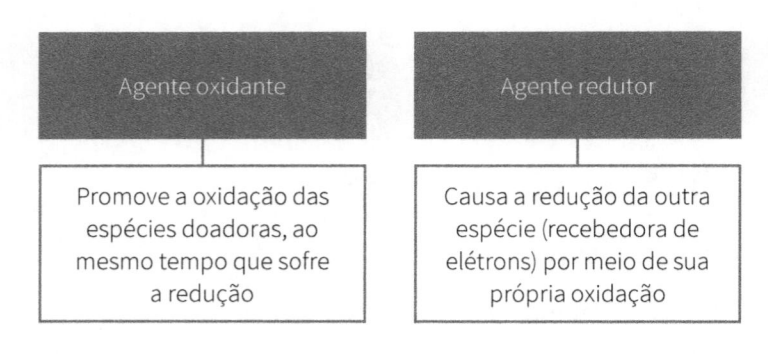

Agente oxidante	Agente redutor
Promove a oxidação das espécies doadoras, ao mesmo tempo que sofre a redução	Causa a redução da outra espécie (recebedora de elétrons) por meio de sua própria oxidação

Capítulo 2

Sistemas eletroquímicos

Início do experimento

No Capítulo 1, tratamos dos fundamentos da eletroquímica, caracterizando os processos e os componentes de sistemas eletroquímicos de modo geral. Agora, vamos examinar alguns assuntos de modo mais detalhado, visando à compreensão mais aprofundada dos processos eletroquímicos. Para isso, é essencial conhecer os mecanismos que ocorrem dentro da célula eletroquímica e relacioná-los com algumas definições de cunho teórico, de modo a poder observar resultados experimentais e compreendê-los prontamente.

Esse conhecimento nos fornece ferramentas para elaborar previsões sobre a tendência de espontaneidade dos processos redox, bem como para selecionar as condições mais adequadas para a exploração eficiente da capacidade de conversão energética de uma reação de oxirredução.

2.1 Eletrodo-padrão de hidrogênio

Na Seção 1.4, tratamos da origem dos potenciais de célula e de como podemos calculá-los. Aqui, vamos abordar como esses potenciais são determinados.

Inicialmente, é fundamental entender que não é possível realizar a determinação de potenciais absolutos para meias-células, apenas potenciais relativos, uma vez que os equipamentos de medida de voltagem são capazes de identificar somente diferenças de potencial.

Além disso, como não há a possibilidade de estimar essa diferença de potencial diretamente na superfície de um eletrodo, os potenciais de células ou de eletrodos são sempre determinados experimentalmente em relação a um referencial.

Esse conceito é semelhante ao usado para expressar a altitude de montanhas, por exemplo, que comumente tem seus valores expressos em relação ao nível do mar. O Monte Everest, no Nepal, tem seu cume a 8.840 metros acima do nível do mar, sendo considerado a maior montanha do planeta, enquanto o ponto mais alto do Brasil, o Pico da Neblina, no Amazonas, tem seu cume a 2.995 metros acima do nível do mar. Como o referencial para essas duas montanhas foi o mesmo, isto é, o nível do mar, é fácil compreender que o Monte Everest é mais alto do que o Pico da Neblina.

Essa analogia simples nos ajuda a entender a importância e a função de usar um referencial para a comparação de diferentes potenciais de reação.

Assim, a escolha do referencial é feita pela adoção de uma determinada reação, de comportamento bem conhecido, cujo potencial foi fixado. Por convenção, a reação eleita foi a redução do hidrogênio (par redox H^+/H_2), cujo potencial foi fixado em zero para todas as temperaturas nas condições-padrão.

Dessa forma, as reações têm seu valor de potencial determinado experimentalmente em relação a esse referencial (par redox H^+/H_2). Quando o potencial elétrico é medido nas condições-padrão, é chamado *potencial-padrão* e simbolizado por E^θ. O índice θ indica que a propriedade está nas condições-padrão.

Observemos a reação a seguir de oxidação do sódio, cujo **potencial-padrão (E^θ)** foi determinado experimentalmente em +2,71 V:

$2Na^0(s) + 2H^+(aq) \rightarrow 2Na^+(aq) + H_2(g)$

Separando-se as semirreações e conhecendo o valor de 0 V para a reação do hidrogênio, é fácil determinar o potencial-padrão de redução (E^θ) para o sódio (par redox Na^+/Na^0) como –2,71 V aplicando-se a Equação 1.13. As semirreações envolvidas são:

$2H^+(aq) + 2e^- \rightarrow H_2(g) \quad E^\theta = 0\ V$

$Na^+(aq) + e^- \rightarrow Na^0(s) \quad E^\theta = -2,71\ V$

$E^\theta = E^\theta\ (H^+/H_2) - E^\theta(Na^+/Na^0)$

$E^\theta = 0\ V - (-2,71\ V)$

$E^\theta = +2,71\ V$

A semirreação envolvendo o sódio está expressa no sentido de sua redução porque usamos os valores de **potencial-padrão de redução** no cálculo de potencial-padrão da célula; entretanto, pela reação global fornecida, sabemos que o sódio está sofrendo oxidação.

O valor positivo de potencial-padrão calculado anteriormente (E^θ = +2,71 V) indica o sentido da espontaneidade da reação; nesse exemplo, é favorável termodinamicamente a redução dos íons H^+ pelo sódio metálico. Na prática, o sódio metálico dissolve-se em meio ácido de maneira espontânea, gerando gás hidrogênio, contudo essa reação ocorre de modo violento por ser altamente exotérmica. Outros metais que mantenham potencial-padrão de redução negativo, isto é, menor do que o E^θ (H^{2+}/H_2), terão a mesma tendência de reduzir os íons H^+, por exemplo, o zinco ($E^\theta = -0,76$ V), o ferro ($E^\theta = -0,44$ V), o cádmio ($E^\theta = -0,40$ V), o níquel ($E^\theta = -0,23$ V) e o chumbo ($E^\theta = -0,13$ V).

Núcleo atômico

O comportamento altamente exotérmico da reação do sódio metálico em uma solução ácida, como ilustra a Figura 2.1, deve-se à redução dos íons H^+ a gás H_2, o qual sofre combustão ao entrar em contato com o oxigênio do ar em razão da alta temperatura do meio.

Figura 2.1 – Reação exotérmica de sódio em solução ácida

Uma das principais vantagens de manter os potenciais de reação vinculados a um referencial é a capacidade de poder compará-los entre si e determinar qual espécie será mais ou menos eficiente em uma reação química, conforme o objetivo desejado. Esse tipo de análise é feito por meio da série eletroquímica, apresentada no Capítulo 1. O conhecimento de comparação de reações em termos de seus poderes oxidantes e redutores é uma habilidade de extrema importância na indústria química, pois permite selecionar as melhores condições para a implementação eficiente dos processos industriais.

Tem-se empregado o **eletrodo-padrão de hidrogênio (EPH)**, ou eletrodo normal de hidrogênio (ENH), como eletrodo de referência universal, pois atende às atribuições necessárias a essa aplicação, como fácil construção, comportamento reversível e alta reprodutibilidade. Nesse sistema, o par redox H^+/H_2 está em equilíbrio químico na superfície de um eletrodo de platina, que funciona como substrato condutor, ou seja, um meio de transporte entre o circuito externo e o meio reacional, não participando diretamente da reação redox. A placa condutora de platina é recoberta com platina finamente dividida, material conhecido como *negro de platina*, cuja função é promover o aumento da área superficial, agindo como catalisador à reação.

No EPH, a placa de platina fica em contato com uma solução aquosa ácida, em concentração 1 mol L^{-1}. O gás hidrogênio (H_2) é borbulhado constantemente próximo à superfície, em pressão de 1 atm, adsorvendo na superfície do metal condutor. Assim, é formada uma camada de gás na superfície do eletrodo. Íons H^+ e gás H_2 estão sempre em equilíbrio ($k_1 = k_2$) nessa interface, de modo que espécies H^+ são reduzidas e moléculas de H_2 são oxidadas simultaneamente na superfície do eletrodo, de acordo com a Equação 2.1. O potencial de redução para essa reação é 0 V, por convenção.

Novo elemento!

- Adsorção: aumento de concentração de uma substância (que está dissolvida no meio) na região de interface com uma fase condensada, em razão de forças de interação atrativas. Fases condensadas podem ser sólidos e líquidos e a adsorção pode ocorrer em interface sólido-líquido e sólido-gás (Iupac, 2014).

Equação 2.1

$$2H^+(aq) + 2e^- \underset{K_2}{\overset{K_1}{\rightleftarrows}} H_2(g) \qquad E^\theta = 0\ V$$

A Figura 2.2 ilustra a montagem experimental do EPH, com a placa condutora de platina imersa em solução aquosa ácida e em equilíbrio com o gás hidrogênio. No detalhe da imagem, são mostradas as reações que ocorrem na superfície do eletrodo.

Figura 2.2 – Representação esquemática do EPH

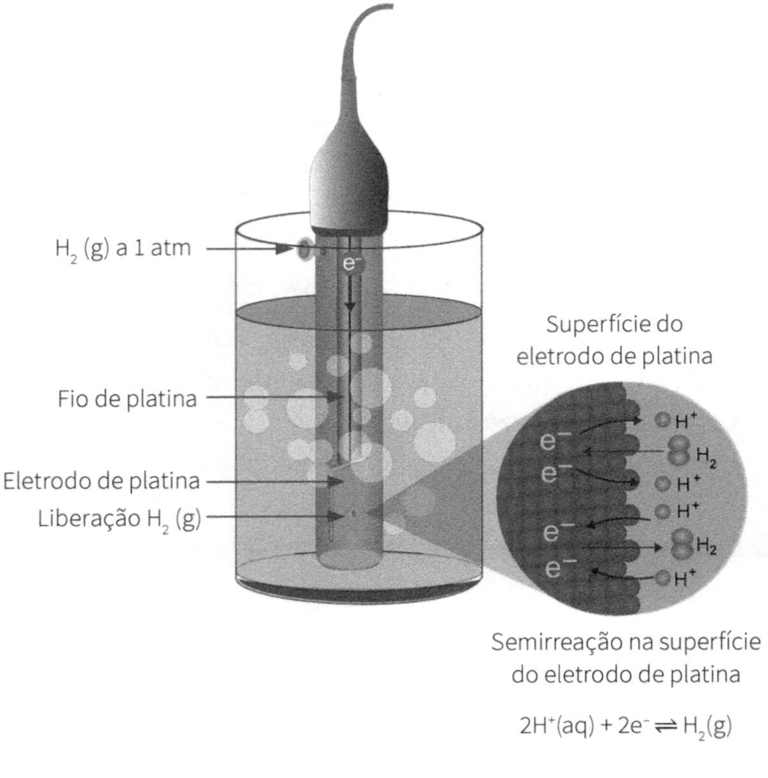

H_2 (g) a 1 atm
Superfície do eletrodo de platina
Fio de platina
Eletrodo de platina
Liberação H_2 (g)
Semirreação na superfície do eletrodo de platina

$$2H^+(aq) + 2e^- \rightleftharpoons H_2(g)$$

fridas/Shutterstock

Fonte: Averill; Elderedge, 2012.

O potencial elétrico de qualquer eletrodo mediante uma reação depende da temperatura e de concentrações das espécies, mais especificamente, de suas atividades. Considerando-se o EPH como um sistema de referência, devem ser mantidas constantes a atividade do H^+ em 1 mol L^{-1} e a pressão parcial de H_2 em 1 atm. Por convenção, o potencial-padrão do eletrodo de hidrogênio foi definido como 0 V para todas as temperaturas.

Novo elemento!

☐ Atividade: concentração efetiva da espécie participante do equilíbrio químico, sendo definida pelo produto de sua concentração molar no equilíbrio pelo respectivo coeficiente de atividade (γ) (Skoog et al., 2006). Mais detalhes sobre esse conceito serão apresentados na Seção 3.3.

Dessa forma, uma célula eletroquímica formada por um EPH e outro eletrodo qualquer terá seu potencial elétrico associado totalmente ao outro eletrodo, uma vez que o potencial para o EPH foi definido como zero.

2.2 Trabalho elétrico

Na natureza nada se cria, nada se perde, tudo se transforma.

Lavoisier

Com certeza, você já ouviu essa frase e esperamos que ela faça sentido para você. Mas vamos refletir um pouco sobre conceito por trás dela. Tudo no Universo é energia e tudo o que existe é derivado dessa energia, de suas trocas e conversões. De modo geral, a energia apresenta-se de diferentes formas, podendo ser térmica, nuclear, elétrica, química ou radiante. Estas podem, ainda, ser convertidas entre si. Então, a frase de Lavoisier nos ensina que a quantidade total de energia no Universo se mantém constante. Isso nos leva à primeira lei da termodinâmica, expressa matematicamente na Equação 2.2.

Equação 2.2

$\Delta U = \Delta q + \Delta w$

Nessa relação, o termo ΔU é definido como a variação de energia interna do sistema, Δq é a variação de calor e Δw é a variação de trabalho.

Mas, afinal, como definimos *energia*? É difícil definirmos esse conceito em poucas palavras pelo risco de limitarmos sua interpretação, porém, se nos apoiarmos na física, consideremos que energia é a capacidade de realizar **trabalho**. A forma mais simples de trabalho que podemos imaginar é o trabalho mecânico, que consiste, por exemplo, em empurrarmos um objeto sobre uma mesa. Nesse caso, aplicaremos uma força sobre um corpo até deslocá-lo de um a ponto a outro da mesa, sendo esse trabalho mecânico proporcional à força aplicada e ao deslocamento do objeto.

Para um sistema eletroquímico, um processo análogo ao exemplo do objeto/mesa é a conversão da energia química em energia elétrica, por meio da movimentação de partículas carregadas entre dois pontos; isso gera trabalho, mais especificamente **trabalho elétrico** ($W_{elétrico}$).

O potencial elétrico é um termo que ainda vamos utilizar extensamente por aqui, por isso a necessidade de deixarmos claro seu significado. Para isso, vamos relembrar brevemente as aulas de Física. Fique tranquilo, vai ser rápido!

O **potencial elétrico** (Φ) é definido como a quantidade de trabalho necessária para deslocar uma carga Q, localizada no infinito, em que o potencial elétrico é nulo ($\Phi = 0$), até um ponto qualquer no espaço, que chamaremos de p. Como o trabalho é expresso em unidades de joule (J) e a carga elétrica é expressa em coulomb (C), o Φ será mensurado em V (1 V = 1 J C⁻¹) (Castellan, 1986).

Equação 2.3

$$\Phi = \frac{W}{Q}$$

Agora, considere a situação de dois pontos no espaço (*p1* e *p2*) e que uma carga elétrica migrará de um ponto a outro, sem esquecer que a energia total deverá conservar-se (conservação de campo elétrico). Qual será o trabalho realizado nesse processo?

Cada ponto, *p1* e *p2*, mantém um determinado valor de potencial elétrico, Φ_1 e Φ_2, respectivamente. Dessa forma, o trabalho efetuado para mover a carga Q entre *p1* e *p2* será simplesmente a diferença entre seus potenciais elétricos ($\Phi_1 - \Phi_2$). Para facilitar, assumimos Q como unitária e positiva, isto é, +1. Então, chegamos à conclusão de que a variação de potencial elétrico entre dois pontos é igual ao trabalho gasto para conduzir a carga Q entre esses pontos, sendo este denominado, então, *trabalho elétrico*.

Aplicando-se esse conceito no âmbito da química, torna-se bem mais fácil entender o conceito do potencial elétrico. Os pontos *p1* e *p2*, agora, são duas espécies químicas diferentes, A e B, as quais têm potenciais elétricos também diferentes (Φ_A e Φ_B), e o que chamávamos de carga Q passa a ser representado por elétrons.

Na reação redox, haverá a transferência de elétrons entre as espécies A e B em razão das diferenças de potencial, devendo-se lembrar que o potencial elétrico foi definido na Equação 2.3. Assim, a energia envolvida na transferência de elétrons de A para B é o trabalho elétrico, conforme a Equação 2.4. Substituindo Q por *nF*, conforme a lei de Faraday, obtemos a Equação 2.5 (Castellan, 1986).

Equação 2.4

$$W_{elétrico} = (\Phi_A - \Phi_B)Q$$

Equação 2.5

$$W_{elétrico} = \Delta\Phi_{A-B} nF \cdot 1$$

Em que $\Delta\Phi_{A-B}$ é a diferença de potencial elétrico entre as espécies A e B.

Vamos retomar o exemplo da célula de Daniell, estudada no Capítulo 1, considerando a montagem do sistema como na Figura 1.5. Nesse arranjo, as soluções eletrolíticas estão em contato apenas por meio da ponte salina e o fluxo de elétrons é direcionado por meio de um fio condutor; assim, a energia gerada pela reação química pode ser usada como trabalho elétrico.

Essa é a teoria por trás da situação apresentada na Figura 1.6, em que uma placa de zinco sofre reação redox quando imersa em solução de $CuSO_4$. Em ambos os exemplos, as reações químicas são as mesmas, ou seja, ocorre a oxidação do zinco e a consequente redução do cobre. No entanto, no arranjo experimental da Figura 1.6, o processo ocorre em um único compartimento eletródico e a energia química proveniente da reação redox é convertida apenas em energia térmica, não sendo aproveitada para a realização de trabalho elétrico, ao contrário do que ocorre na situação da Figura 1.5.

Toda transformação que ocorra de modo espontâneo pode ser direcionada para seu aproveitamento de forma útil, na geração de trabalho. No caso de reações químicas espontâneas, a realização de trabalho elétrico está associada com uma diminuição da energia de Gibbs (G), de maneira que, quanto maior for a variação negativa de G ao longo do processo, maior quantidade de trabalho será obtida, conforme a relação expressa na Equação 2.6.

Equação 2.6

$$W_{elétrico} = -\Delta G$$

Os processos espontâneos seguem acontecendo até que não ocorra mais variação da energia de Gibbs, alcançando-se seu valor mínimo, expresso como $\Delta G = 0$. Na prática, isso indica que a reação química atingiu seu equilíbrio químico, não havendo mais fluxo líquido de elétrons. Conforme a Equação 2.5, isso fornece um valor nulo para o $W_{elétrico}$ (Castellan, 1986).

2.3 Potencial de célula

A energia livre de Gibbs de um processo é sempre representada como a diferença entre dois valores, por isso é normalmente expressa como ΔG, em que o Δ representa a variação de uma propriedade finita, ou ainda como dG, quando está sendo feita uma abordagem diferencial.

Como vimos no capítulo anterior, a reação química global de qualquer processo é a combinação das respectivas semirreações envolvidas, conforme demonstrado a seguir:

Semirreação de redução: $2H^+(aq) + 2e^- \rightarrow H_2(g)$

Semirreação de oxidação: $Zn^0(s) \rightarrow Zn^{2+}(aq) + 2e^-$

Reação global: $Zn^0(s) + 2H^+(aq) \rightarrow Zn^{2+}(aq) + H_2(g)$

Note que a reação global é a somatória entre as semirreações de redução e de oxidação, sendo eliminadas as espécies repetidas antes e após a seta. No exemplo acima, são eliminados os dois elétrons ($2e^-$).

Cada semirreação tem seu próprio valor de energia livre de Gibbs, portanto a energia de Gibbs para a reação global é obtida por meio da combinação do ΔG associado a cada semirreação. Assim, considerando a reação de oxidação do zinco em meio ácido, representada anteriormente, temos:

$2H^+(aq) + 2e^- \rightarrow H_2(g)$ \qquad $\Delta_r G^\theta = 0$

$Zn^{2+}(aq) + 2e^- \rightarrow Zn^0(s)$ \qquad $\Delta_r G^\theta = +147 \text{ kJ mol}^{-1}$

$Zn^0(s) + 2H^+(aq) \rightarrow Zn^{2+}(aq) + H_2(g)$ \qquad $\Delta_r G^\theta = -147 \text{ kJ mol}^{-1}$

Sabemos que a semirreação de oxidação (ou redução) do hidrogênio tem energia livre definida arbitrariamente em zero e que o valor de $\Delta_r G^\theta$ da semirreação de redução do zinco é de +147 kJ mol^{-1}. Esse valor é determinado experimentalmente e será explicado logo adiante. Contudo, nesse exemplo, ocorre a **oxidação** do zinco, e não sua **redução**, portanto podemos considerar o valor de ΔG com o sinal oposto. É uma convenção a representação das semirreações sempre no sentido de sua redução, sendo importante manter a atenção aos sinais algébricos dos potenciais-padrão.

Na Seção 2.1, descrevemos o procedimento para a determinação de potenciais-padrão de redução para os diversos pares redox, com base em sistemas referenciais cujo potencial é bem definido. A mesma lógica é aplicada às determinações de outras propriedades, como a energia livre de Gibbs de diversas reações químicas, sob as condições-padrão e conforme sistemas de referência.

O termo *padrão* refere-se às condições experimentais em que são realizadas as medidas para a determinação de **propriedades-padrão**, utilizando-se o EPH, descrito anteriormente. Nesse caso, a atividade dos íons hidrogênio deve ser 1, equivalente a pH igual a zero, e a pressão do hidrogênio gasoso deve ser de 1 bar. Devemos lembrar que uma semirreação de oxidação é o inverso de uma semirreação de redução, porque, como veremos adiante, as semirreações e seus valores de $\Delta G^\ominus$ são representadas, convencionalmente, no sentido da redução.

Em medidas reais, os valores de diferenças de potencial elétrico coletados são mensurados em termos de trabalho por quantidade de carga, em volts (joule/coulomb), enquanto os valores da energia livre de Gibbs são fornecidos em termos de trabalho por quantidade de matéria (joule/mol). São duas formas de expressar a variação de energia de um mesmo processo eletroquímico e que se associam pela relação matemática expressa na Equação 1.14 ($\Delta G = -nFE$), que, em termos de condições-padrão, assume a forma da Equação 2.7).

Equação 2.7

$\Delta G^\theta = -nFE^\theta$

Em que n é o número de elétrons transferidos na reação e F é a constante de Faraday, cujo valor é 96 485 C mol^{-1}. O termo E^θ é o potencial-padrão, ou **potencial-padrão de redução** (para destacar que a reação está expressa no sentido da redução).

Como o ΔG^θ foi definido em zero para o par redox H$^+$/H$_2$, seu valor de potencial-padrão também será zero.

$2H^+(aq) + 2e^- \rightarrow H_2(g)$ $\qquad E^\theta(H^+/H_2) = 0$ V

Para a semirreação de redução do zinco, conhecemos o ΔG^θ e o número de elétrons envolvidos. Dessa forma, segundo a Equação 2.7, o valor de E^θ será de –0,76 V:

$Zn^{2+}(aq) + 2e^- \rightarrow Zn^0(s)$ $\qquad E^\theta(Zn^{2+}/Zn^0) = -0{,}76$ V

Sabemos que o $\Delta_r G^\theta$ da reação global é determinado pela diferença entre os $\Delta_r G^\theta$ das semirreações. O mesmo raciocínio é válido para o cálculo de E^θ da reação global, sendo a diferença entre os valores de E^θ das reações do cátodo e do ânodo, conforme indicado no Capítulo 1, expressa na Equação 1.13. Considerando ainda a reação de oxidação do zinco em meio ácido, temos:

$E^\theta = E^\theta(H^+/H_2) - E^\theta(Zn^{2+}/Zn^0)$

$E^\theta = 0 - (-0{,}76)$ $\qquad\qquad\qquad E^\theta = +0{,}76$ V

$Zn^{2+}(aq) + H_2(g) \rightarrow Zn^0(s) + 2H^+(aq)$ $\qquad E^\theta = +0{,}76$ V

Ou seja, conhecendo os valores de potencial-padrão ou dos valores de energia livre para as semirreações, podemos obter informações termodinâmicas sobre a tendência de ocorrência da reação e sua espontaneidade.

A Figura 1.4 mostra uma célula eletroquímica em que a diferença de potencial entre os eletrodos, ou o **potencial de célula** ($E_{célula}$), foi de +1,10 V. Esse valor reflete a tendência de a reação ocorrer, sendo diretamente associado com sua espontaneidade (ΔG), logo, com a capacidade de gerar trabalho.

Essa questão será desenvolvida detalhadamente no Capítulo 3. Por ora, é interessante observar que exatamente nesse ponto a eletroquímica e a termodinâmica se encontram, por meio da relação matemática expressa na Equação 1.14. Para que uma célula galvânica (ou pilha) realize trabalho, é necessário que a transferência de elétrons se mantenha e, para isso, o sistema deve estar fora do equilíbrio químico. A quantidade de trabalho efetuado pela célula depende da magnitude da diferença de potencial entre os eletrodos, ou seja, do potencial de célula. Quando esse potencial é alto, uma certa quantidade de elétrons é transferida e uma alta quantidade de trabalho é realizado. Entretanto, quando o $E_{célula}$ é pequeno, a mesma quantidade de elétrons pode ser transferida, mas a quantidade de trabalho também é pequena. Por fim, quando o $E_{célula}$ é igual a zero, o equilíbrio foi atingido e não há mais trabalho sendo realizado.

2.4 Terceira lei da termodinâmica e energia de Gibbs

A lei de conservação das massas e a primeira lei da termodinâmica asseguram que processos e transformações em qualquer sistema apenas ocorrem mediante a conservação da energia total, ou seja, a energia interna (U) deve permanecer constante. Porém, entre os processos "permitidos", é essencial distinguir se eles serão espontâneos ou não.

Podemos entender **espontaneidade** como a tendência de um sistema sofrer uma modificação física ou química, sem a necessidade de estímulos externos, buscando sempre alcançar uma condição de menor energia. A previsão sobre a espontaneidade de processos é feita com base na interpretação do conceito de entropia.

A **entropia** é uma função de estado que se refere à dispersão de energia durante uma transformação físico-química, cuja tendência aponta no sentido de o sistema assumir uma condição de desordem (Atkins; Paula, 2008), isto é, um sistema "bagunçado" é termodinamicamente favorável.

Novo elemento!

▫ Função de estado: propriedades expressas em função das variáveis que definem o estado em que se encontra o sistema, como pressão e temperatura (Atkins; Paula, 2008), ou seja, são propriedades definidas apenas em função de seus estados inicial e final. São exemplos de funções de estado: energia interna, entalpia, entropia, energia livre.

Reflita: é mais fácil manter seu guarda-roupa organizado ou desorganizado?

Para assimilar a ideia de entropia, observe, na Figura 2.3, uma comparação simples entre um sistema macroscópico – um guarda-roupa – e um microscópico – nesse caso, o processo de expansão de um gás. Maior entropia significa maior desordem, o que, no exemplo apresentado, é representado tanto pelo guarda-roupa desorganizado, com peças aleatoriamente distribuídas, como pelo processo de expansão das moléculas do gás, em que elas ocupam cada vez mais volume e contribuem para a desordem desse sistema. Outro exemplo químico de aumento de entropia são reações em que o número de mols dos produtos é maior do que o número de mols dos reagentes.

É importante lembrar que, na natureza, de modo geral, as situações de desordem são favorecidas termodinamicamente.

Figura 2.3 – Representação ilustrativa do conceito de entropia para um sistema macroscópico e um microscópico

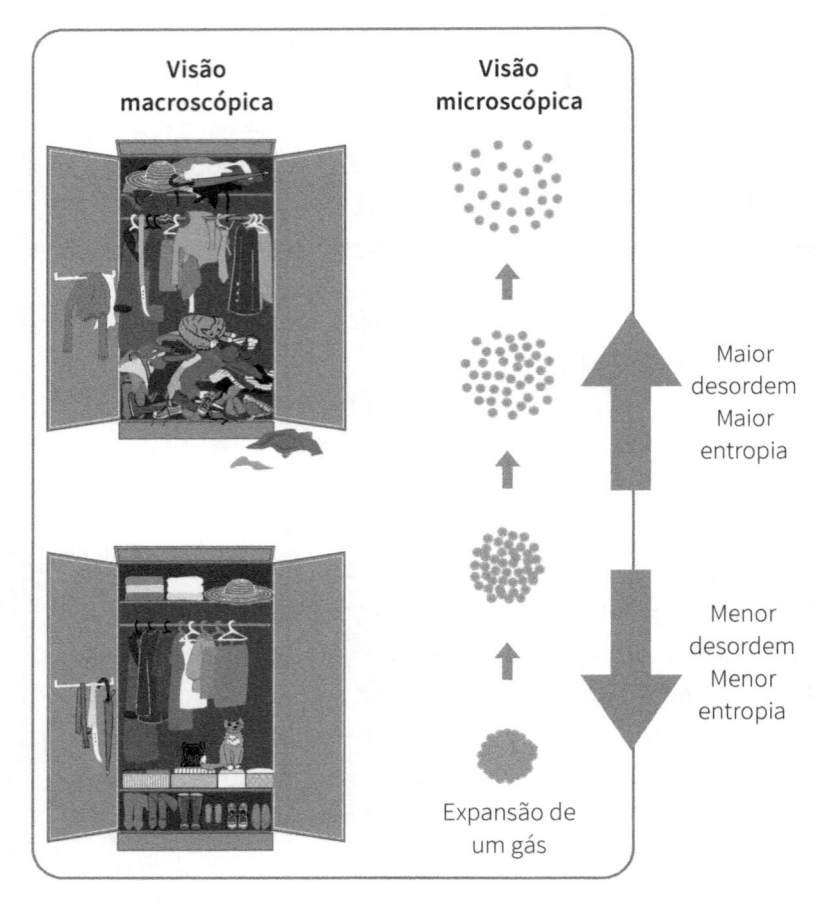

Se compreendermos que a entropia é alta em um sistema gasoso, fica fácil entendermos que ela diminui no estado líquido e, mais ainda, no estado sólido. Dessa forma, assumindo-se

um sistema perfeitamente ordenado, como um cristal perfeito, em que cada átomo mantém sua posição fixa na estrutura, a entropia pode ser considerada a mínima possível, uma vez que a desordem também é mínima nessa situação.

Essa condição apenas poderia ser alcançada em um cenário com temperatura a 0 K, o zero absoluto, correspondendo, portanto, à entropia nula. Na realidade, trata-se de uma situação hipotética, pois essa temperatura não pode ser alcançada e o cristal perfeito também não existe. Contudo, essa hipótese é a base para a definição da **terceira lei da termodinâmica**, cujo enunciado assegura que "a entropia de qualquer substância cristalina perfeitamente ordenada em zero absoluto é igual a zero" (Averill; Eldredge, 2012, tradução nossa). Isso significa que, no zero absoluto, todos os processos cessam e a entropia atinge seu mínimo, sendo igual para todas as substâncias.

Portanto, a terceira lei fundamenta um **estado de referência entrópico**, em que todos os compostos têm valor de entropia nulo. A implicação prática disso é a possibilidade de atribuir valores **absolutos** e positivos para a entropia com base em medidas calorimétricas, enquanto, para as demais funções de estado, os valores são apenas diferenciais, como ΔH e ΔG.

Sendo uma função de estado, a entropia pode ter sua variação em um processo determinada pela diferença entre as entropias dos estados final e inicial. Como sabemos que a natureza sempre tende a um estado de desordem, as seguintes relações são válidas globalmente:

$\Delta S_{universal} > 0 \rightarrow$ Processo espontâneo

$\Delta S_{universal} = 0 \rightarrow$ Equilíbrio químico

$\Delta S_{universal} < 0 \rightarrow$ Processo não espontâneo

Equação 2.8

$\Delta S_{universal} = \Delta S_{vizinhança} + \Delta S_{sistema}$

O termo $\Delta S_{universal}$ é referente à variação de entropia total, considerada a variação de entropia tanto para o **sistema** como para as **vizinhanças**. Entretanto, mensurar a variação de entropia nas vizinhanças pode ser impreciso em razão de sua grande extensão ou complexidade, em alguns casos.

Em virtude disso, a energia livre de Gibbs (G) foi adotada como parâmetro termodinâmico mais adequado para a definição de espontaneidade, pois combina fatores entrópicos e entálpicos. Na realidade, o parâmetro aplicado na avaliação da espontaneidade é a variação da energia livre, representado por ΔG, determinado sob condições de pressão e temperatura constantes. Quando considerados os estados padrões para os parâmetros termodinâmicos, obtemos a forma geral da energia livre de Gibbs pela Equação 2.9.

Equação 2.9

$\Delta G^\theta = \Delta H^\theta - T\Delta S^\theta$

Na continuação, vamos verificar como aplicar essa relação matemática de maneira objetiva.

2.5 Implicações da energia livre de Gibbs

Você deve recordar que, no Capítulo 1, abordamos a energia livre de Gibbs, mas apenas foi fornecida a relação entre o sinal matemático de ΔG e a tendência de espontaneidade. Agora, vamos tratar da origem dessa implicação e como podemos utilizá-la na previsão das condições de espontaneidade, evitando, algumas vezes, até mesmo a necessidade de realização de cálculos.

Antes disso, a análise isolada e qualitativa dos parâmetros termodinâmicos já permite fazer inferências sobre sua própria contribuição para a espontaneidade dos processos. Por exemplo, o fator entrópico, como exposto na Seção 2.4, trata do efeito de aumento na desordem do sistema como contribuição para definir um processo como termodinamicamente favorável. Assim:

$\Delta S < 0$ → Aumento no grau de ordem do sistema – processo **não espontâneo**

$\Delta S > 0$ → Aumento no grau de aleatoriedade do sistema – processo **espontâneo**

O termo *entálpico* remete à liberação ou consumo de calor. Uma vez que calor é o processo de transferência de energia térmica, esse fator pode ser relacionado com o efeito gerado sobre a vizinhança. Observe:

$\Delta H < 0$ → Liberação de calor para a vizinhança – processo exotérmico e **espontâneo**

$\Delta H > 0$ → Absorção de calor da vizinhança – processo endotérmico e **não espontâneo**

Por fim, a energia livre de Gibbs reúne esses dois fatores em conjunto com a temperatura, chegando a três possibilidades:

$\Delta G < 0$ → Processo espontâneo

$\Delta G = 0$ → Equilíbrio químico

$\Delta G > 0$ → Processo não espontâneo no sentido descrito

É possível sintetizar todas essas informações no Gráfico 2.1, considerando-se a estrutura da Equação 2.9.

Gráfico 2.1 – Gráfico comparativo entre ΔS, ΔH, temperatura e espontaneidade, de acordo com a relação $\Delta G^\theta = \Delta H^\theta - T\Delta S^\theta$

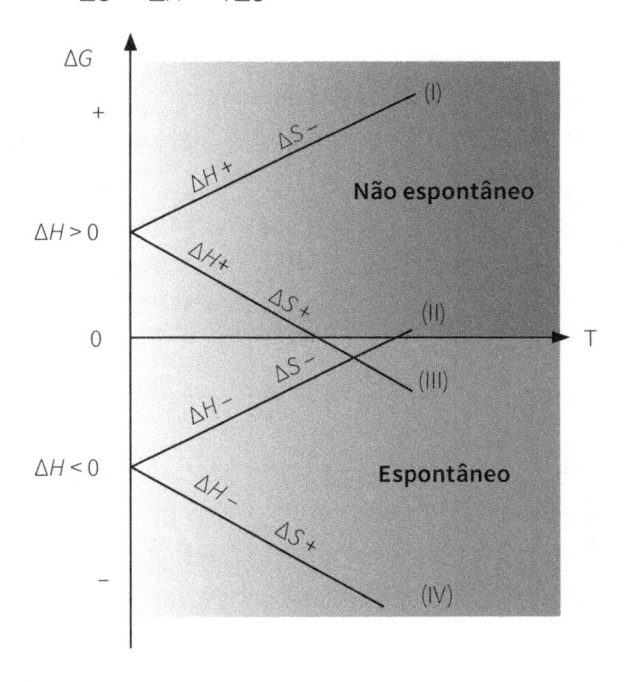

O Gráfico 2.1 evidencia algumas correlações relevantes entre as possíveis combinações matemáticas entre ΔS, ΔH, temperatura e espontaneidade. Nesse arranjo, o eixo *x* representa o aumento de temperatura e o eixo *y*, a variação de energia livre de Gibbs, de modo que no quadrante superior os valores ΔH são positivos, enquanto no quadrante inferior se tornam negativos. Dessa forma, chegamos às seguintes conclusões:

- O processo não será espontâneo quando $\Delta S < 0$ e $\Delta H > 0$, independentemente da temperatura, como mostrado pela reta (I) no Gráfico 2.1.
- O processo sempre será espontâneo quando $\Delta S > 0$ e $\Delta H < 0$, independentemente da temperatura, representado pela reta (IV) no Gráfico 2.1.
- A espontaneidade dependerá da temperatura em duas ocasiões: (1) quando $\Delta S > 0$ e $\Delta H > 0$ ou (2) quando $\Delta S < 0$ e $\Delta H < 0$, representadas pelas retas (III) e (II) do Gráfico 2.1, respectivamente.

É importante ressaltar que parâmetros como ΔG, ΔH e ΔS são funções de estado. Assim, para a análise de uma reação química, é considerada a somatória das propriedades dos produtos (estado final) e subtraída a somatória da respectiva propriedade para os reagentes (estado inicial). Por exemplo, a variação de energia livre pode ser estimada por meio da seguinte relação, considerando-se o produto entre o coeficiente estequiométrico (n) e a função de estado molar:

$$\Delta_r G^\theta = \sum_{\text{produtos}} n\Delta_f G^\circ - \sum_{\text{reagentes}} n\Delta_f G^\circ$$

Para os cálculos de entalpia e entropia, a relação matemática é a mesma, apenas com a substituição dos respectivos termos. Vamos resolver um exemplo para recordar como são feitos esses cálculos.

Por dentro da química

Com base nos valores-padrão para entalpia e entropia, que estão organizados na tabela, vamos determinar a energia livre de Gibbs para a reação de oxidação do óxido nítrico. Atenção às unidades!

$$2NO(g) + O_2(g) \rightarrow 2NO_2(g)$$

	NO(g)	O_2(g)	$2NO_2$(g)
ΔH_f^θ/kJ mol^{-1}	+90,25	0	+33,18
S_m^θ/J K^{-1} mol^{-1}	+210,76	+205,14	+240,06

$$\Delta H_r^\theta = \left[2\Delta H_{f\ NO_2(g)}^\theta \right] - \left[2\Delta H_{f\ NO(g)}^\theta + \Delta H_{f\ O_2(g)}^\theta \right]$$

Com a equação montada, lembrando-se de conferir o balanceamento da equação e de considerar os coeficientes estequiométricos, os valores podem ser substituídos:

$$\Delta H_r^\theta = \left[2(+33,18) \right] - \left[2(+90,25) - 2(0) \right]$$

$$\Delta H_r^\theta = -114,14 \text{ kJ mol}^{-1}$$

Procedimento semelhante é adotado para calcular a variação de entropia:

$$\Delta S_r^\theta = \left[2(+240,06) \right] - \left[2(+210,76) + (+205,14) \right]$$

$$\Delta S_r^\theta = -146,54 \text{ JK}^{-1} \text{ mol}^{-1} = -0,146 \text{ kJK}^{-1} \text{ mol}^{-1}$$

Com base nesses valores de ΔH_r^θ e ΔS_r^θ, é possível calcular ΔG_r^θ, pela relação expressa na Equação 2.9, assumindo temperatura de 25 °C:

$$\Delta G_r^\theta = \Delta H_r^\theta - T\Delta S_r^\theta = -114{,}14 \text{ kJ mol}^{-1} - 298 \text{ K}(-0{,}146 \text{ kJK}^{-1} \text{ mol}^{-1})$$
$$\Delta G_r^\theta = -70{,}63 \text{ kJ mol}^{-1}$$

Perceba que o valor de ΔG_r^θ calculado é negativo e, como observamos anteriormente, isso caracteriza a reação química como espontânea para a temperatura proposta (298 K). No entanto, observando o Gráfico 2.1 e conforme os resultados de ΔH e ΔS calculados, ambos negativos, essa reação se encaixa no perfil da reta (II), mantendo uma relação de dependência com a temperatura. Para estimar a temperatura em que o processo muda o sentido de espontaneidade, a Equação 2.9 é resolvida para $\Delta G < 0$.

$$0 < \Delta H_r^\theta - T\Delta S_r^\theta$$

$$\Delta H_r^\theta > T\Delta S_r^\theta$$

$$T < \frac{\Delta H_r^\theta}{\Delta S_r^\theta}$$

$$T < \frac{-114{,}14 \text{ kJ mol}^{-1}}{-0{,}146 \text{ kJK}^{-1} \text{ mol}^{-1}}$$

$$H < 782 \text{ K}$$

Portanto, essa reação será espontânea em temperaturas menores do que 782 K, equivalente a 509,0 °C. Acima disso, o termo $T\Delta S_r^\theta$, positivo nesse caso, supera o termo entálpico, tornando ΔG positivo e o processo não espontâneo.

Novo elemento!

Em sistemas multicomponentes, a determinação dos potenciais químicos deve considerar as interações moleculares, pois isso impacta a energia do sistema. Nesses casos, o potencial químico é definido como:

$$\mu = \mu^\theta + RT \ln\left(\frac{p}{p^\theta}\right)$$

Em que p^θ é a pressão do gás puro ou a pressão de vapor, no caso de líquidos puros.

Até agora, nossa discussão sobre variação de energia livre foi feita considerando-se temperatura e pressão constantes; contudo, desconsideramos as variações na quantidade de matéria e de composição. Porém, precisamos levar isso em conta para podermos retomar a análise dos sistemas eletroquímicos.

Para relacionarmos as variações de ΔG à quantidade de matéria, vamos resgatar o conceito de potencial químico (μ), definido na Equação 2.10. Ele representa como a energia do sistema é afetada pela mudança de sua composição durante a reação, em temperatura e pressão constantes (Iupac, 2014).

Equação 2.10

$$\mu = \left(\frac{\partial G}{\partial n}\right)_{T,p}$$

As substâncias puras têm seu potencial químico igual à energia livre de Gibbs molar, $\mu = G_m$, logo, a variação de energia livre da reação ($\Delta_r G$) é definida como a diferença entre as energias de Gibbs molares entre produtos e reagentes, em seus estados-padrão.

$$\Delta_r G^\theta = G_{B,m}^\theta - G_{A,m}^\theta = \mu_B^\theta - \mu_A^\theta$$

A taxa com que a energia livre de Gibbs se altera em função do grau de avanço de uma reação e, consequentemente, em função da modificação da composição do meio reacional pode ser demonstrada graficamente (Gráfico 2.2).

Assumindo uma reação química reversível qualquer, em que há mudança composicional em razão da conversão da espécie A em B, a taxa de avanço do processo é representada pelo termo ξ, chamado de **grau de avanço da reação**.

No início da reação, uma quantidade infinitesimal de mols de A ($d\xi$) converte-se em B, sendo o número de mols de A agora representado por $dn_A = -d\xi$. A quantidade de mols da espécie B formada aumenta na mesma proporção com que o número de mols de A diminui, portanto $dn_B = +d\xi$. Isso significa que, se a reação iniciou com 4 mols de A e avançou até a posição de n_A corresponder a 1,5 mols, temos que a $\Delta\xi$ é de 2,5 mols.

Novo elemento!

□ Infinitésimo: método matemático muito utilizado nas definições de cálculo diferencial e integral, que considera variações que sejam extremamente pequenas, mas diferentes de zero. No contexto da química, variações infinitesimais isoladas de uma propriedade podem ser irrelevantes para o sistema, mas, quando uma sequência de variações infinitesimais é somada ou integrada, a variação total obtida torna-se relevante.

O Gráfico 2.2 representa a conversão infinitesimal de A até B, sendo a derivada em cada ponto da curva justamente a variação de energia livre de Gibbs da reação ($\Delta_r G$) – eixo y – para aquela composição específica, determinada por ξ – eixo x. Essa relação também pode ser associada com a variação de potencial químico, conforme a Equação 2.11.

Gráfico 2.2 – Representação da relação entre o grau de avanço da reação e a energia livre de Gibbs

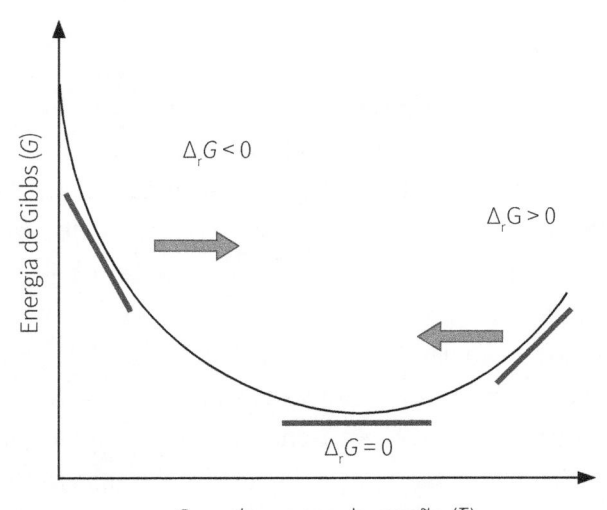

Equação 2.11

$$\Delta_r G = \left(\frac{\partial G}{\partial \xi} \right)_{p,T} = \mu_B - \mu_A$$

Núcleo atômico

A derivada de uma função é o coeficiente angular da reta tangente à função em qualquer ponto do gráfico, assumindo-se que a derivada exista naquele ponto.

Por fim, em termos de quociente reacional (Q), uma vez que estamos tratando de variação de composição fora da situação de equilíbrio químico, consideramos a Equação 2.12.

Equação 2.12

$$\Delta_r = \Delta_r G° + RT \ln Q$$

Em resumo, os potenciais químicos variam com o avanço da reação e da consequente modificação na composição reacional. A variação da energia livre do sistema está relacionada diretamente com o potencial químico. Portanto, pode ser determinada a qualquer momento, desde que se conheça a composição do meio reacional.

Retomando, rapidamente, a ideia de trabalho elétrico e associando-a com os conhecimentos adquiridos até aqui, sabemos que $w_{elétrico} = \Delta G$, logo a mudança na composição de uma célula eletroquímica, inclusive durante a reação redox, interfere na quantidade de trabalho elétrico realizado por ela. As consequências de alteração da composição do meio reacional sobre os valores de potencial elétrico são definidas por meio da equação de Nernst. Vamos explorá-la no próximo capítulo.

Ainda sobre os critérios de espontaneidade, é válido considerarmos o ponto de vista químico, em complementação à interpretação termodinâmica anterior. Como observamos desde o primeiro capítulo, reações de oxirredução são processos de transferência de elétrons que ocorrem em função de uma diferença de potencial eletroquímico entre as espécies, resultando em energia elétrica pela conversão da energia química do sistema.

Em uma reação redox **espontânea**, o elétron é transferido de um orbital de **maior energia** para outro orbital **menos energético**, de forma semelhante ao que foi representado na Figura 1.8 para a oxidação do zinco, cuja variação de energia entre esses orbitais era de 1,1 V. Perceba, pela representação simplificada na Figura 2.4, que o elétron é transferido do orbital do zinco metálico, que apresenta maior energia, para o orbital vazio do íon Cu^{2+}, assumindo uma posição de menor energia e, portanto, maior estabilidade.

Durante a transferência eletrônica e a consequente mudança de nível energético, a energia excedente é liberada para o sistema, podendo ser aproveitada para a realização de trabalho. No caso de células galvânicas, há a produção de trabalho elétrico ($w_{elétrico.}$), cuja quantidade vai depender da diferença entre os níveis energéticos dos orbitais envolvidos na reação, ou seja, do potencial de célula. Já sabemos que esse potencial é calculado pela diferença de $E^\ominus$ entre o cátodo e o ânodo (Equação 1.13). Quando essa diferença de potencial é baixa, uma determinada quantidade de elétrons é transferida, gerando uma baixa quantidade de trabalho; contudo, se o valor da diferença potencial é alto, a mesma quantidade de elétrons transferidos realiza uma maior quantidade de trabalho.

Em um teste, colocando-se um fio de cobre em um béquer com solução de íons zinco, nenhuma modificação seria observada. Isso se deve à ausência de processo redox, pois não há transferência de elétrons entre as espécies em razão de seu valor de ΔG positivo, sendo energeticamente desfavorável. Essa situação é indicada na segunda foto da Figura 2.4.

Figura 2.4 – Representação da transferência de elétrons entre orbitais do zinco

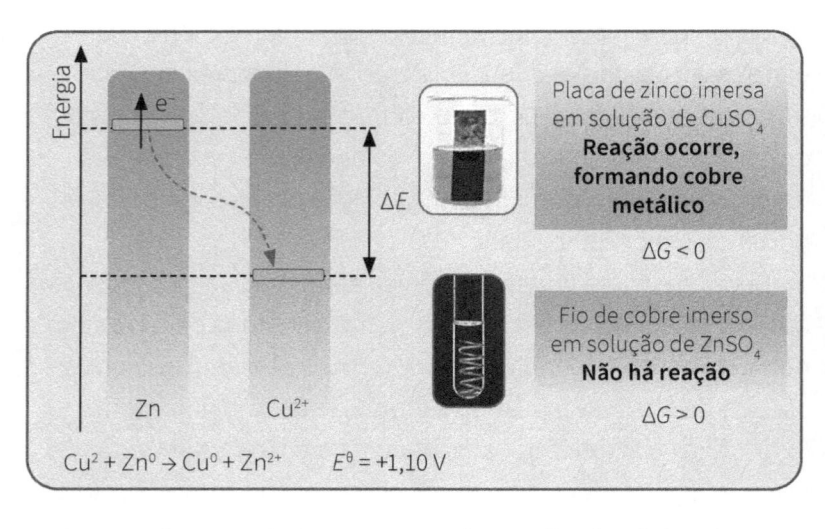

Placa de zinco imersa em solução de $CuSO_4$
Reação ocorre, formando cobre metálico
$\Delta G < 0$

Fio de cobre imerso em solução de $ZnSO_4$
Não há reação
$\Delta G > 0$

$Cu^{2+} + Zn^0 \rightarrow Cu^0 + Zn^{2+}$ $E^\theta = +1{,}10\ V$

historiasperiodicas/Shutterstock

As energias associadas com a configuração eletrônica de cada espécie poderão ser mais bem entendidas com o estudo de tópicos de química quântica, o que extrapola o escopo deste livro. Aqui, o importante é compreender que a força eletromotriz que coordena a movimentação eletrônica e os outros processos físico-químicos sempre busca por uma condição energética favorável, ou seja, a condição de menor energia para o sistema.

Síntese química

Neste capítulo, abordamos conceitos de cunho mais teórico do que prático, mas essenciais para a consolidação do conhecimento sobre a eletroquímica. Inicialmente, apresentamos o motivo da adoção de **sistemas de referência** e indicamos que sempre usaremos **valores relativos** para expressar a diferença de potencial entre sistemas ou eletrodos. Um dos sistemas de referência mais utilizados é o **eletrodo-padrão de hidrogênio (EPH)**, o qual tem potencial-padrão de redução fixado em 0 V. Além disso, relembramos a importância de empregar valores de potencial nas **condições-padrão** (E^θ) – temperatura de 25 °C, pressão de 1 bar, atividade unitária e pH 0.

Por meio de conceitos da física, você conheceu como a reação química pode gerar **trabalho elétrico** ($w_{elétrico}$) e que este é medido por meio da **diferença de potencial elétrico** entre as espécies, representado como $E_{célula}$. Com base na estimativa de $E_{célula}$, é possível fazer previsões sobre a **espontaneidade** do processo, pela relação com a variação da energia livre de Gibbs (ΔG), $\Delta G^\theta = -nFE^\theta$, sendo que valores negativos de ΔG indicam processos termodinamicamente favoráveis. No entanto, também relembramos que o valor de ΔG para o sistema depende de fatores entálpicos, os quais envolvem trocas de calor e fatores entrópicos, associados com a maior desordem do sistema, pela relação $\Delta G^\theta = \Delta H^\theta - T\Delta S^\theta$.

Figura 2.5 – Principais conceitos abordados no Capítulo 2

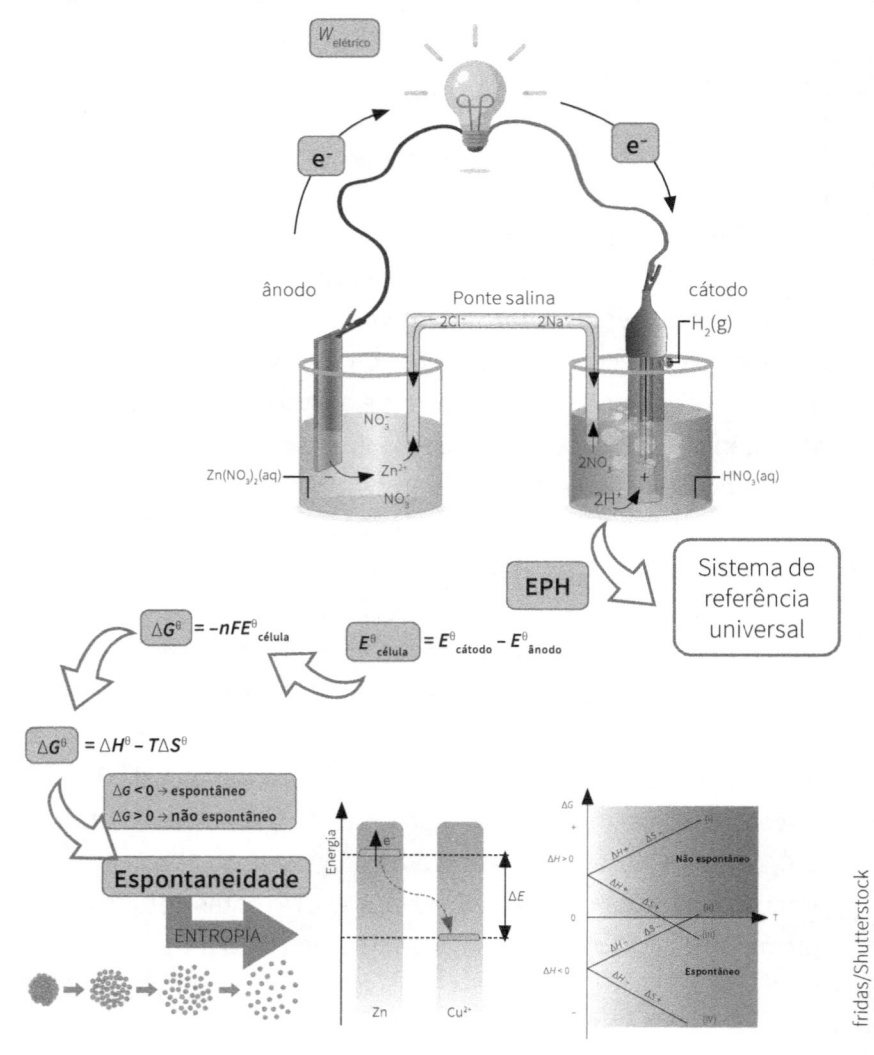

Prática laboratorial

1. Considere as afirmativas a seguir sobre o eletrodo-padrão de hidrogênio:
   I. O recobrimento do eletrodo de platina com negro de platina tem a função de aumentar a superfície de contato.
   II. O eletrodo de platina participa do processo redox.
   III. Os íons H^+ e o gás H_2 estão em equilíbrio.
   IV. O potencial-padrão para esse eletrodo varia com a temperatura.
   V. Há a necessidade de fornecimento constante de gás hidrogênio para que o eletrodo funcione adequadamente.

   Estão corretas apenas as afirmativas:
   a) I, II e V.
   b) II, III e IV.
   c) I, III e IV.
   d) I, III e V.
   e) I, IV e V.

2. Indique se as afirmações a seguir são verdadeiras (V) ou falsas (F):
   I. ( ) A energia livre de Gibbs tem valores positivos ou negativos, não havendo sentido em ter valor nulo.
   II. ( ) Toda reação exotérmica é espontânea.
   III. ( ) A variação de entropia de uma reação espontânea pode ser negativa.

IV. ( ) A energia interna de um sistema apenas pode ser variada por realização de trabalho ou transferência de calor.

V. ( ) O valor absoluto de entropia para uma espécie pode assumir valores negativos.

Agora, assinale a alternativa que corresponde à sequência obtida:

a) F, V, F, F, V.
b) F, F, V, V, F.
c) F, F, F, V, V.
d) V, F, F, V, V.
e) F, V, F, V, V.

3. Considere a reação de combustão completa do metano e assinale a alternativa correta, sabendo que $\Delta H < 0$ e $\Delta S < 0$:

$$CH_4(g) + 2O_2(g) \rightarrow CO_2(g) + 2H_2O$$

a) Sempre é espontânea, independentemente da temperatura.
b) Não é espontânea quando $\Delta H > T\Delta S$.
c) Está sempre em equilíbrio, independentemente da temperatura.
d) É espontânea quando $\Delta H > T\Delta S$.
e) Nunca é espontânea, independentemente da temperatura.

4. Indique se as afirmações a seguir são verdadeiras (V) ou falsas (F):

I. ( ) O potencial elétrico é fornecido em unidades de volt/coulomb, e a energia livre de Gibbs, em unidades de joule/coulomb.

II. ( ) Em uma reação A, são transferidos dois elétrons e E_A^θ é igual a +1,10 V. Em uma reação B, também são transferidos dois elétrons e E_B^θ é igual a +1,90 V. Então, o trabalho elétrico gerado pela reação B é maior do que o trabalho gerado pela reação A.

III. ( ) As propriedades-padrão utilizam como parâmetros pH igual a 1 e pressão de hidrogênio gasoso de 760 torr.

IV. ( ) O potencial elétrico pode ser definido como a quantidade de trabalho necessário para deslocar um corpo de massa m de um ponto a outro no espaço.

V. ( ) Células eletroquímicas em situação de equilíbrio químico não geram trabalho.

Agora, assinale a alternativa que corresponde corretamente à sequência obtida:

a) F, V, F, F, V.
b) F, F, V, V, F.
c) F, F, F, V, V.
d) V, F, F, V, V.
e) F, V, F, V, V.

5. Analise as afirmativas a seguir:
   I. Uma variação positiva de entropia significa que calor é transferido para a vizinhança.
   II. O processo físico de formação do gelo envolve diminuição da entropia do sistema.
   III. A mistura de duas substâncias puras envolve aumento de entropia do sistema.

IV. A entropia da vizinhança aumenta em razão do recebimento de calor do sistema.
V. O processo de eletrólise da água $2H_2O(l) \rightarrow 2H_2(g) + O_2(g)$ envolve diminuição de entropia do sistema.

Agora, assinale a alternativa que indique apenas as afirmativas corretas:
a) I, II e III.
b) III e IV.
c) II, III e V.
d) I e IV.
e) II, III e IV.

Análises químicas
Estudos de interações

1. Você aprendeu ao longo deste capítulo que os processos químicos podem ser espontâneos ou não espontâneos. Os processos que acontecem em nosso cotidiano também podem ser classificados dessa maneira. Reflita sobre as situações descritas a seguir e classifique-as quanto à espontaneidade:
   I. O fluxo de cachoeira.
   II. O processo de fotossíntese.
   III. O ato de a mão aquecer enquanto segura uma xícara quente.

IV. A pintura da carcaça de um automóvel por eletrólise.
V. Geração de energia nuclear pelo decaimento radioativo natural do urânio.

2. Considerando um dos cômodos de sua casa (por exemplo, a cozinha), identifique processos espontâneos e não espontâneos. Faça essa atividade de observação durante alguns dias, relacionando os processos que ocorrem no cotidiano com sua tendência de espontaneidade.

Sob o microscópio

1. Construa um mapa mental destinado a explicar a alguém de sua família ou a um amigo o conteúdo que você aprendeu nos Capítulos 1 e 2. Considere que o desenho central seja uma célula galvânica, composta por dois compartimentos, um deles contendo um eletrodo-padrão de hidrogênio (EPH) e o outro, um cátodo de cobre. Não se esqueça de indicar com setas o fluxo de movimentação de elétrons e íons, bem como as reações químicas envolvidas. Estime o potencial de célula e o valor de energia livre de Gibbs, destacando se tal processo ocorre de modo espontâneo ou não.

Capítulo 3

Equilíbrio químico

Início do experimento

No desenvolvimento de uma reação química reversível, o sistema tem a tendência natural de buscar por uma nova condição energética que proporcione mais estabilidade. Em consequência disso, as reações direta e inversa podem ocorrer com a mesma taxa de velocidade, mantendo a concentração de produtos e reagentes constantes. Isso não significa que a reação tenha cessado, pelo contrário, é uma indicação de que o equilíbrio dinâmico foi alcançado e não há mais variação líquida nos valores de concentração. Essa condição é chamada de *equilíbrio químico*.

No entanto, entre o início da reação e o alcance da condição de equilíbrio, a relação entre as concentrações de produtos e reagentes altera-se constantemente; com isso, o valor de potencial da célula eletroquímica também é modificado.

Por meio da equação de Nernst e dos potenciais-padrão de redução de cada espécie, é possível estimar a variação da energia gerada pela célula em função de sua composição. Isso vai ser importante para o estudo de pilhas, mais à frente.

O valor de potencial de célula permite a correlação com parâmetros termodinâmicos, como a energia livre de Gibbs, fornecendo informações sobre a tendência de espontaneidade da reação. Esse parâmetro é crucial para definir a melhor combinação de elementos químicos para a construção de um dispositivo de geração de energia, por exemplo.

Novo elemento!

□ Reação reversível: processo no qual a mudança infinitesimal de uma variável pode deslocar a reação no sentido direto ou inverso (Iupac, 2014).

3.1 Constantes de equilíbrio

Processos físico-químicos em geral sempre tendem a buscar um estado de equilíbrio; com as reações químicas, isso não é diferente. Nesse contexto, a condição de equilíbrio não significa que a reação tenha terminado, mas que reagentes e produtos são gerados e consumidos com a mesma velocidade, estabelecendo-se um **equilíbrio dinâmico** no qual a velocidade da reação direta (k_1) é igual à velocidade da reação inversa (k_2), ou seja, $k_1 = k_2$.

Para a reação química genérica a seguir, considere as letras maiúsculas como as espécies químicas e as letras minúsculas como os respectivos coeficientes estequiométricos. Como $k_1 = k_2$, a relação entre produtos e reagentes é constante na condição de equilíbrio químico, como indicado pela **constante de equilíbrio termodinâmica** (K), para uma determinada temperatura.

$$a\text{A} + b\text{B} \underset{k_2}{\overset{k_1}{\rightleftarrows}} c\text{C} + d\text{D} \qquad K = \frac{k_1}{k_2} = \frac{[\text{C}]^c[\text{D}]^d}{[\text{A}]^a[\text{B}]^b}$$

Em determinações reais, é mais adequado representar a equação para K em função das **atividades** das respectivas espécies. No último exemplo, foi considerado que os coeficientes de atividade para as espécies têm valor 1. Explicaremos com mais detalhes a atividade na Seção 3.3.

A constante k não depende das características internas do sistema como as concentrações iniciais, o volume do frasco reacional ou a pressão do sistema. As concentrações expressas na equação para k são aquelas assumidas após o estabelecimento da condição de equilíbrio e, como mencionado, elas são constantes. No entanto, k é dependente de fatores externos, como a temperatura, por isso cada equilíbrio tem uma constante k a cada temperatura. Em sistemas que contenham espécies gasosas, a constante k pode ser afetada por variações de pressão.

A magnitude da constante de equilíbrio permite fazer previsões sobre a tendência termodinâmica das reações, isto é, saber se o processo será favorecido no sentido de formação de reagentes ou produtos. A correlação do valor de k com a tendência de direção da reação e com sua extensão é bastante relevante:

$K > 1$ → Reação favorecida no sentido de formação dos produtos

$K < 1$ → Reação favorecida no sentido de formação dos reagentes

$K = 1$ → Reação em equilíbrio químico. A taxa de formação de produtos é igual à taxa de formação de reagentes

É importante esclarecer que, apesar de parâmetros termodinâmicos indicarem a espontaneidade de processos, outros fatores também devem ser considerados, como os cinéticos, que tratam da velocidade com que reações químicas ocorrem, os quais não são contemplados pela constante K. Assim, mesmo que uma reação tenha alto valor de K, pode ser que ela se desenvolva de forma extremamente lenta ou até mesmo que não ocorra, em razão de limitações cinéticas.

Novo elemento!
Diamantes são eternos?

Você já ouviu a frase "Diamantes são eternos"? Esse é um clássico exemplo em que a termodinâmica torna o processo favorável, mas há uma enorme limitação cinética. Na transformação física de diamante para grafite, deve ocorrer a ruptura de muitas ligações covalentes na conversão da estrutura tetraédrica do diamante para a estrutura planar do grafite, ambas representadas na Figura 3.1. Lembre-se de que ligações covalentes são relativamente fortes. Dessa forma, a contribuição cinética é baixa, tornando o processo extremamente lento. Em razão disso, costuma-se dizer que diamantes são eternos, pois, no intervalo médio de uma vida humana, certamente, esse processo não será percebido por nós.

Figura 3.1 – Representação das estruturas químicas para o diamante e para o grafite

Diamante
Estrutura tetraédrica

Grafite
Estrutura planar

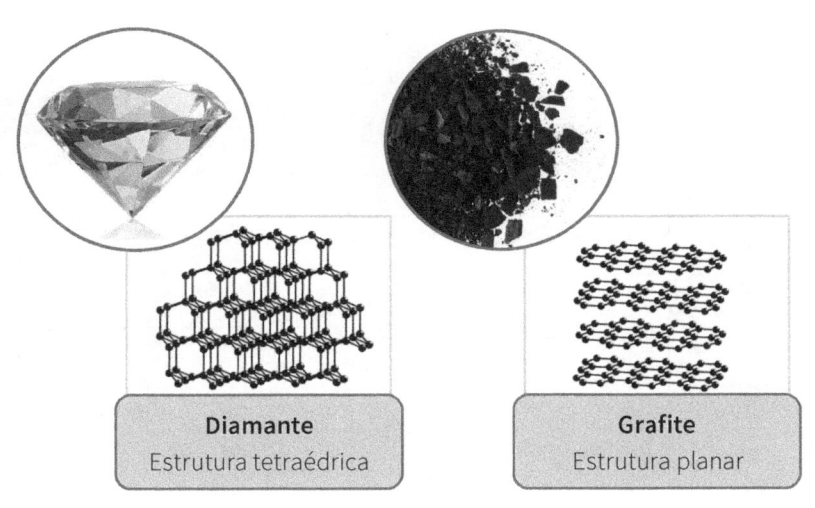

Linnas, Love the wind e Retouch man/Shutterstock

    Enquanto as reações ainda não alcançaram a condição de equilíbrio químico, é usado o conceito de quociente reacional, simbolizado por Q. A expressão matemática para Q é a mesma que para K, com a diferença de que os valores usados se referem às concentrações das espécies naquele momento, fora do equilíbrio.

    A análise do valor de Q permite prever em que sentido a reação vai ocorrer, até que se alcance a condição de equilíbrio. Logo, um valor de $Q < K$ indica maior quantidade de produtos do que de reagentes; analogamente, um valor de Q menor do que K revela maior quantidade de reagentes do que de produtos. Quando $K = Q$, o equilíbrio químico foi alcançado, então as concentrações das espécies mantêm-se constantes. Ressaltamos que, nesse último caso, produtos e reagentes são gerados e consumidos com a mesma velocidade.

Gráfico 3.1 – Representação da variação de composição do sistema ao longo do avanço da reação, indicando a tendência de Q aproximar-se de K

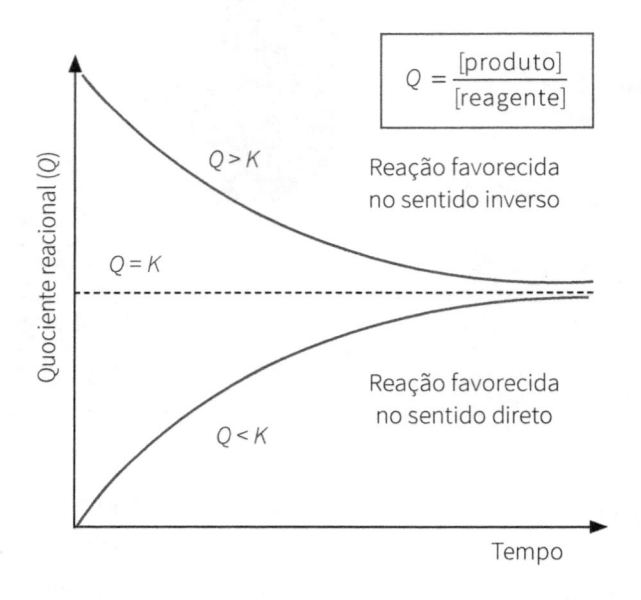

$$Q = \frac{[\text{produto}]}{[\text{reagente}]}$$

Quociente reacional (Q)

$Q > K$ — Reação favorecida no sentido inverso

$Q = K$

$Q < K$ — Reação favorecida no sentido direto

Tempo

Na Seção 3.2, explicaremos o princípio de Le Châtelier e, então, você será capaz de entender como a variação de concentração de espécies e outros fatores afetam o sentido de espontaneidade da reação. Na sequência, na Seção 3.3, demonstraremos como é fundamental correlacionar a constante de equilíbrio com a energia livre de Gibbs, o parâmetro termodinâmico que trata da espontaneidade de processos.

3.2 Deslocamento do equilíbrio: princípio de Le Châtelier

Variações de temperatura, pressão e concentração de reagentes e produtos afetam a posição do equilíbrio químico da reação. O efeito dessas perturbações pode ser entendido, de forma qualitativa, considerando-se o **princípio de Le Châtelier**, segundo o qual a posição do equilíbrio deve ser modificada no sentido de minimizar a ação da perturbação recebida pelo sistema. Uma representação ilustrativa desse princípio é apresentada na Figura 3.2, em que, por meio de uma perturbação externa, o sistema passa do estado de equilíbrio 1 para o estado de equilíbrio 2.

Figura 3.2 – Representação ilustrativa do princípio de Le Châtelier

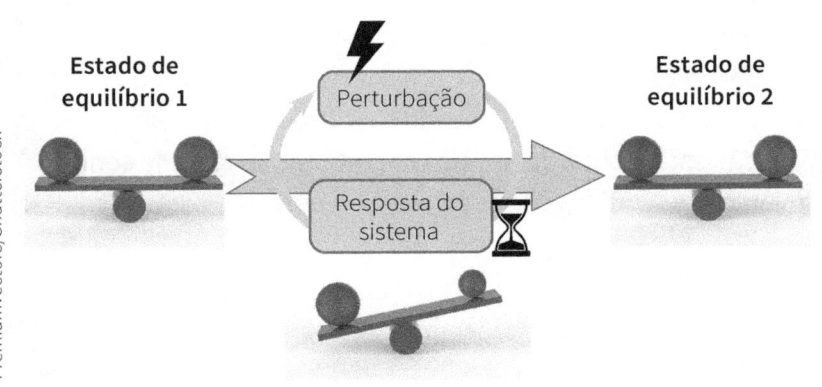

A seguir, vamos apresentar alguns exemplos para explicar como o princípio funciona.

Por dentro da química

Efeito da temperatura

A reação de oxidação do dióxido de enxofre tem variação de entalpia igual a -198 kJ mol^{-1}, sendo, então, exotérmica.

Equação 3.1

$$2\ SO_2(g) + O_2(g) \rightleftarrows 2\ SO_3(g)$$

Se a perturbação do sistema for realizada por aquecimento, mais calor lhe será adicionado. Como a reação é exotérmica no sentido direto, a resposta será dada no sentido de consumir o calor em excesso. Isso é feito com o deslocamento da reação para a esquerda, situação que tem perfil endotérmico. Entretanto, se o frasco reacional for resfriado (pense como se o calor estivesse sendo retirado), a tendência será o aumento da extensão da reação no sentido de formação dos produtos, gerando mais calor na tentativa de compensar, ou equilibrar, o sistema. Considere, como **sentido direto**, o sentido em que a reação está escrita, da esquerda para a direita, e, como **sentido inverso**, o oposto, da direita para a esquerda.

Efeito da pressão

Em reações que envolvem espécies gasosas, alterações na pressão do sistema deslocam a posição de equilíbrio. Tomemos como exemplo a mesma reação anterior (Equação 3.1).

Nos reagentes há 3 mols de espécies gasosas, enquanto nos produtos há 2 mols de gás. Assim, se o vaso reacional for comprimido, a tendência da posição de equilíbrio é ser deslocada no sentido da reação que contém menor quantidade de mols, pois o volume ocupado é menor, compensando o aumento de pressão e favorecendo a formação de SO_3. Se o sistema sofrer descompressão, o equilíbrio será deslocado no sentido dos reagentes (no caso desse exemplo), pois há maior número de mols. Caso a reação tenha o mesmo número de mols em ambos os lados, a variação de pressão não afetará a posição de equilíbrio.

Efeito da concentração

Uma vez que a constante de equilíbrio considera a concentração das espécies, é natural que a variação dessas concentrações modifique K de alguma forma. Ainda no caso da reação expressa na Equação 3.1, a tendência é que a reação ocorra no sentido de formação do SO_3. A partir disso, há diferentes cenários disponíveis. Primeiro, se durante o processo o gás SO_3 for constantemente coletado e retirado do sistema, a tendência é o deslocamento do equilíbrio no sentido dos produtos, produzindo-se mais mols desse gás para compensar sua saída. Porém, se o gás SO_3 for injetado no vaso reacional, a posição de equilíbrio tenderá para o lado dos reagentes, sendo o excesso de SO_3 consumido. A lógica é a mesma para os reagentes gasosos, isto é, sendo adicionado qualquer volume de SO_2 ou O_2 ao sistema, o equilíbrio será deslocado para os produtos, minimizando-se o excesso. Caso o fornecimento de um desses dois gases cesse, a reação tenderá a ocorrer no sentido inverso, sempre buscando minimizar a perturbação e alcançar a posição de equilíbrio químico.

Entender o equilíbrio químico e a forma como diferentes variações perturbam o sistema é de fundamental importância na química de modo geral. Além disso, como futuro químico, você deve saber que qualquer processo espontâneo tende sempre a alcançar a configuração de menor energia, considerando-se as condições de temperatura e pressão.

Portanto, pensando-se em termos de equilíbrio químico, a composição da mistura reacional na condição de equilíbrio será aquela que garantir a menor energia livre de Gibbs possível para o sistema.

3.3 Efeito da concentração e das atividades de íons em solução

Como estamos tratando da composição do meio reacional e das posições da constante de equilíbrio e como, em breve, trataremos da equação de Nernst, é válido abordarmos o efeito da concentração e das atividades dos íons em solução, esclarecendo de que forma isso pode afetar as posições de equilíbrio. Possivelmente, você já deve ter estudado esse tópico em outro momento, mas, por ser um assunto de grande relevância, é importante revermos esses conceitos.

As constantes de equilíbrio das reações químicas são corretamente representadas quando escritas em termos de suas **atividades**. A atividade de uma espécie química pode ser entendida como sua concentração efetiva diante de um equilíbrio químico, sendo definida pelo produto entre a concentração molar e o respectivo **coeficiente de atividade** (γ).

Em algumas condições, como em sistemas mais diluídos, o γ tem valor 1, ou é muito próximo à unidade. Nesses casos, o valor da atividade é similar ao da concentração molar, sendo correto expressar a constante de equilíbrio em termos apenas das concentrações das espécies. No entanto, em alguns sistemas de concentração mais elevada, se adotada a aproximação entre atividade e concentração, os erros podem tornar-se significativos.

Esses erros se devem a efeitos de carga e de força iônica, os quais estão associados também à concentração de eletrólito, não apenas das espécies de interesse, influenciando a posição de equilíbrio mesmo sem estar diretamente envolvido na reação.

Vamos analisar três situações distintas para você compreender o desvio em razão do **efeito de cargas**. Mais diante, o Gráfico 3.2 relaciona a concentração de um eletrólito (NaCl) com diferentes sistemas químicos, representados pelas respectivas constantes de equilíbrio, definidas apenas em termos de concentração molar.

A curva A relaciona a concentração do sal e a constante de equilíbrio, dada em termos da ionização da água, $K_w = [H^+][OH^-]$. Observe o perfil da curva, com comportamento linear de K_w na região de baixas concentrações do eletrólito, indicando não dependência entre os dois parâmetros. Essa relação é denominada *valor-limite* e é destacada pelas linhas tracejadas horizontais. Com o aumento da concentração de NaCl, a curva apresenta uma variação no valor de K_w, que aumenta para aproximadamente $1,7 \cdot 10^{-14}$.

Na curva B, é considerado o produto de solubilidade para o sulfato de bário, dado pelo produto das concentrações molares entre esses íons, $K_{ps} = [Ba^{2+}][SO_4^{2-}]$. Note que, nessa curva, também ocorre um comportamento de não dependência entre K_{ps} e concentração de NaCl, porém por uma faixa de variação de eletrólito muito menor que o registrado na curva A, destacado pela linha tracejada *b*. Em condição de maior concentração de eletrólito, a curva B alcança valores de K_{ps} em torno de $1,1 \cdot 10^{-10}$.

Finalmente, a curva C relaciona a constante de dissociação do ácido acético $\left(K_a = \dfrac{[H^+][CH_3COO^-]}{[CH_3COOH]} \right)$ com o eletrólito, sendo o comportamento relativamente parecido com o da curva A.

O que podemos concluir com base na comparação entre as curvas A, B e C?

A principal responsável pela diferença entre as curvas é a atração eletrostática entre as espécies carregadas de carga oposta. Para a curva B, os íons envolvidos são duplamente carregados, então, conforme aumenta a quantidade de íons Na^+ e Cl^-, aumenta também a força de interação entre essas espécies, sendo essa a justificativa para um desvio considerável do valor-limite. Na comparação entre as curvas A e B, sua inclinação é semelhante, apenas diferindo nos valores de *k* para cada sistema. Isso se deve ao fato de que o ácido acético tem baixa constante de dissociação, indicando que, em contato com eletrólitos, ele permanece majoritariamente sob a forma não dissociada, ou seja, há poucos íons em solução, por isso não há diferença significativa entre A e B.

Gráfico 3.2 – Comparação entre a variação de concentração de eletrólitos e a constante de equilíbrio para diferentes sistemas: (A) água, (B) $BaSO_4$ e (C) ácido acético

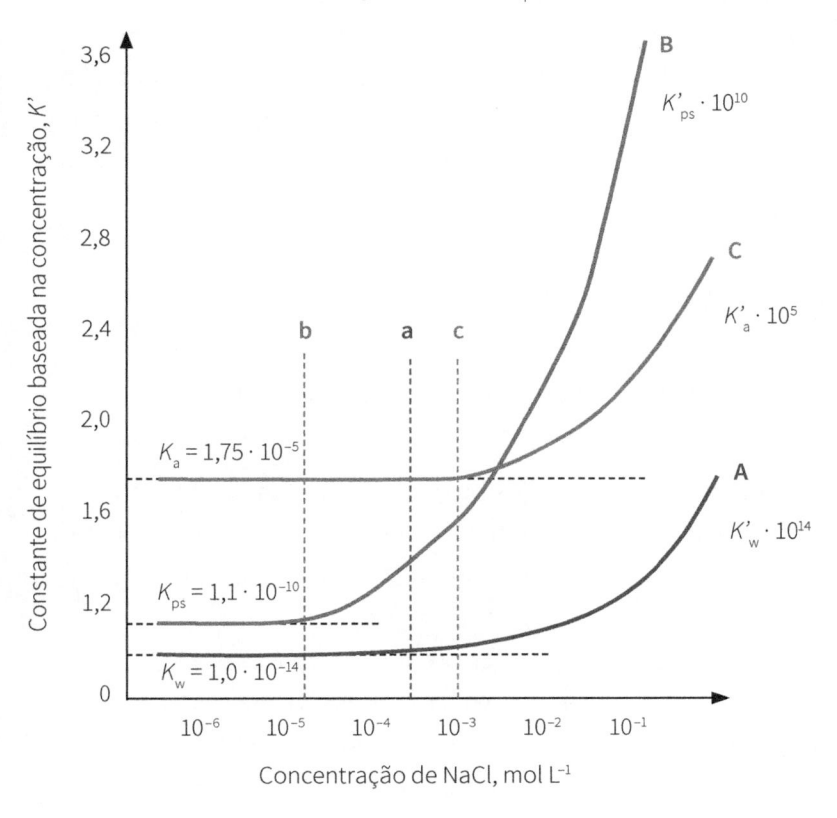

Fonte: Elaborado com base em Skoog et al., 2006.

Em ocasiões em que apenas espécies neutras estão envolvidas, a posição do equilíbrio mantém o perfil sobre a reta do valor-limite. Dessa forma, os desvios observados são associados à presença de espécies carregadas, cuja magnitude aumenta linearmente com a carga.

Outro efeito relevante é a **força iônica (μ)**, interpretada como uma medida da concentração de íons em solução que considera a concentração molar do íon e sua carga. Sistemas em que a força iônica não é adequadamente controlada apresentam desvios graves em propriedades e processos, como dissociação e solubilidade. A força iônica pode ser calculada como indicado na Equação 3.2.

Equação 3.2

$$\mu = \frac{1}{2}\left([A]z_A^2 + [B]z_B^2 + [C]z_C^2 + \ldots\right)$$

Em que [A], [B] e [C] são as concentrações molares dos componentes, os termos em z são as cargas dos íons e μ é obtido em unidade de mol L^{-1}.

Em sistemas compostos por eletrólitos fortes com cargas unitárias, a força iônica é igual à concentração molar e, como esperado, a força iônica é superior à concentração molar para sistemas com íons de múltiplas cargas.

Normalmente, soluções com concentrações na faixa de 0,1 mol L^{-1} e inferiores têm o efeito de eletrólito independentemente do tipo de íons, mas apresentam dependência com a força iônica.

A forma como esses fenômenos afetam as posições de equilíbrio, principalmente em concentração elevada, é justificada "molecularmente" por meio de um efeito de blindagem. Em virtude de processos atrativos e repulsivos, derivados das cargas dos íons, cada espécie carregada fica rodeada por um ambiente químico com alta concentração de espécies de carga oposta. Imaginemos uma solução de $BaSO_4$ em equilíbrio com a solução de NaCl; nesse caso, cada íon Ba^{2+} estará rodeado por íons Cl^-, enquanto íons SO_4^{2-} estarão envoltos com íons Na^+.

Com essa grande aglomeração em torno dos centros carregados (Ba^{2+} e SO_4^{2-}), a atração global entre essas duas espécies fica enfraquecida em razão da aglomeração dos outros íons, como se fosse, realmente, um efeito de blindagem. Isso promove um aumento na solubilidade do sal e um dano à concentração efetiva das espécies. Esse efeito é mais pronunciado com o aumento da força iônica.

Experimentalmente, a força iônica pode ser compensada pela adição de espécies que controlem esse efeito de blindagem das espécies carregadas.

Agora que você conhece os efeitos que causam anormalidades nos valores efetivos de concentração, torna-se mais fácil compreender a necessidade de usar os valores de atividade em vez da concentração molar. Não é mesmo?

Assim, a **atividade** (*a*) é utilizada para compensar efeitos de eletrólitos sobre os equilíbrios químicos e é descrita matematicamente como na Equação 3.3.

Equação 3.3

$$a_x = [X]\gamma_x$$

Em que a_x é a atividade para uma espécie x, o valor entre colchetes é a concentração molar dessa espécie e γ_x é o coeficiente de atividade adimensional.

Os termos a_x e γ_x variam com a força iônica do sistema; assim, quando a expressão de equilíbrio deixa de ser dada em termos de concentração molar e passa a ser expressa em termos de atividade, ela se torna independente da força iônica e passa a ser denominada **constante de equilíbrio termodinâmico**.

Os coeficientes de atividade determinam a efetividade com a qual uma espécie afeta o equilíbrio em que está envolvida, por isso vamos enumerar algumas propriedades dos coeficientes de atividade:

- Em soluções diluídas, o efeito de força iônica é fraco e $\gamma = 1$.
- Se a força iônica aumenta, os íons têm sua efetividade diminuída e γ torna-se menor do que 1.
- Soluções de concentração intermediária apresentam γ dependente da força iônica, mas não do tipo de íon do eletrólito.
- Valores de γ diminuem conforme a carga do íon aumenta, em casos com força iônica constante.
- Espécies neutras têm γ próximo a 1 e não dependem da força iônica.
- Valores de γ para íons de mesma carga são muito próximos, para uma força iônica constante.
- A efetividade de uma espécie (γ) é a mesma, independentemente do equilíbrio em que esteja envolvida.

Em resumo, podemos perceber a importância de substituir os valores de concentração molar pelos valores de atividade, minimizando possíveis erros em função das interações eletrostáticas entre os componentes do sistema. Na aplicação e na interpretação de resultados de técnicas eletroanalíticas, bem como nos métodos industriais, é imprescindível a adoção de valores de atividade. Para sistemas com concentração acima de 1 mol L^{-1}, já é aconselhável utilizar as atividades.

3.4 Equação de Nernst

A energia livre de Gibbs é dependente da composição do meio reacional. Portanto, para calcular o valor de ΔG, o sistema deve estar operando de modo reversível, garantindo que a composição se mantenha inalterada naquele instante.
O sistema é "forçado" a funcionar reversivelmente pela aplicação de um potencial elétrico externo suficiente para equilibrar o potencial que está sendo gerado pela célula eletroquímica. Nessa condição, a reação pode ocorrer, infinitesimalmente, em qualquer uma das direções. Portanto, a diferença de potencial medida é denominada **força eletromotriz** (*fem*) ou, como já mencionamos, **potencial de célula** ($E_{célula}$).

Como as concentrações das espécies não foram alteradas (modo reversível), podemos aplicar a Equação 1.14 e relacionar $\Delta_r G$ e $E_{célula}$.

Para entender melhor

Assumindo uma composição constante e o avanço da reação em um infinitésimo, $d\xi$, podemos reescrever o Gráfico 3.3 como descrito na Equação 3.4 e correlacioná-lo com a quantidade de trabalho máximo realizável por meio desse avanço infinitesimal, assumindo T e P constantes.

Equação 3.4

$$dG = \Delta_r G d\xi = dw_{elétrico}$$

Logo, esse trabalho também é infinitesimal e a composição do sistema praticamente não se modifica. Durante um avanço infinitesimal $d\xi$, a quantidade de elétrons transferidos é proporcional a $d\xi$; considerando-se a estequiometria da reação, temos $nd\xi$. A carga de cada mol de elétrons transferidos é $-eN_A$, então, $-neN_A d\xi = -nFd\xi$, substituindo-se eN_A por F. Assim, o trabalho exercido em um avanço infinitesimal, durante o deslocamento de cargas do ânodo para o cátodo, é o produto da carga pela diferença de potencial. Portanto:

Equação 3.5

$$dw_{elétrico} = -nFEd\xi$$

Resgatando a relação anterior, na Equação 3.4, quando a igualamos com a Equação 3.5, o termo infinitesimal é excluído e, enfim, chegamos a:

$$\Delta_r G = -nFE$$

Essa equação retoma a Equação 1.14, sendo a justificativa para a relação entre a energia de Gibbs e o potencial de célula. Trata-se de uma equação de grande relevância na química, pois correlaciona, diretamente, fatores termodinâmicos e sistemas eletroquímicos.

A Equação 1.14 permite o cálculo de ΔG para a célula eletroquímica, quando o valor de $E_{célula}$ é conhecido, assumindo-se composição reacional constante. Com isso, é possível inferir a espontaneidade da reação redox. É importante relembrar que o valor de $E_{célula}$ positivo implica ΔG negativo, logo, um processo espontâneo.

Outra forma de interpretar a relação entre $E_{célula}$ e ΔG é por meio do Gráfico 3.3 – apresentado anteriormente (Gráfico 2.2), mas reproduzido aqui para facilitar sua observação –, que correlaciona ΔG e grau de avanço da reação (ξ). A derivada em qualquer ponto dessa curva fornece o valor de ΔG para a respectiva composição do sistema naquele ponto. Graficamente, a derivada é representada pelo coeficiente angular, que, nesse caso, é a linha tangente à curva.

Observe que o ponto 2 apresenta maior inclinação da reta – derivada – em comparação com o ponto 3, representando uma condição de maior espontaneidade, pois ΔG é superior. No ponto 1, a derivada do mínimo da função é zero, portanto $\Delta G = 0$, representando a condição de equilíbrio químico.

Gráfico 3.3 – Representação da relação entre o grau de avanço da reação e a energia livre de Gibbs

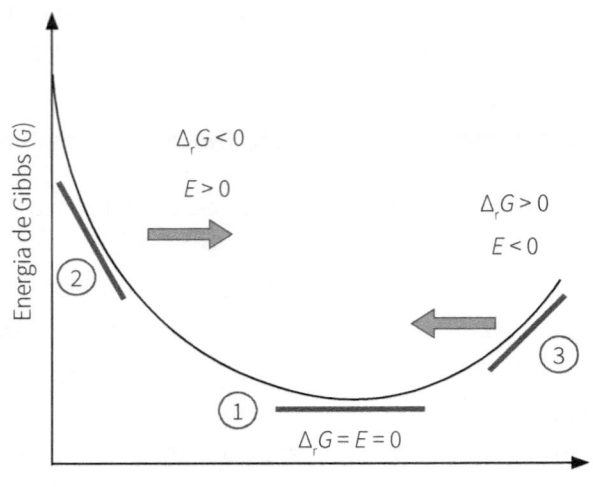

[Figura: curva de G vs. grau de avanço da reação ξ, com ponto 2 (Δ$_r$G < 0, E > 0), ponto 1 no mínimo (Δ$_r$G = E = 0) e ponto 3 (Δ$_r$G > 0, E < 0); reação A ⇌ B]

Equação 3.6

$$\Delta_r G = \mu_B - \mu_A$$

$\mu_A > \mu_B$ → Reação espontânea no sentido direto (ponto 2)

$\mu_B > \mu_A$ → Reação espontânea no sentido inverso (ponto 3)

O ponto 1 é o mínimo da função e a derivada é nula, assim, ΔG e E valem zero, caracterizando o equilíbrio químico. Os pontos 2 e 3 representam diferentes momentos da reação química e têm diferentes coeficientes angulares, cuja magnitude é definida pela inclinação de cada reta. A tangente do ponto 2 é mais inclinada em relação à tangente do ponto 3, refletindo uma condição de maior espontaneidade. A Equação 3.6 utiliza os potenciais químicos para definir o sinal de ΔG, assim, é importante ressaltar que o ponto 3 reflete a espontaneidade da reação em seu sentido inverso, nesse exemplo, a espécie B convertendo-se em A.

Por um lado, quanto mais próximo de zero for ΔG – condição de equilíbrio –, menor será a tendência de o sistema realizar trabalho, portanto o valor de E será também menor. Por outro lado, quanto maior for ΔG, mais distante o sistema estará da condição de equilíbrio químico e maior será a tendência em promover a movimentação de elétrons; logo, será mais favorável à reação.

Como ΔG é dependente da composição do meio, naturalmente o valor de $E_{célula}$ também é, pois ambas as propriedades estão diretamente associadas. Assim, retomando a Equação 2.12, que correlaciona a composição do meio com ΔG, vamos reorganizá-la, conforme o que vimos anteriormente, tornando-a aplicável a sistemas eletroquímicos.

Conhecemos a relação entre energia livre e potencial de célula, inclusive nas condições-padrão:

$$\Delta_r G = -nfE \quad \text{e} \quad \Delta_r G^\theta = -nfE^\theta$$

Substituindo $\Delta_r G$ pelo produto $-nfE$ e $\Delta_r G^\theta$ por $-nfE^\theta$ na Equação 2.12, temos:

$$-nfE = -nfE^\theta + RT \ln Q$$

Dividindo-se todos os termos por $-nF$, a relação assume a forma descrita na Equação 3.7, conhecida como **equação de Nernst**.

Equação 3.7

$$E = E^\theta - \frac{RT}{nF} \ln Q$$

A aplicabilidade da equação de Nernst é ampla: permite associar $E_{célula}$ com a composição, definir a relação de concentração entre produtos e reagentes pela medição do potencial, prever a direção da espontaneidade da reação, entre outras funções.

Outra forma de expressar essa equação é por meio de termos logarítmicos, assumindo-se temperatura em 25 °C. Nesse contexto, costuma-se condensar o conjunto de constantes em apenas uma $\left(\frac{2,33\,RT}{F}\right) = 0,0592$. Fazendo-se uso da relação matemática ln = 2,3 log, a Equação 3.7 assume a seguinte forma:

Equação 3.8

$$E = E^\theta - \frac{0,0592}{n} \log Q$$

Essa forma de expressar a equação de Nernst é bastante usada em eletroanalítica, enquanto materiais específicos em eletroquímica utilizam com mais frequência a equação de Nernst em termos de logaritmo natural. De qualquer maneira, é importante conhecer essas duas formas e saber correlacioná-las. Na próxima seção, apresentaremos diferentes exemplo que ilustram a aplicabilidade da equação de Nernst.

3.5 Propriedades do padrão eletroquímico

Voltemos ao clássico sistema formado por cobre e zinco, para verificar como a composição afeta o valor de potencial de uma célula eletroquímica:

$$Zn^0 \mid Zn^{2+}(aq) \parallel Cu^{2+}(aq) \mid Cu^0$$

As semirreações envolvidas são:

$Cu^{2+}(aq) + 2e^- \rightarrow Cu^0(s)$ $\quad\quad E^\theta = +0,34$ V

$Zn^{2+}(aq) + 2e^- \rightarrow Zn^0(s)$ $\quad\quad E^\theta = -0,76$ V

Pelo diagrama de célula, reconhecemos que o zinco será o ânodo e sofrerá a oxidação e, analogamente, o cobre será reduzido. Calculando o potencial-padrão para esse sistema por meio da Equação 1.13, obtemos:

$$E^\theta_{célula} = E^\theta_{cátodo} - E^\theta_{ânodo} = 0,34 - (-0,76) = +1,10 \text{ V}$$

Podemos ainda calcular o ΔG padrão da reação ($\Delta_r G^\theta$) e saber sua espontaneidade, sendo n igual a dois elétrons:

$\Delta_r G^\theta = -nFE^\theta_{célula} = -2 \cdot 96485 \cdot 1,10$

$\Delta_r G^\theta = -212$ kJ mol^{-1}

Como $\Delta_r G^\theta$ é negativo, podemos assegurar que o processo é espontâneo no sentido descrito. Perceba que esses valores foram calculados com base nas condições-padrão, em que são consideradas temperatura de 298 K, pressão de 1 bar e atividade unitária para sólidos e líquido puros, sendo o pH, quando envolve íons H^+, igual a zero.

Fique atento!

1. O prefixo k representa 10^3, ou seja, 1 000.

2. No termo $\dfrac{RT}{nF}$, aparecem as seguintes unidades:

$\left(\dfrac{J\,K^{-1}\,mol^{-1}\,K}{mol\,C\,mol^{-1}} \right)$. Fazendo a análise dimensional, simplificamos os termos em comum no denominador e no numerador. Considerando a equivalência $1\,J = 1\,C \cdot V$, ao fim, chegamos à unidade de volts (V) para esse termo.

Considerando, agora, uma condição experimental de concentrações iniciais de $[Cu^{2+}] = 1{,}0\,mol\,L^{-1}$ e $[Zn^{2+}] = 2{,}0 \cdot 10^{-6}\,mol\,L^{-1}$, aplicamos a equação de Nernst para calcular o valor de $E_{célula}$, a 25 °C, levando em conta a composição real do sistema:

$$E_{célula} = 1{,}10 - \left(\dfrac{8{,}314\,J\,K^{-1}\,mol^{-1} \cdot 298\,K}{2 \cdot 96485\,C\,mol^{-1}} \right) \ln \dfrac{[2{,}0 \cdot 10^{-6}\,mol\,L^{-1}]}{[1{,}0\,mol\,L^{-1}]}$$

Atente às unidades: o termo Q ou K é adimensional, enquanto o termo que inclui as constantes $\left(\dfrac{RT}{nF} \right)$ tem unidade em volts, como mencionamos no boxe "Fique atento!".

$$E_{célula} = 1{,}10 - (-0{,}168) = +1{,}27\,V$$

Para essa condição inicial de concentrações, o valor de $E_{célula}$ foi de +1,27 V, implicando $\Delta_r G = -245$ kJ mol^{-1}. Portanto, essa reação é espontânea sob a condição de concentração descrita.

Com o avanço da reação, a oxidação do zinco promove aumento da concentração de seus íons em solução, ao mesmo tempo que a concentração de íons Cu^{2+} diminui, em razão de sua redução. Dessa forma, a razão $\frac{[Zn^{2+}]}{[Cu^{2+}]}$ aumenta e, matematicamente, o valor de $E_{célula}$ diminui. Se há disponibilidade de reagentes, o processo prossegue até que [Zn^{2+}] = [Cu^{2+}], momento em que a equação de Nernst se reduz a $E = E^\theta$, ou seja, o potencial lido é igual ao potencial-padrão. Essa é uma forma experimental de se obter o valor de potencial-padrão da reação, quando as concentrações são conhecidas.

Contudo, conforme a reação continua avançando, a concentração de produtos segue aumentando, até alcançar um patamar em que a razão $\frac{[Zn^{2+}]}{[Cu^{2+}]}$ se torne maior do que 1. Como a composição afeta o potencial de célula, sob essa condição, o potencial calculado iria tornar-se negativo e refletiria em um valor $\Delta_r G$ que tornaria o processo não espontâneo.

O Quadro 3.1 é um compilado das informações anteriores, representando como a variação da composição afeta os valores de potencial, energia livre e espontaneidade da reação.

Quadro 3.1 – Relação entre o coeficiente reacional, o potencial de célula e a energia livre

$Q = \dfrac{[\text{produtos}]}{[\text{reagentes}]}$	$E = E^{\theta}_{\text{célula}} - \dfrac{RT}{nF} \ln Q$	$\Delta G = -nFE_{\text{célula}}$
$Q < 1$	$E +$	$\Delta G -$ espontâneo
$Q = 1$	$E = E^{\theta}$	ΔG^{θ}
$Q > 1$	$E -$	$\Delta G +$ não espontâneo
$Q = K$	$E = 0$	$\Delta G^{\theta} = 0$

Adotando-se a hipótese de que não conhecemos o valor do potencial-padrão para o zinco, por exemplo, como mencionado, por meio da equação de Nernst, é possível chegar a essa determinação. Para tanto, montamos um sistema experimental, conforme as condições-padrão, colocando a placa de zinco metálico em contato com uma solução de seus íons com atividade unitária – $Cu^0|Cu^{2+}$ – com temperatura a 25 °C. A equação de Nernst assume a forma a seguir, considerando-se a transferência de 2 elétrons:

$$E_{\text{célula}} = E^{\theta}_{\text{célula}} - \left(\dfrac{RT}{2F}\right) \ln \dfrac{1}{a_{Cu^{2+}}}$$

Componentes sólidos não participam do termo logarítmico, ficando apenas o recíproco de $a_{Cu^{2+}}$, que vale 1 mol L^{-1} segundo as condições-padrão. Portanto, $Q = 1$ e $\ln Q = 0$ e, dessa forma, $E_{\text{célula}} = E^{\theta}_{\text{célula}}$. Isso significa que o potencial lido pelo medidor de tensão equivale ao potencial-padrão para essa reação. Esse é um exemplo para demonstrar a aplicação da equação de Nernst, útil no caso de ser necessário estimar o potencial para um sistema desconhecido; no entanto, o valor de E^θ para o par redox Zn^{2+}/Zn^0 +0,34 V já é bem conhecido na literatura.

Quando o sistema eletroquímico envolve espécies no estado gasoso, sua contribuição para o potencial deve ser representada pela pressão parcial do gás na superfície de um eletrodo não reativo, como a platina. Veja a seguir a equação de Nernst para um sistema $H_2 \mid H^+$, sendo $n = 2$ pela estequiometria da reação. Não esqueça que as atividades devem ser elevadas a seu coeficiente estequiométrico, sendo essencial checar o balanceamento das reações antes de montar as equações.

$$E_{célula} = E^\theta_{célula} - \left(\frac{RT}{2F}\right) \ln \frac{P_{H_2}}{a_{H^+}^2}$$

Outro sistema eletroquímico cuja função é suportada pela equação de Nernst é o eletrodo de referência. De modo geral, são sistemas compostos por um eletrodo metálico em contato com uma solução de ânions, os quais formam sais moderadamente solúveis com os íons do metal. O mais utilizado atualmente é o denominado *prata/cloreto de prata*, representado por $Ag \mid AgCl(s), KCl\ (x\ mol\ L^{-1}) \parallel$. As reações envolvidas são:

$AgCl(s) \rightleftharpoons Ag^+(aq) + Cl^-(aq)$ (I)

$Ag^+(aq) + e^- \rightleftharpoons Ag^0(s)$ (II)

A reação global é:

$AgCl(s) + e^- \rightleftharpoons Ag^0(s) + Cl^-(aq)$ (III)

A dinâmica de funcionamento consiste em o sistema manter-se saturado em sal AgCl para que íons Ag^+ sempre estejam disponíveis, os quais formarão prata metálica sobre o eletrodo. Assumindo a reação global, a atividade de AgCl é considerada como unitária em razão da condição de saturação, não participando, então, do termo logarítmico, deixando o potencial dependente apenas da atividade do ânion cloreto:

$$E_{célula} = E^{\theta}_{célula} - \left(\frac{RT}{nF}\right) \ln a_{Cl^-}$$

Esse sistema mantém um valor de $E_{célula}$ bastante estável e, por essa razão, é aplicado como eletrodo de referência para medidas eletroquímicas.

Outro sistema de referência bastante utilizado é o eletrodo de calomelano saturado (ECS), composto por uma pasta de mercúrio e cloreto de mercúrio (Hg_2Cl_2) em contato com um fio de platina imerso em solução de KCl, saturada em Hg_2Cl_2. Esse sistema é representado por Hg | Hg_2Cl_2 (sat), KCl (sat) ||. A semirreação envolvida é:

$$Hg_2Cl_2(s) + 2e^- \rightleftharpoons 2Hg^0(l) + 2Cl^-(aq)$$

Nesse sistema, o potencial do eletrodo depende da concentração de íons cloreto, sendo mais comumente empregada a solução saturada em torno de 4,6 mol L^{-1}, equivalente a um potencial de +0,242 V (em relação ao EPH). A equação de Nernst assume a mesma forma expressa anteriormente para o eletrodo Ag/AgCl/Cl^-_{sat}, tomando-se o cuidado de corrigir o fator estequiométrico, pois, na reação para o calomelano, há a transferência de dois elétrons.

Em alguns sistemas químicos, o potencial de célula pode depender não apenas das concentrações das espécies diretamente envolvidas, mas também da variação de pH do meio, ou seja, da oferta de íons H^+.

Vejamos a reação de redução de MnO_4^- a Mn^{2+}. Já realizamos o balanceamento redox dessa reação em momento anterior e obtivemos:

$$MnO_4^- + 8H^+ + 5e^- \rightleftharpoons Mn^{2+} + 4H_2O$$

Logo, a equação de Nernst assume a seguinte forma:

$$E_{célula} = E_{célula}^{\theta} - \left(\frac{RT}{nF}\right) \ln \frac{a_{Mn^{2+}}}{a_{MnO_4^-} \cdot a_{H^+}^8}$$

Agora, vamos considerar a aplicação da equação de Nernst na determinação da constante de equilíbrio para uma reação redox. Ela é a base de um método bastante utilizado na determinação de ferro total de amostras de minérios por meio da redução do ferro com cloreto de estanho, conforme a reação a seguir:

Reação global: $Sn^{2+} + 2Fe^{3+} \rightleftharpoons 2Fe^{2+} + Sn^{4+}$

Semirreações: $Sn^{4+} + 2e^- \rightleftharpoons Sn^{2+}$ $\quad E^0 = +0,15$ V

$\qquad\qquad\quad 2Fe^{3+} + 2e^- \rightleftharpoons 2Fe^{2+}$ $\quad E^0 = +0,77$ V

Aplicando a equação de Nernst a cada semirreação, obtemos:

$$E_{Sn}^0 = +0,15 - \frac{0,0256}{2} \ln \frac{[Sn^{4+}]}{[Sn^{2+}]}$$

$$E_{Fe}^0 = +0,77 - \frac{0,0256}{2} \ln \frac{[Fe^{2+}]^2}{[Fe^{3+}]^2}$$

Para calcular K, devemos considerar a reação na condição de equilíbrio, situação em que o potencial de célula vale zero, $0 = E^0_{Fe} - E^0_{Sn}$; com isso, $E^0_{Sn} = E^0_{Fe}$. Dessa forma, as equações de Nernst podem ser igualadas:

$$+0,15 - \frac{0,0256}{2}\ln\frac{[Sn^{4+}]}{[Sn^{2+}]} = +0,77 - \frac{0,0256}{2}\ln\frac{[Fe^{2+}]^2}{[Fe^{3+}]^2}$$

Rearranjando os termos, temos:

$$+0,15 - 0,77 = \frac{0,0256}{2}\ln\left(\frac{[Sn^{2+}]}{[Sn^{4+}]} - \ln\frac{[Fe^{2+}]^2}{[Fe^{3+}]^2}\right)$$

$$-0,62 = \frac{0,0256}{2}\ln\frac{[Sn^{4+}][Fe^{2+}]^2}{[Sn^{2+}][Fe^{3+}]^2}, \text{ou seja, } -0,62 = \frac{0,0256}{2}\ln K$$

Calculando, chegamos a um valor de $K = 1,1 \cdot 10^{21}$. Esse valor é bastante alto e indica que a ocorrência da reação de redução do ferro pelos íons de estanho no sentido em que está representada é altamente favorável. Por isso, tal reação foi escolhida para essa aplicação, pois, sendo um processo bastante favorecido, garante que quase todos os íons de ferro vão reagir com os íons de estanho, podendo ser, posteriormente, titulados e sua concentração determinada.

Síntese química

Neste capítulo, abordamos o conceito de **equilíbrio químico**, destacando que, nesse estado, as reações direta e inversa ocorrem com a mesma taxa, $k_1 = k_2$, não havendo variação líquida da composição do meio, assim, $K = \dfrac{k_1}{k_2}$ = constante. A constante K é afetada pela temperatura. Quando o sistema está fora de equilíbrio, usamos o coeficiente reacional Q para prever em que sentido a reação está favorecida, sendo que $Q < K$ indica processo favorecido no sentido de consumo dos reagentes (direto) e $Q > K$ indica reação inversa favorecida. Explicamos também o **princípio de Le Châtelier**, que se refere ao deslocamento da posição de equilíbrio em resposta às perturbações causadas ao sistema por modificações de temperatura, pressão e concentração.

Apresentamos ainda o conceito de **atividade** *(a)*, que pode ser entendido como a concentração efetiva das espécies, matematicamente descrita como o produto da concentração molar de uma espécie X qualquer pelo respectivo coeficiente de atividade (γ): $a_x = [X]\gamma_x$. Como vimos, essa consideração deve ser feita para minimizar o efeito de carga e de **força iônica** em razão da interação entre as espécies carregadas e de sua concentração. Pela equação de Nernst, $E = E^\theta - \dfrac{RT}{nF}\ln Q$, é possível calcular o potencial de célula em função da composição do meio reacional e fazer previsões sobre a espontaneidade dos processos.

Figura 3.3 – Principais conceitos abordados no Capítulo 3

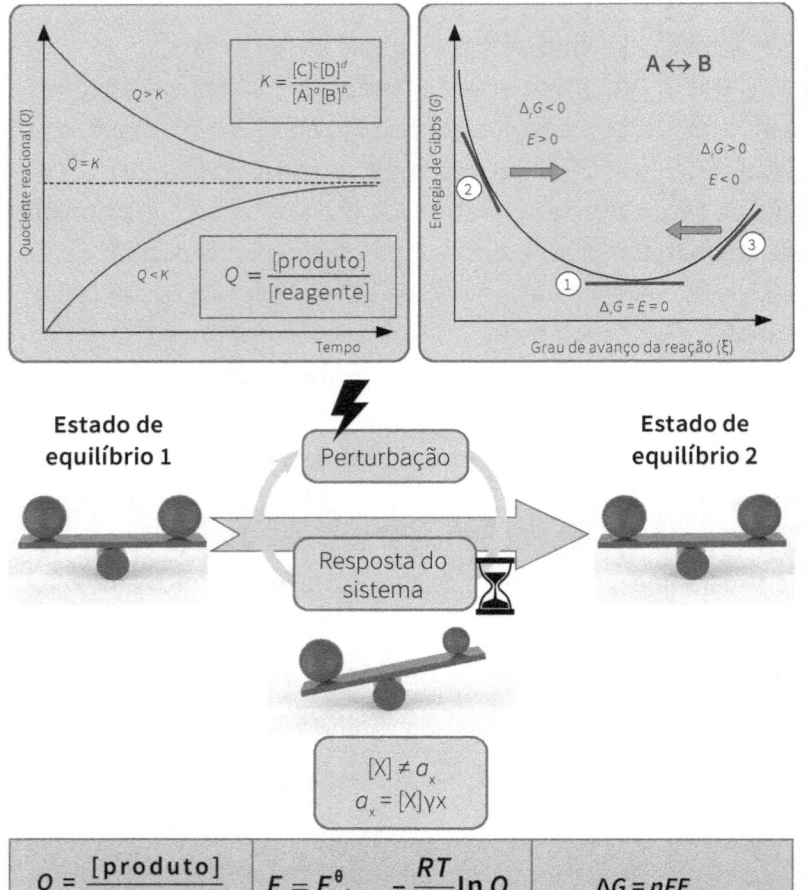

[Gráfico esquerdo: Quociente reacional (Q) vs Tempo]
- $Q > K$
- $Q = K$
- $Q < K$
- $K = \dfrac{[C]^c [D]^d}{[A]^a [B]^b}$
- $Q = \dfrac{[\text{produto}]}{[\text{reagente}]}$

[Gráfico direito: Energia de Gibbs (G) vs Grau de avanço da reação (ξ)]
- $A \leftrightarrow B$
- $\Delta_r G < 0$, $E > 0$
- $\Delta_r G > 0$, $E < 0$
- $\Delta_r G = E = 0$

Estado de equilíbrio 1 → Perturbação → Resposta do sistema → Estado de equilíbrio 2

$[X] \neq a_x$
$a_x = [X]\gamma x$

$Q = \dfrac{[\text{produto}]}{[\text{reagente}]}$	$E = E^\theta_{\text{célula}} - \dfrac{RT}{nF}\ln Q$	$\Delta G = nFE_{\text{célula}}$
$Q < 1$	$E\ +$	ΔG – espontâneo
$Q = 1$	$E = E^\theta$	ΔG^θ
$Q > 1$	$E\ -$	$\Delta G\ +$ não espontâneo
$Q = K$	$E = 0$	$\Delta G^\theta = 0$

Martial Red, PNG BOARD e Premiumvectors/Shutterstock

Prática laboratorial

1. A constante de equilíbrio é determinada com base nas concentrações das espécies no equilíbrio e é útil para verificar a extensão com que a reação acontece. Considere que, em um frasco com capacidade de 2 litros, foi adicionado tetróxido de nitrogênio, o qual sofre decomposição em dióxido de nitrogênio, conforme a reação a seguir:

   $N_2O_4(g) \rightleftharpoons NO_2(g)$

   Depois de se atingir o equilíbrio químico, dentro do frasco há 0,06 mol de N_2O_4 e 0,18 mol de NO_2. Assinale a alternativa que indica corretamente o valor da constante de equilíbrio:

   a) 1,08
   b) 0,27
   c) 0,54
   d) 3,7
   e) 3,0

2. O processo Haber-Bosch é extensamente utilizado na indústria para a produção de amônia por meio dos gases hidrogênio e nitrogênio. Esse processo é representado pelo equilíbrio:

   $3H_2(g) + N_2(g) \rightleftharpoons 2NH_3(g) \quad \Delta H = -91,8 \text{ kJ mol}^{-1}$

   Com base nessa reação e nos conhecimentos sobre equilíbrio químico, indique se as afirmações a seguir são verdadeiras (V) ou falsas (F):

I. ( ) A reação ocorre com liberação de calor.
II. ( ) Para aumentar o rendimento da reação, é interessante realizá-la sob aquecimento.
III. ( ) Para aumentar o rendimento da reação, é interessante realizá-la sob pressão elevada.
IV. ( ) O valor de ΔH negativo indica que a energia total dos reagentes é maior do que a energia total dos produtos.
V. ( ) Para aumentar o rendimento da reação, é interessante fazer a retirada da amônia do vaso reacional enquanto ela está sendo formada.

Agora, assinale a alternativa que corresponde corretamente à sequência obtida:
a) F, V, F, F, V.
b) F, F, V, V, F.
c) F, F, F, V, V.
d) V, F, V, F, V.
e) F, V, F, V, V.

3. Com base nos aspectos termodinâmicos que revisamos neste capítulo, indique se as afirmativas são verdadeiras (V) ou falsas (F):
   I. ( ) Considerando uma reação química genérica expressa por $A + B \rightleftharpoons C$ e cuja constante de equilíbrio é maior do que 1 ($K > 1$), podemos afirmar que se trata de uma reação favorecida no sentido de formação de produtos.
   II. ( ) Se uma reação química qualquer tem um valor positivo de variação de entropia, isso significa que a desordem do sistema aumentou e que, necessariamente, a variação de energia livre de Gibbs é negativa.

III. ( ) A termodinâmica é útil para a determinação do sentido de espontaneidade de uma reação química, bem como da velocidade com que essa reação ocorrerá.

IV. ( ) Podemos afirmar que a dissolução de um sal em água apresenta uma variação de entropia positiva, enquanto o processo de cristalização de um sal apresenta uma variação de entropia negativa.

V. ( ) A dissolução de ácido sulfúrico em água promove aumento na temperatura da solução. Podemos afirmar que esse processo tem $\Delta H < 0$, $\Delta S > 0$ e $\Delta G < 0$.

Agora, assinale a alternativa que corresponde corretamente à sequência obtida:

a) F, V, F, F, V.
b) F, F, V, V, F.
c) F, F, F, V, V.
d) V, F, F, V, V.
e) F, V, F, V, V.

4. Uma placa de ferro é imersa em uma solução de íons Fe^{2+} em concentração 1,0 mmol L^{-1} (prefixo m = 10^{-3}). Se um medidor de tensão for conectado a esse eletrodo, qual será o potencial lido?

a) –0,35 V
b) –0,62 V
c) –0,53 V
d) –0,26 V
e) –0,47 V

5. Calcule o potencial da célula galvânica, que você já viu no Exercício 2 da seção "Prática laboratorial" do Capítulo 1, porém, agora, admitindo as seguintes concentrações: $[AgNO_3] = 0{,}02$ mol L^{-1} e $[PbNO_3] = 0{,}02$ mol L^{-1}.

$Pb^{2+}(aq) + 2e^- \rightarrow Pb^0(s)$ $\quad E^\theta = -0{,}13$ V

$Ag^+(aq) + e^- \rightarrow Ag^0(s)$ $\quad E^\theta = +0{,}80$ V

a) +0,98 V
b) +0,87 V
c) +0,75 V
d) +0,93 V
e) −0,87 V

Análises químicas

Estudos de interações

1. Você provavelmente já viu que há alguns tipos de vidro que mudam de cor quando recebem radiação solar, normalmente aplicados como lentes de óculos, retrovisores automotivos ou janelas inteligentes. Sabendo que sua composição apresenta cloreto de prata, conforme a reação a seguir, estabeleça uma possível explicação para esse efeito, com base nos conceitos abordados neste capítulo. Tente explicar também por que o escurecimento é mais rápido em um dia quente do que em outro mais frio.

$$2Ag^+ + 2Cl^- \rightleftharpoons 2Ag^0 + Cl_2$$

2. Vamos estudar mais detalhadamente as pilhas no próximo capítulo, mas, com o que você aprendeu até o momento, responda: por que as pilhas param de funcionar?

Sob o microscópio

1. Em um organismo vivo, a condução de um estímulo nervoso, a contração muscular e os processos osmóticos são executados por meio de reações químicas que podem ser espontâneas ou não. O estímulo energético para as reações não espontâneas provém exatamente da energia gerada por meio das reações espontâneas, por meio de um processo de acoplamento, no qual uma reação alimenta, energeticamente, a outra, permitindo que ambas sejam executadas. O agente de acoplamento mais comum é o trifosfato de adenosina, conhecido como ATP.

Com base na figura a seguir, faça uma pesquisa sobre como a reação entre o ATP e o ADP (difosfato de adenosina) fornece energia para outros processos dentro de um organismo vivo. Se possível, identifique os valores de energia livre de Gibbs do processo e proponha uma reação que poderá ser associada, como a reação acoplada II no esquema a seguir.

Figura 3.4 – Esquema representativo da conversão de ATP em ADP

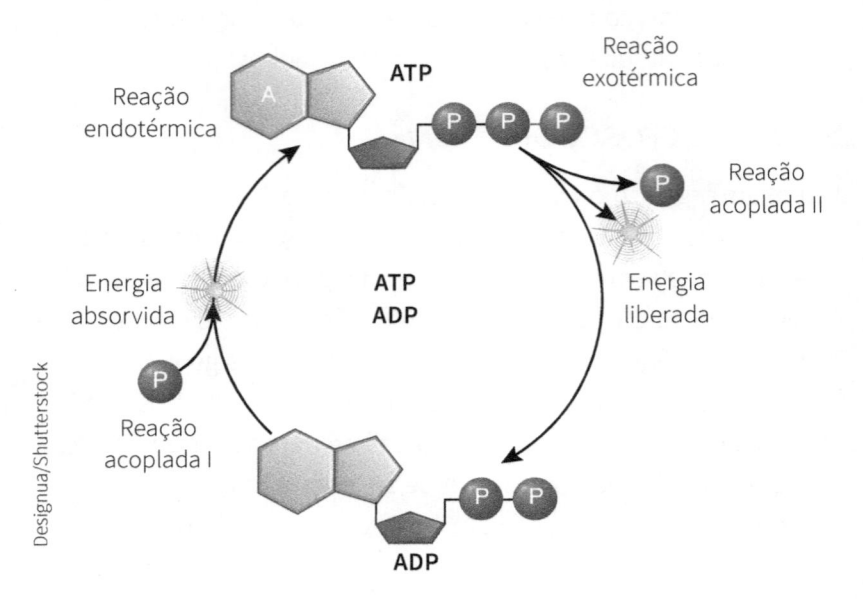

Capítulo 4

Processos de geração e armazenamento de energia

Início do experimento

Energia é matéria em movimento. Absolutamente tudo ao nosso redor e mesmo dentro de nós está em constante movimentação. Logo, tudo é energia em contínua transformação. Atualmente, geração e armazenamento energético consolidam um amplo campo de investigações científicas e de investimentos – e também de preocupações – em diversos países, principalmente nos mais desenvolvidos. Os motivos são o exponencial desenvolvimento tecnológico, o aumento da população mundial e a diminuição da oferta de combustíveis fósseis, configurando-se um cenário em que a busca por fontes renováveis e acessíveis de energia se torna primordial, bem como o estudo de processos de armazenamento eficiente dessa energia. Neste capítulo, mostraremos como a eletroquímica constitui a base para os processos de geração e armazenamento energético.

4.1 Pilhas e baterias: funcionamento e propriedades

Pilhas e baterias são dispositivos eletroquímicos cuja função é a conversão da energia química em energia elétrica, assim como seu armazenamento. Esse processo ocorre pelas reações de transferência de elétrons entre diferentes espécies, por meio de processos de oxirredução, dos quais estamos tratando desde o início deste livro.

Figura 4.1 – Conversão de energia em células eletroquímicas

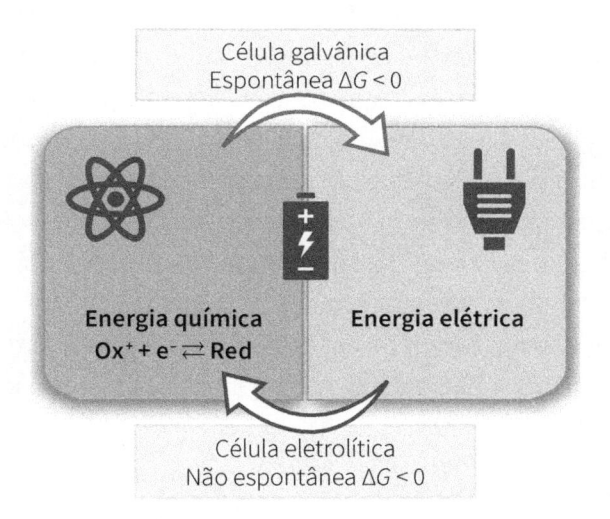

Célula galvânica
Espontânea $\Delta G < 0$

Energia química
$Ox^+ + e^- \rightleftarrows Red$

Energia elétrica

Célula eletrolítica
Não espontânea $\Delta G < 0$

Tais reações redox podem ocorrer de modo espontâneo em células galvânicas, como as pilhas comuns de aparelhos eletrônicos, bem como por meio da aplicação de um estímulo externo, constituindo as células eletrolíticas, como as já estudadas na Seção 1.3. A Figura 4.1 apresenta um esquema simplificado relativo às conversões energéticas em células eletroquímicas e sua associação com a espontaneidade de cada sentido do processo.

Historicamente, em meados de 1800, o físico Alessandro Volta desenvolveu um dispositivo para explorar as propriedades das reações redox na condução de eletricidade. Em razão disso, células galvânicas também são denominadas *células voltaicas*, em homenagem a Volta. O aparato construído por ele era formado por discos de zinco e cobre empilhados alternadamente, separados entre si por um tecido umedecido em solução salina que, quando conectado a um amperímetro, como observamos em (A) na Figura 4.2, registrava a passagem de corrente, comprovando que havia movimentação de espécies carregadas. Uma reconstrução da pilha de Volta é apresentada em (B) na Figura 4.2, em que um LED aceso indica a passagem de corrente elétrica na pilha. No entanto, em registros arqueológicos descobertos nas últimas décadas durante escavações nos Estados Unidos, foram encontrados artefatos associados com dispositivos semelhantes ao de Volta. Além disso, também há evidências de que os egípcios já conheciam a técnica de galvanização de objetos.

Figura 4.2 – Ilustração (A) e reconstrução (B) da pilha de Volta

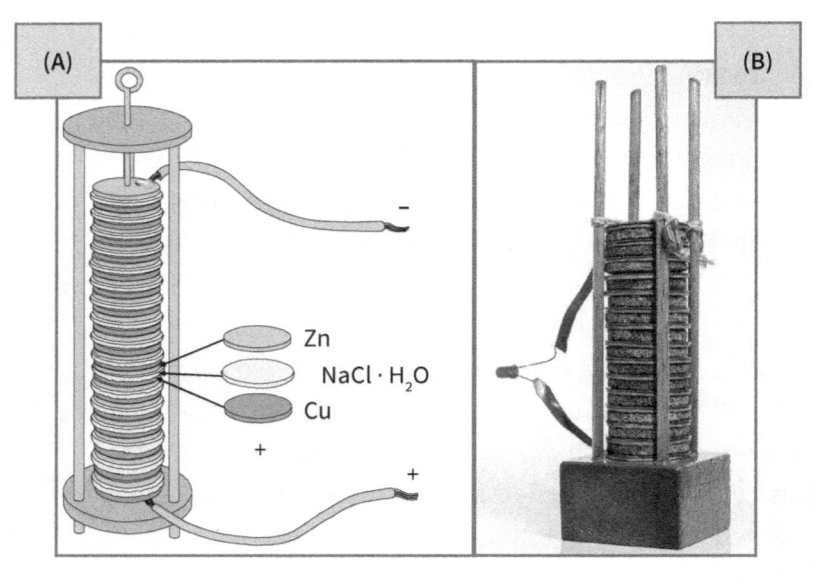

Volta continuou seu estudo sobre pilhas e, posteriormente, chegou à conclusão de que um melhor resultado era obtido quando placas de zinco e cobre eram utilizadas. Anos mais tarde, em 1836, o químico John Frederic Daniell aperfeiçoou o dispositivo proposto por Volta, substituindo a solução salina por ácido sulfúrico e colocando os eletrodos em compartimentos separados, como apresentamos detalhadamente no Capítulo 1.

Atualmente, a oferta de equipamentos eletrônicos é imensa. Na realidade, é até difícil imaginar nossa rotina sem o telefone celular ou o computador, não é mesmo? Grande parte desses dispositivos modernos funciona utilizando como fonte de alimentação algum modelo de pilha ou bateria, existindo diversos tipos e composições.

Neste ponto, precisamos esclarecer a definição de alguns termos. Uma **pilha** consiste em um dispositivo composto por apenas dois eletrodos, separados por um componente com capacidade de conduzir íons, podendo ser líquido, sólido ou em forma de gel. Por meio do estabelecimento de uma conexão elétrica entre esses eletrodos, há a circulação de corrente, pois se inicia o processo espontâneo de oxidação e redução no ânodo e no cátodo, respectivamente. Um exemplo é a célula de Daniell, examinada em detalhes no Capítulo 1.

Uma **bateria** é composta por um conjunto de pilhas organizadas em série ou em paralelo, garantindo maior tensão ou capacidade em relação aos dispositivos individuais. Quando agrupadas **em paralelo**, o valor de tensão da bateria é igual ao valor de tensão de cada pilha individual e as correntes elétricas destas são somadas; dessa forma, a bateria tem maior capacidade, ou seja, maior tempo de duração. Quando agrupadas **em série**, a corrente elétrica mantém-se a mesma e os valores de tensão das pilhas individuais são somados (Bocchi; Ferracin; Biaggio, 2000), havendo aumento na voltagem total do sistema, isto é, da capacidade de realizar trabalho (lembre-se de que 1 V é equivalente a 1 J/C). Para baterias, a ligação em série é a forma mais utilizada.

A associação de pilhas em uma bateria é formada pela conexão do terminal positivo de uma célula ao terminal negativo da próxima e assim sucessivamente. Portanto, a bateria pode ser construída ou selecionada de acordo com a aplicação que lhe será destinada. Note que, com a popularização desses dispositivos eletroquímicos, os conceitos de pilhas e baterias, muitas vezes, têm sido usados indistintamente. Contudo, profissionais da área de química devem saber diferenciar essas definições e empregá-las corretamente.

A Figura 4.3 ilustra, em (A), a montagem de uma bateria composta por uma associação de pilhas, agrupadas em paralelo e em série. No detalhe, em (B), há a representação da montagem de uma pilha, composta basicamente por um cátodo e um ânodo, separados por um eletrólito. Em (C), apresentam-se diferentes tamanhos de pilhas e baterias comerciais.

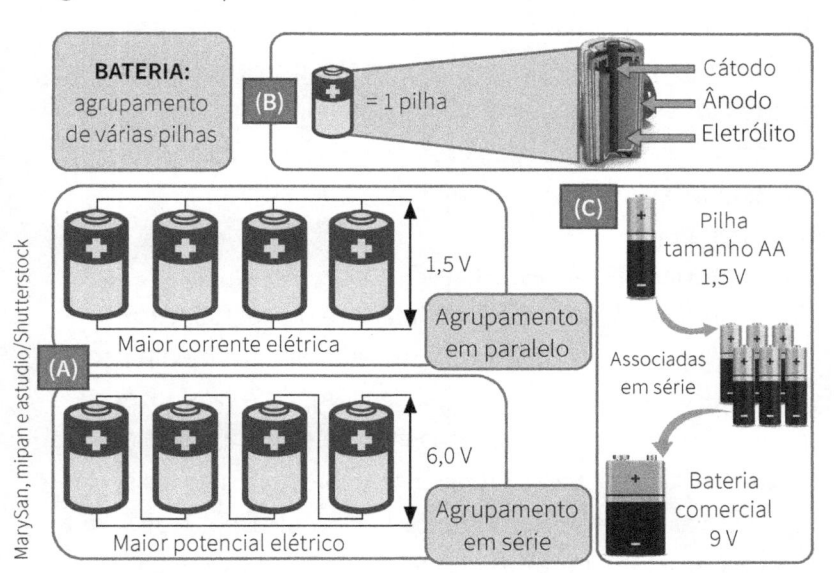

Figura 4.3 – Esquema ilustrativo de uma bateria

BATERIA: agrupamento de várias pilhas

(B) = 1 pilha

Cátodo
Ânodo
Eletrólito

(A)
Maior corrente elétrica — 1,5 V — Agrupamento em paralelo
Maior potencial elétrico — 6,0 V — Agrupamento em série

(C)
Pilha tamanho AA 1,5 V
Associadas em série
Bateria comercial 9 V

MarySan, mipan e astudio/Shutterstock

As baterias são dispositivos de alta eficiência, desenvolvidos para armazenar uma grande quantidade de energia, por isso vêm sofrendo constantes modificações desde a célula de Daniell no sentido de obter resultados melhores. Entretanto, não devemos esquecer que o modo básico de funcionamento é o mesmo de uma célula galvânica qualquer, a diferença fundamental é sua composição.

Em baterias, os componentes são sólidos ou altamente concentrados, em contraste com os eletrólitos aquosos das células galvânicas comuns. Essa modificação visa aumentar a taxa de produção de eletricidade por unidade de massa e minimizar a variação na concentração total durante o processo da descarga. Você se lembra de que a variação na composição interfere no potencial medido, segundo a equação de Nernst? Pois bem, a estratégia de utilizar componentes em alta concentração tem por objetivo manter o valor de tensão aproximadamente constante.

As baterias são classificadas em baterias primárias e secundárias, que diferem entre si pelo mecanismo de funcionamento.

As **baterias primárias**, ou descartáveis, são aquelas não recarregáveis, que atuam por meio de processos redox irreversíveis. São constituídas por materiais relativamente baratos e com alta capacidade energética. Seu tempo de vida útil é limitado à disponibilidade do reagente, pois, quando totalmente consumido, a pilha para de funcionar. Representantes dessa classe são as pilhas secas, ou de Leclanché, alcalinas e de lítio.

As **baterias secundárias**, ou recarregáveis, são aquelas cuja capacidade de realizar trabalho é regenerada por meio da aplicação de uma corrente reversa, em que se oxida o cátodo e se reduz o ânodo, o que significa que os reagentes são regenerados. No processo de descarga, esses dispositivos funcionam como células galvânicas e, durante sua recarga, tornam-se células eletrolíticas, uma vez que se fornece energia ao sistema, promovendo-se a reação no sentido não espontâneo. Essa classe de bateria é empregada em aplicações que requeiram maior quantidade de potência, ou seja, que necessitem de maior liberação de energia em um menor intervalo de tempo. As representantes dessa classe mais comumente encontradas no mercado são as baterias chumbo-ácido, níquel-cádmio, Ni/MH (hidreto metálico e óxido de níquel) e íons-lítio.

É provável que você esteja se perguntando como saber, entre tantas opções, qual é a melhor pilha ou bateria que se pode comprar.

Não há uma resposta única para essa pergunta, porque tudo depende da aplicabilidade requerida. A comparação entre pilhas ou baterias de composições e tamanhos diferentes não é adequada, pois cada objeto tem uma aplicação distinta.

Essa lógica também se estende à análise dos dispositivos de geração e armazenamento energético. Por exemplo, uma bateria recarregável de um telefone sem fio não precisa manter uma capacidade de carga muito alta, pois será utilizada por períodos curtos e colocada em carga novamente. Isso é o oposto do que se espera de aparelhos celulares modernos, os quais necessitam de uma bateria com alta capacidade de armazenamento e lenta taxa de descarga. Já quando consideramos aplicações em equipamentos médicos, como um desfibrilador, é interessante que o dispositivo mantenha alta capacidade de armazenamento e libere a energia acumulada de modo rápido, isto é, suporte altos valores de corrente elétrica.

No caso de baterias e pilhas, podemos verificar quanta energia elas conseguem entregar pela estimativa de sua **capacidade**, expressa em unidades de miliampère-hora (mAh). Portanto, se um dispositivo de armazenamento entrega uma capacidade de 1 300 mAh, isso significa que ele fornece uma corrente de 1 300 mA por uma hora de tempo transcorrido ou, ainda, assumindo-se uma corrente de 55 mA, esse dispositivo vai funcionar por cerca de 24 horas (55 mA · 23,6 horas = 1 300 mAh). Assim, podemos dizer que um tipo de pilha ou bateria entrega maior ou menor quantidade de energia, mas isso não significa ser melhor ou pior. Como já dito, tudo dependerá da aplicação requerida.

Geralmente, pilhas alcalinas primárias têm capacidade de, aproximadamente, 2 500 mAh e são mais adequadas a aplicações que consumam essa energia de maneira mais lenta. No entanto, baterias recarregáveis de íons lítio são mais bem aproveitadas para aplicações que necessitem de maior duração.

Atualmente, já existem tecnologias de reciclagem empregadas no tratamento de pilhas e baterias, a saber: mineralurgia, hidrometalurgia e pirometalurgia. A mineralurgia é mais aplicada ao tratamento de baterias industriais. Sua função é fazer uma separação físico-química dos constituintes para posterior recuperação, via outros métodos. A hidrometalurgia promove a dissolução dos componentes metálicos em soluções ácidas ou básicas, para possibilitar sua recuperação por métodos de precipitação ou extração por solvente. A pirometalurgia utiliza altíssimas temperaturas, maiores do que 1 000 °C, em um procedimento de destilação dos metais pesados, os quais, depois, são condensados. Essa técnica permite a recuperação desses elementos com grau de pureza.

Núcleo atômico

Você sabe o que deve ser feito com as pilhas e as baterias quando elas atingem o final de sua vida útil?

No Brasil, a Resolução do Conselho Nacional do Meio Ambiente (Conama) n. 401, de 4 de novembro de 2008 (Brasil, 2008), dispõe, entre outras providências, sobre os limites permitidos para metais pesados em pilhas e baterias e sobre a responsabilidade de fabricantes, importadores e comerciantes na destinação ambientalmente adequada de pilhas e baterias e de objetos que as contenham.

> Art. 1º Esta Resolução estabelece os limites máximos de chumbo, cádmio e mercúrio e os critérios e padrões para o gerenciamento ambientalmente adequado das pilhas e baterias portáteis, das baterias chumbo-ácido, automotivas e industriais e das pilhas e baterias dos sistemas eletroquímicos níquel-cádmio e óxido de mercúrio [...] comercializadas no território nacional. [...]
>
> Art. 4º Os estabelecimentos que comercializam os produtos mencionados no art. 1º, bem como a rede de assistência técnica autorizada pelos fabricantes e importadores desses produtos, deverão receber dos usuários as pilhas e baterias usadas, respeitando o mesmo princípio ativo, sendo facultativa a recepção de outras marcas, para repasse aos respectivos fabricantes ou importadores. (Brasil, 2008)

A importância dos processos de reciclagem, além, obviamente, da diminuição da quantidade de resíduo tóxico, reside na possibilidade de recuperação dos metais, que podem ser reutilizados na fabricação de novas pilhas e baterias. Ao final deste capítulo, na seção "Repertório químico", sugerimos alguns vídeos para você r assistir e refletir sobre o tema.

4.2 Tipos de pilhas e baterias

Nesta seção, vamos tratar dos principais tipos de pilhas e baterias, analisando sua composição e seus princípios de funcionamento. Esclarecemos que há outras tecnologias, mas, aqui, serão destacadas as mais usadas e encontradas comercialmente.

Pilhas primárias

As **pilhas secas**, ou de Leclanché, são o tipo de pilha mais comum no mercado em razão de seu baixo custo. Também são conhecidas como *pilhas comuns*, *pilhas ácidas*, *pilhas zinco-carbono* ou, ainda, *pilhas zinco-manganês*. Sua montagem ocorre por meio de um cátodo de grafite, em forma de bastão, envolvido com pó de dióxido de manganês (MnO_2) e grafite, imerso em um eletrólito pastoso composto por uma mistura de cloreto de amônio (NH_4Cl) e cloreto de zinco ($ZnCl_2$). Por fim, uma placa de zinco envolve todo o dispositivo, atuando como ânodo. O potencial alcançado nesse tipo de pilha fica em torno de +1,60 V, em temperatura ambiente. As reações envolvidas são basicamente a oxidação do zinco no ânodo e a consequente redução do manganês no cátodo.

Semirreação de oxidação:

$$Zn^0(s) \rightarrow Zn^{2+}(aq) + 2e^-$$

Semirreação de redução:

$$2MnO_2(s) + 2NH_4^+(aq) + 2e^- \rightarrow Mn_2O_3(s) + 2NH_3(g) + H_2O(l)$$

Reação global para a pilha seca:

$Zn^0(s) + 2MnO_2(s) + 2NH_4^+ (aq) \rightarrow Zn^{2+}(aq) + Mn_2O_3(s) + 2NH_3(g) + H_2O$

Na semirreação de redução, apesar de os componentes do eletrólito estarem representados, a única espécie que sofre reação redox é o manganês ($Mn^{4+} + 2e^- \rightarrow Mn^{2+}$).

Note que há geração de amônia (NH_3) durante a reação, mas ela permanece dissolvida no eletrólito pastoso. A vida útil da pilha é determinada pela conversão total de MnO_2 em Mn_2O_3. Como essa reação é irreversível, esse tipo de pilha não é recarregável.

Pilhas secas são usuais para aplicações que necessitem de baixas correntes elétricas com demanda contínua ou de corrente elétrica moderada em demanda intermitente, tais como controles remotos, relógios, brinquedos e lanternas. O principal inconveniente das pilhas secas é a possibilidade de vazamentos. Isso porque a corrosão do zinco metálico, quando ela não está em funcionamento, gera gás hidrogênio, o que aumenta a pressão dentro do dispositivo e rompe a proteção externa provocando, consequentemente, o vazamento da solução de eletrólito. É comum a adição de determinados agentes que minimizem a corrosão do ânodo, como mercúrio, agentes tensoativos ou quelantes. Há legislações específicas que determinam a quantidade adequada que pode ser adicionada, bem como o processo de reciclagem, em virtude da toxicidade dessas espécies.

Na Figura 4.4, à esquerda, observamos a primeira versão da pilha seca de Leclanché e, abaixo dela, a indicação das partes integrantes; à direita, vemos a representação interna da montagem de uma pilha comum. São mostrados também exemplos de pilhas comuns disponíveis no comércio.

Figura 4.4 – Representação da montagem de pilhas

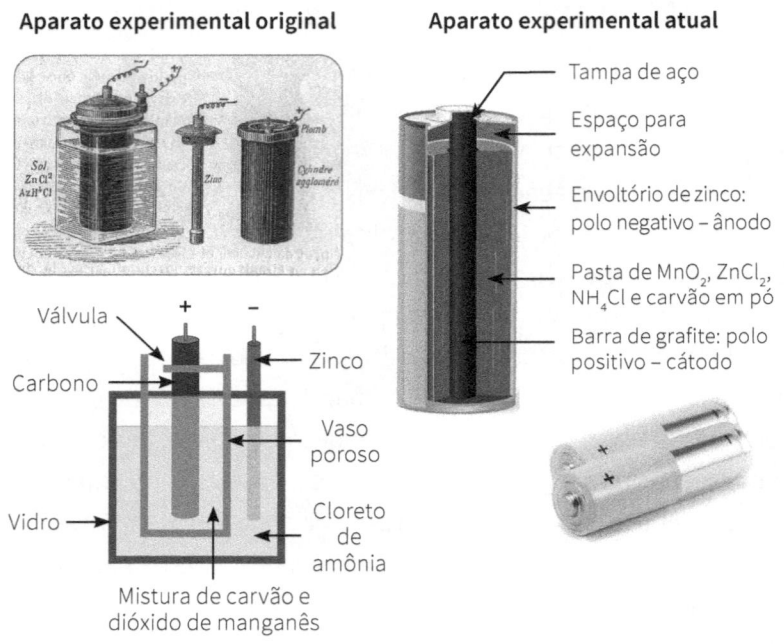

Aparato experimental original

Válvula
Carbono
Vidro
Zinco
Vaso poroso
Cloreto de amônia
Mistura de carvão e dióxido de manganês

Aparato experimental atual

Tampa de aço
Espaço para expansão
Envoltório de zinco: polo negativo – ânodo
Pasta de MnO_2, $ZnCl_2$, NH_4Cl e carvão em pó
Barra de grafite: polo positivo – cátodo

daniiD e Designua/Shutterstock

Fonte: Elaborado com base em Silva et. al, 2011.

As **pilhas alcalinas** são um tipo de pilha que se popularizou no comércio após os anos 1990, momento em que muitos fabricantes conseguiram diminuir, e até mesmo excluir, o mercúrio da composição desses dispositivos. É interessante seu uso em aplicações que requeiram descargas fortes e rápidas, ou seja, uma quantidade considerável de energia sendo liberada de maneira rápida. Essas pilhas têm um tempo de vida médio, cerca de quatro vezes maior que o das pilhas comuns ácidas, e, por isso, também têm um custo mais elevado.

Os componentes principais são os mesmos usados na pilha ácida, mudando apenas o eletrólito. O cátodo é constituído por MnO_2 e carbono, enquanto o ânodo é formado por pó de zinco, imerso em solução pastosa de hidróxido de potássio (KOH) concentrada e óxido de zinco (ZnO). Esse tipo de eletrólito promove um aumento na quantidade de energia acumulada e melhora a vida útil dos eletrodos.

O propósito de se utilizar o material pulverizado (em pó) no ânodo é aumentar a área superficial, característica que também contribui para um desempenho melhor. Esses dispositivos são selados com uma placa de aço, o que garante melhor vedação, e sua tensão é de cerca de +1,50 V. A reação que ocorre no cátodo é a mesma descrita para as pilhas ácidas. No ânodo, há a oxidação do zinco, formando-se hidróxido de zinco $(Zn(OH)_2)$, em razão do meio alcalino, que se converte em ZnO e H_2O.

Semirreação de oxidação:

$Zn^0(s) + 2OH^-(aq) \rightarrow ZnO(s) + H_2O(l) + 2e^-$

Semirreação de redução:

$2MnO_2(s) + H_2O(l) + 2e^- \rightarrow Mn_2O_3(s) + 2OH^-(aq)$

Reação global para a pilha alcalina:

$Zn^0(s) + 2MnO_2(s) \rightarrow ZnO(s) + Mn_2O_3(s)$

Na Figura 4.5, vemos a representação interna da montagem de uma pilha alcalina, sendo identificados o ânodo de zinco, imerso em solução de eletrólito pastoso de KOH e ZnO, e o cátodo, composto por MnO_2 e carbono, assim como a placa de aço responsável pela vedação do sistema.

Figura 4.5 – Representação da montagem de pilha alcalina

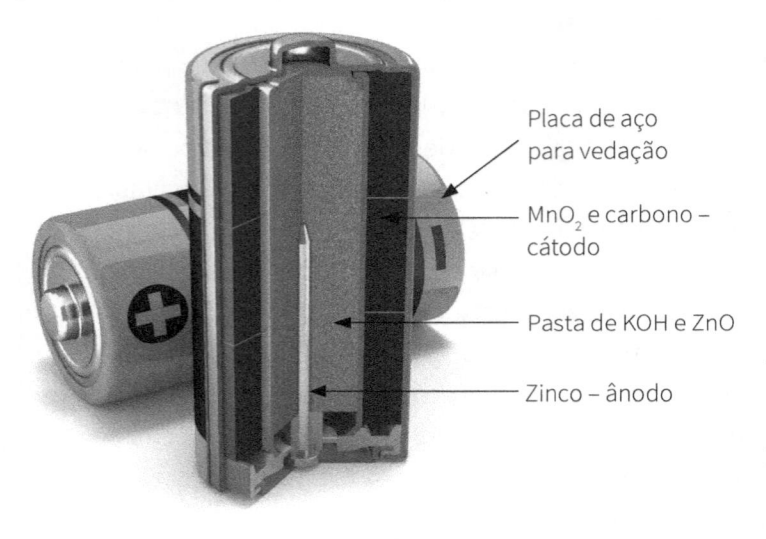

Placa de aço para vedação

MnO_2 e carbono – cátodo

Pasta de KOH e ZnO

Zinco – ânodo

mipan/Shutterstock

Em termos de desempenho, a capacidade de geração de corrente elétrica das pilhas alcalinas é superior à das pilhas secas. Além disso, não ocorrem reações secundárias significativas e a probabilidade de vazamento é baixa, aumentando o tempo pelo qual as pilhas alcalinas podem ficar armazenadas. Também não há adição de metais pesados. Entretanto, elas têm um custo de produção mais elevado, o que ainda abrevia sua ampla aplicação. O inconveniente comum a ambas se deve à suscetibilidade a descargas espontâneas, quando armazenadas em repouso. Nas pilhas alcalinas, contudo, esse processo é mais brando.

É importante não confundi-las com baterias de íon-lítio, que pertencem ao grupo de dispositivos secundários. As **pilhas de lítio** superam boa parte das limitações das células anteriormente descritas. Esse tipo de dispositivo fornece maior valor de tensão, em torno de +3 V, em contraste com o valor de +1,5 V, comum nas pilhas alcalinas e ácidas.

Essas pilhas praticamente não descarregam em repouso e são bastante leves. O termo *pilhas de lítio* é usado para designar uma grande quantidade de dispositivos com diferentes composições. A configuração mais comum é o aparato composto por um ânodo de lítio metálico e um cátodo de dióxido de manganês combinados a uma solução de eletrólito de sal de lítio inorgânico dissolvido em solvente orgânico pouco viscoso. Esse tipo de pilha entrega uma taxa relativamente baixa de corrente, mas apresenta longa durabilidade, cerca de sete vezes maior que a das pilhas alcalinas. Em razão disso, as pilhas de lítio são muito usuais em equipamentos médicos, como marca-passos, nos quais podem durar de 8 a 10 anos, e em calculadoras, termômetros, equipamentos de comunicação, entre outros. Seu custo é elevado, porém compensado pelo extenso intervalo operacional.

Na Figura 4.6 constam exemplos de aplicações para as pilhas de lítio.

Semirreação de oxidação:

$4Li^0(s) \rightarrow 4Li^+(aq) + 4e^-$

Semirreação de redução:

$MnO_2(s) + 4e^- \rightarrow Mn^0(s)$

Reação global:

$4Li^0(s) + MnO_2(s) \rightarrow 2Li_2O(s) + Mn^0(s)$

Figura 4.6 – Exemplos de aplicações para pilhas de lítio

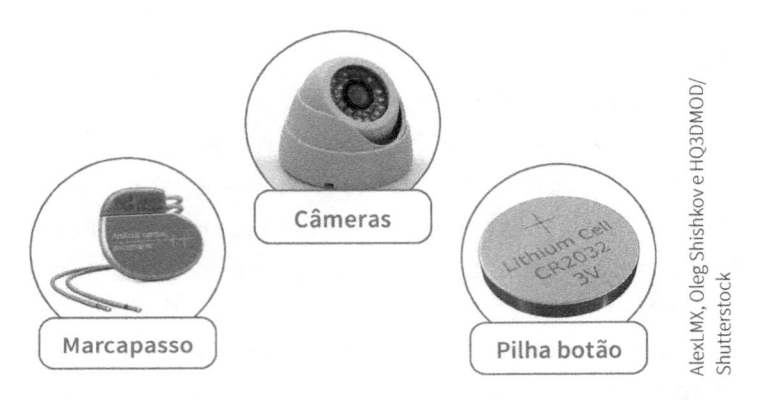

Câmeras
Marcapasso
Pilha botão

AlexLMX, Oleg Shishkov e HQ3DMOD/Shutterstock

Apesar de não haver metais pesados na composição da pilha de lítio, existem algumas desvantagens do ponto de vista ambiental no momento de seu descarte, porque o eletrólito não aquoso é inflamável e tóxico. Além disso, possíveis resíduos de lítio metálico que não foram consumidos, quando em contato com a umidade, geram gás hidrogênio, também inflamável. Dessa forma, o indicado é a descarga completa do dispositivo antes de seu descarte; mesmo assim, os processos existentes para reciclagem dessas pilhas ainda são de elevado custo.

Baterias secundárias

As **baterias chumbo-ácido** são construídas com eletrodos de chumbo imersos em uma solução aquosa de ácido sulfúrico, sendo o cátodo composto por dióxido de chumbo (PbO_2) e o ânodo, por chumbo metálico (Pb). Na redução, formam-se sulfato de chumbo ($PbSO_4$) e água, a partir de PbO_2, e, na oxidação, também é formado $PbSO_4$. Logo, a reação global tem como produtos apenas $PbSO_4$ e água.

Reação de redução:

$$PbO_2(s) + 4H^+(aq) + SO_4^{2-}(aq) + 2e^- \rightarrow PbSO_4(s) + 2H_2O(l)$$

Reação de oxidação:

$$Pb^0(s) + SO_4^{2-}(aq) \rightarrow PbSO_4(s) + 2e^-$$

Reação global:

$$Pb^0(s) + PbO_2(s) + 2H_2SO_4(aq) \rightarrow 2PbSO_4(s) + 2H_2O(l)$$

Com o avanço da reação, forma-se água em contrapartida ao consumo do ácido. Retomando a equação de Nernst, podemos prever que essa variação na razão das concentrações reduzirá o potencial fornecido pela bateria. No estado inicial, quando totalmente carregado, o valor de potencial performado é de cerca de +2,15 V e, no estado descarregado, esse valor pode diminuir até +1,98 V. Essa capacidade de gerar energia é recuperada por meio do processo de carregamento, no qual $PbSO_4$ é revertido em Pb e PbO_2.

Esse é o mecanismo empregado em baterias automotivas, para alimentar processos que necessitam de alta potência, como a partida e a ignição. Sua estrutura é composta por seis compartimentos, cada um contendo seis ânodos, formados por grades recobertas com Pb metálico finamente dividido, alternados com cinco placas condutoras recobertas com PbO_2, que agem como cátodos, sendo todos conectados em paralelo. Uma solução de ácido sulfúrico é o eletrólito, e todos os eletrodos ficam imersos. Cada um dos compartimentos contribui com, aproximadamente, +2 V de energia, portanto a bateria como um todo é capaz de alcançar +12 V. A Figura 4.7 ilustra um esquema da estrutura de uma bateria automotiva; no detalhe, observamos a montagem de uma das células individuais.

Geralmente, em pilhas e baterias, é convencional utilizar um separador entre o cátodo e o ânodo composto por um material isolante e poroso, cuja função consiste em não apenas evitar o contato direto entre os eletrodos, mas também permitir a circulação dos íons e do eletrólito. Comumente, é composto por algum tipo de papel ou de membrana.

Figura 4.7 – Esquema simplificado da estrutura de uma bateria automotiva do tipo chumbo-ácido

Ânodo
Sequência de placas na forma de grades recobertas com Pb finamente dividido

Cátodo
Sequência de placas na forma de grades recobertas com PbO_2

H_2SO_4 como eletrólito

Separador entre as placas

Bateria automotiva chumbo-ácido

Composição de 1 cela
Na bateria há 6 celas

Mipan e Zern Liew/Shutterstock

Há outras baterias de chumbo-ácido, como as seladas, mais compactas e usadas para a alimentação de computadores e sistemas *no break*, e as industriais, aplicadas na prestação de serviços que não podem sofrer interrupções, como no caso de hospitais.

Novo elemento!

- Efeito memória: consiste no popular "vício" da bateria e é devido às cargas e descargas parciais, as quais facilitam a formação de cristais nas placas, promovendo perda de capacidade de armazenamento pela diminuição da área superficial (Michelini, 2017).

As **baterias Ni/Cd**, constituídas por cádmio e hidróxido de níquel, eram muito utilizadas em telefones celulares, ferramentas elétricas e alguns equipamentos médicos até o final da década de 1990. Suas características de versatilidade quanto ao formato, corrente elétrica relativamente alta, potencial aproximadamente constante e vida útil longa proporcionavam ampla variedade de aplicações. Porém, as desvantagens pelo uso do cádmio e o efeito memória impulsionaram sua substituição por baterias de hidreto metálico e $Ni(OH)_2$, conhecidas como Ni/MH.

Em **baterias Ni/MH**, o material do ânodo consiste em hidrogênio absorvido sob a forma de hidreto metálico, ocorrendo sua absorção e sua dessorção durante as etapas de carga e descarga. No cátodo, o oxi-hidróxido de níquel (NiOOH) é reduzido a $Ni(OH)_2$, conforme as reações a seguir.

Reação de redução:

$NiOOH(s) + 2H_2O(l) + e^- \rightarrow Ni(OH)_2 \cdot H_2O(aq) + OH^-(aq)$

Reação de oxidação:

$MH(s) + OH^-(aq) \rightarrow M^0(s) + H_2O(l) + e^-$

Reação global:

$MH(s) + NiOOH(s) + H_2O \rightarrow M^0(s) + Ni(OH)_2 \cdot H_2O(aq)$

Uma solução aquosa de hidróxido de potássio é utilizada como eletrólito, facilitando a difusão dos íons. Um separador de polipropileno ou fibras de tecido é adicionado entre os eletrodos, embebido na solução de eletrólito, evitando o contato entre os eletrodos e balanceando as cargas. As baterias Ni/MH apresentam maior capacidade de armazenamento do que as compostas por níquel e cádmio, no entanto ainda têm custo superior e apresentam efeito memória considerável. Suas principais aplicações são em calculadoras, câmeras digitais e veículos elétricos, que requerem um consumo maior de energia.

Repertório químico

Para mais informações a propósito das baterias Ni/MH recomendamos a leitura do seguinte artigo:

AMBRÓSIO, R. C.; TICIANELLI, E. A. Baterias de níquel-hidreto metálico, uma alternativa para as baterias de níquel-cádmio. **Química Nova**, São Paulo, v. 24, n. 2, p. 243-246, 2001. Disponível em: <http://static.sites.sbq.org.br/quimicanova.sbq.org.br/pdf/Vol24No2_243_14.pdf>. Acesso em: 31 jul. 2020.

As **baterias íon-lítio** são um tipo de dispositivo que combina alta capacidade de armazenamento e valor de tensão elevado com a característica de ser leve, tornando-se interessante para aplicação em dispositivos portáteis, principalmente em celulares e *notebooks*. É importante destacar que as baterias de íon-lítio fornecem menor densidade de energia do que as baterias de lítio metálico, mas tornaram-se mais difundidas em razão de sua maior segurança.

O mecanismo de armazenamento ocorre via intercalação iônica de íons lítio na estrutura lamelar dos materiais que revestem os eletrodos, ao mesmo tempo que elétrons se movem por um circuito externo. Materiais lamelares são aqueles cuja estrutura é organizada na forma de folhas ou camadas, como o grafite. Geralmente, grafite em pó é usado como o ânodo nas baterias íon-lítio, podendo ser utilizadas também pequenas quantidades de espécies metálicas, como o lítio. No cátodo, são usados óxidos de metais de transição litiados, como $LiCoO_2$, $LiNiO_2$ e $LiMnO_2$, espécies que igualmente mantêm estrutura lamelar.

Portanto, as reações ocorrem por meio de intercalação (entrada) e desintercalação (saída) do par íon lítio/elétron dos eletrodos. No carregamento, por exemplo, por meio de uma perturbação no sistema, o cátodo é oxidado, liberando os íons lítio, os quais serão intercalados no ânodo de grafite. Quando a bateria está totalmente carregada, a maior parte dos íons lítio está armazenada entre as folhas de grafite. No processo inverso, a descarga, a maioria absoluta desses íons retorna ao cátodo de modo espontâneo. A solução de eletrólito deve ser orgânica e ter a capacidade de manter os íons lítio dissolvidos.

Os materiais que compõem o cátodo são os mais diversos. Na sequência, apresentamos as reações envolvidas para uma bateria íon-lítio com cátodo de $LiCoO_2$ durante a etapa de descarga. O ânodo de grafite é oxidado, promovendo a saída de elétrons e íons lítio para a solução de eletrólito orgânico. Do lado oposto, o cátodo intercala elétrons e íons lítio, sofrendo redução e regenerando o $LiCoO_2$. O processo de descarregamento ocorre de modo espontâneo. Dessa forma, para carregar o dispositivo, é necessária a aplicação de uma perturbação externa, como você pode observar na Figura 4.8.

Reação de oxidação:

$Li_yC_6(s) \rightarrow C_6(s) + yLi^+(solv) + ye^-$

Reação de redução:

$Li_xCoO_2(s) + yLi^+(solv) + ye^- \rightarrow Li_{x+y}CoO_2(s)$

Reação global:

$Li_xCoO_2(s) + Li_yC_6(s) \rightarrow Li_{x+y}CoO_2(s) + C_6(s)$

Figura 4.8 – Esquema representativo dos processos de descarregamento e carregamento em uma bateria íon-lítio

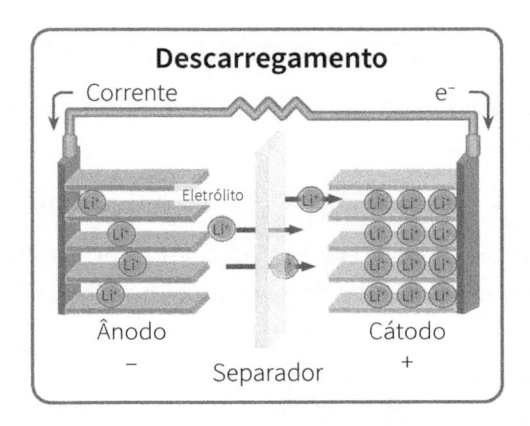

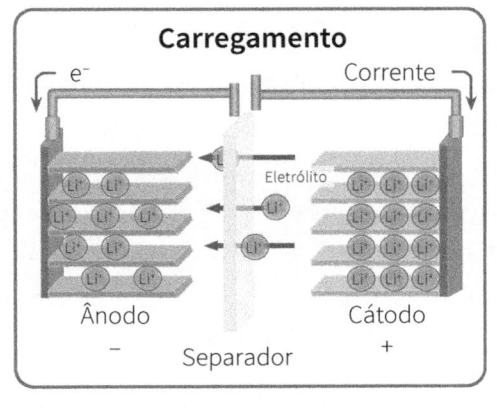

Fonte: Voelker, 2014, tradução nossa.

Os eletrodos são alojados em um mesmo compartimento. Em razão disso, é inserido um separador entre eles, para evitar contato direto. O separador é sensível à passagem dos íons lítio.

Para entender melhor
Movimentação de espécies carregadas em baterias íon-lítio

Para visualizar como ocorrem os processos de movimentação iônica, assista à animação indicada a seguir, que exemplifica os processos de carga e descarga em uma bateria íon-lítio.

TUMM EES. **Discharge and Charge Process of a Conventional Lithium-Ion Battery Cell**. 28 ago. 2013. Disponível em: <https://www.youtube.com/watch?v=p8ecZ5oK7Fc>. Acesso em: 31 jul. 2020.

Nos **vídeos** indicados a seguir, explica-se o funcionamento da bateria íon-lítio como bateria automotiva. O primeiro vídeo é uma versão em inglês e o segundo, uma adaptação para o português.

LITHIUM-ION Batteries: How do they Work. 3 ago. 2012. Disponível em: <https://www.youtube.com/watch?v=kqR7MihP5k4>. Acesso em: 31 jul. 2020.

CARACTERÍSTICAS das baterias íons-lítio. Tradução de Patricia Sousa. Disponível em: <https://www.youtube.com/watch?v=OE_eSTosIzw>. Acesso: 31 jul. 2020.

As baterias íon-lítio e Ni-HM são menos nocivas ao ecossistema, se comparadas com as chumbo/ácido e as Ni/Cd. Pilhas e baterias, de modo geral, constituem fonte de lixo tóxico para o meio ambiente em razão do fato de sua composição ser rica em níquel, zinco, cobre, cobalto, manganês, lítio, destacando-se entre os poluentes mais críticos o chumbo, o mercúrio e o cádmio. Diversas pesquisas científicas são desenvolvidas para que se torne possível substituir esses materiais por outros menos agressivos e, ainda, para promover uma ampliação de sua capacidade de armazenamento e de sua vida útil.

O setor de pilhas e baterias desenvolveu-se muito nas últimas décadas, proporcionando uma variedade de dispositivos, em diferentes composições e para distintas aplicações. Algumas tecnologias ainda têm potencial de desenvolvimento, e as pesquisas científicas pela busca e pelo aperfeiçoamento de materiais nessa área estão em plena atividade. No entanto, mesmo com os avanços, como já mencionamos, a questão ambiental em relação ao descarte adequado ainda persiste. Atente para o breve resumo sobre as principais características de pilhas e baterias apresentado na Figura 4.9.

Figura 4.9 – Resumo dos diferentes tipos de pilhas e baterias

PILHAS E BATERIAS

PRIMÁRIAS
Não recarregáveis

- Leclanché ou Zn-Mn (ácidas)
- Pilhas alcalinas
- Pilhas de lítio

Vantagens:
Baixo custo/leves
Capacidade de armazenamento adequada em baixas e moderadas taxas de descarga

Desvantagens:
Não recarregáveis
Descartáveis (alta quantidade de resíduo)
Alto impacto ambiental

SECUNDÁRIAS
Recarregáveis

- Chumbo-ácido
- Níquel-cádmio
- Níquel-hidreto metálico
- Íon-lítio

Vantagens:
Recarregáveis
Maior vida útil
Altas potências e taxas de eficiência

Desvantagens:
Mais caras do que baterias primárias
Alto impacto ambiental

A cada dia, aumentam as discussões sobre a geração de energia por meio de métodos ambientalmente amigáveis e menos danosos ao ecossistema, com foco no objetivo de manter a relação custo-benefício. Veremos na próxima seção, como a tecnologia de células a combustível vem se desenvolvendo para ocupar, definitivamente, o papel de gerador de energia limpa.

4.3 Células a combustível

As células a combustível são dispositivos eletroquímicos que se beneficiam da energia livre de Gibbs de uma reação de oxirredução para a geração de energia elétrica. Essa classe é usada para suprir necessidades energéticas de veículos e estações de energia residenciais, industriais e hospitalares, em razão de sua alta eficiência, uma das características mais marcantes em comparação a outras tecnologias.

Quando se fala em *células a combustível*, que combustível vem à sua mente? Gasolina, álcool, querosene? Ao contrário do que se pressupõe no senso comum, essas células utilizam como primeira opção de combustível o gás hidrogênio (H_2), o qual reage com o oxigênio durante o processo, gerando água como produto. Parece promissor, não é mesmo? Vejamos em detalhes como esse processo ocorre.

Assim como as células eletroquímicas, de que tratamos ao longo do livro, as células a combustível também são compostas por cátodo, ânodo e solução de eletrólito dispostos em um único compartimento, sendo os eletrodos conectados via circuito externo. Os eletrodos são estruturalmente porosos e sua composição depende de cada tipo de célula, mas é bastante comum as placas serem revestidas por uma camada de catalisador à base de platina ou níquel, principalmente naquelas células que operam a temperaturas relativamente menores. O eletrólito pode ser líquido ou sólido, mas deve sempre permitir a movimentação iônica. Na seção seguinte, veremos que existem diversas combinações de eletrodos e eletrólitos, proporcionando uma diversificação de células a combustível de acordo com seu modo de funcionamento e suas possíveis aplicações.

Novo elemento!

☐ Catalisador: substância que promove um aumento na taxa de reação (velocidade por unidade de tempo) sem modificar a variação de energia livre de Gibbs, isto é, sem interferir na posição de equilíbrio químico (Iupac, 2014).

O gás hidrogênio é bombeado para o interior da célula e atravessa o ânodo por meio de sua estrutura porosa; nessa mesma etapa, sofre oxidação, liberando os íons H^+ e os elétrons. Estes últimos são captados pelo eletrodo e transportados pelo circuito externo, sendo aproveitados para a realização de trabalho; na sequência, fluem para o cátodo. Já os íons H^+ migram pelo eletrólito e alcançam o cátodo, no qual reagem com o oxigênio e com os elétrons, gerando água em estado gasoso e calor. As reações envolvidas estão descritas a seguir.

Semirreação de oxidação:

$2H_2(g) \rightarrow 4H^+(aq) + 4e^-$

Semirreação de redução:

$4H^+(aq) + O_2(g) + 4e^- \rightarrow 2H_2O(g)$

Reação global:

$2H_2(g) + O_2(g) \rightarrow 2H_2O(g)$

O oxigênio do próprio ar é direcionado para dentro da célula, atravessa o cátodo poroso, interagindo com os sítios ativos do catalisador, e é separado em dois átomos de oxigênio, os quais se combinam com os íons H⁺ e os elétrons, gerando água e energia térmica. Observe, na Figura 4.10, as setas indicando a entrada de reagentes, a saída de produtos e o sentido de movimentação dos elétrons e dos íons H⁺ no eletrólito em uma célula a combustível convencional.

Figura 4.10 – Representação da estrutura de uma célula a combustível convencional

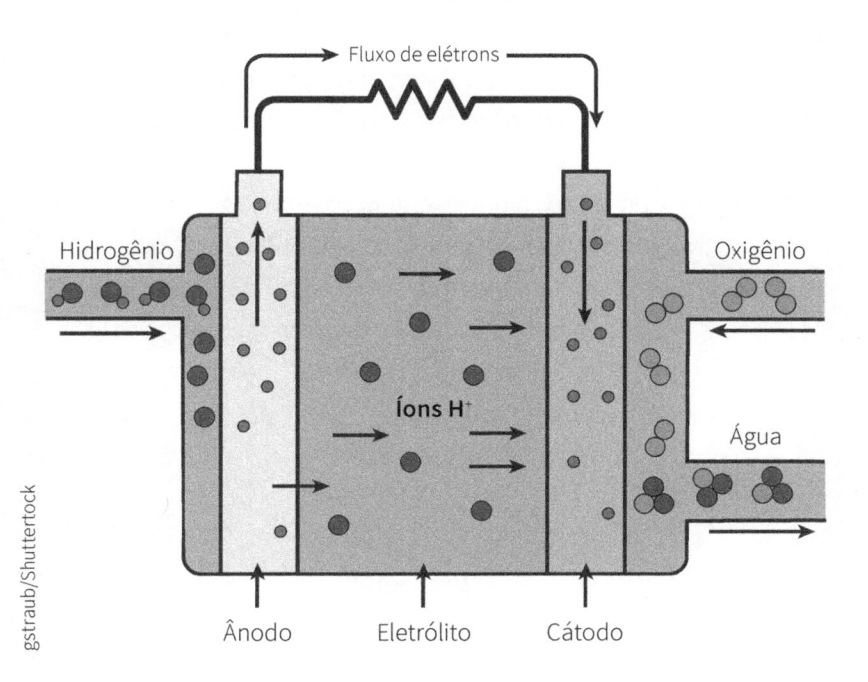

O funcionamento de uma célula a combustível é de baixo impacto ambiental, pois o produto é a água, não sendo emitido material particulado, tampouco gases poluentes. Um diferencial é seu funcionamento contínuo, visto que a limitação consiste apenas no fornecimento de combustível, não havendo desgaste dos eletrodos e perda de eficiência com os ciclos sequenciais de carga e descarga, como ocorre com as baterias. No entanto, a utilização de gases em sua forma impura pode acarretar a contaminação dos catalisadores e uma consequente perda de desempenho.

Para alcançar a eficiência adequada e suprir a necessidade energética requerida, é bastante usual o acoplamento de várias células, em série ou em paralelo, formando uma pilha. Por isso, muitas vezes, podemos escutar ou ler o termo *pilhas a combustível*.

Na Figura 4.11, vemos a representação de várias células a combustível conectadas entre si, formando uma pilha de células a combustível. Observe que, entre elas, há placas de separação que evitam o contato direto entre os eletrodos. À direita, há uma foto que mostra uma pilha de células a combustível em escala de laboratório.

Figura 4.11 – Pilha de células a combustível

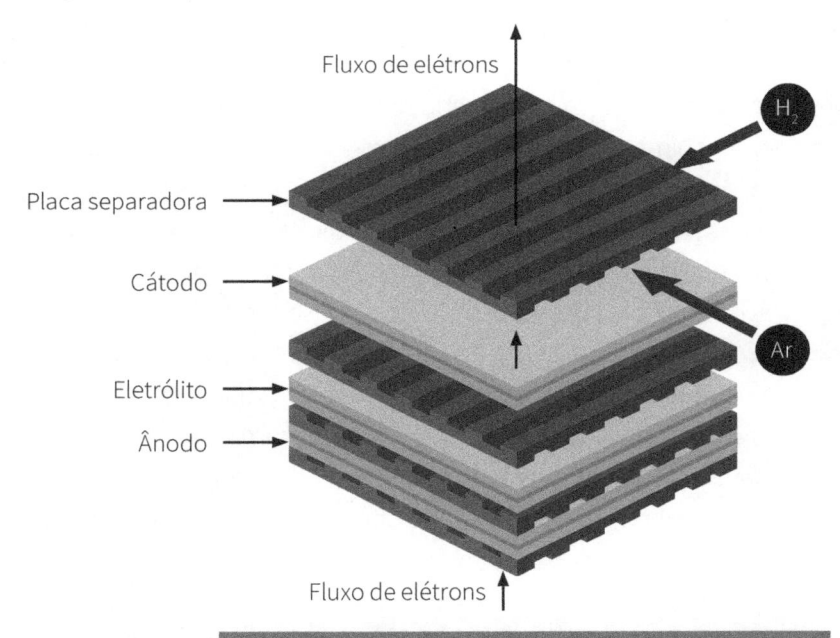

Fluxo de elétrons

Placa separadora

Cátodo

Eletrólito

Ânodo

H_2

Ar

Fluxo de elétrons

Pilha de células a combustível – empilhamento de várias células a combustível

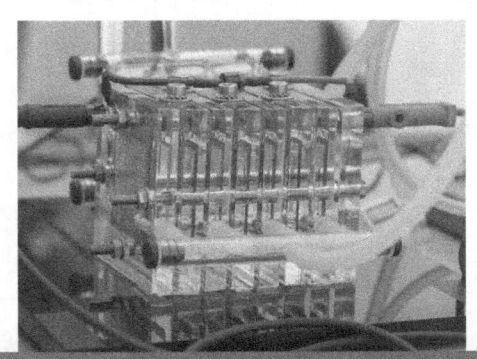

Protótipo de uma pilha de células a combustível

Kaca Skokanova/Shutterstock

Fonte: Santos; Santos, 2004, p. 149.

Em sistemas térmicos convencionais, a energia química proveniente de combustíveis é convertida em calor, depois em energia mecânica e só então em energia elétrica. No caso da célula a combustível, considerado um conversor eletroquímico, a energia química é convertida diretamente em energia elétrica, sendo, dessa forma, mais eficiente.

Alguns parâmetros experimentais afetam a eficiência da célula, como o uso de reagentes não puros, pois, nesse caso, há risco de envenenamento da superfície dos catalisadores, diminuindo a taxa de reação. Já o aumento de temperatura e de pressão deixa o processo mais eficiente, pois a temperatura aumenta o movimento térmico e, consequentemente, torna a reação mais favorável. Na situação de aumento de pressão, o equilíbrio químico é deslocado no sentido de difundir os gases no eletrólito, como resposta a essa variação.

O gás H_2 é o combustível ideal para células a combustível, contudo seu custo ainda é elevado, fator que limita a ampla difusão desse tipo de gerador eletroquímico. Ademais, o hidrogênio é explosivo, portanto seu transporte e seu armazenamento demandam condições específicas, encarecendo ainda mais o processo.

Com o fim de contornar essa limitação, está em desenvolvimento uma alternativa que consiste em obter o hidrogênio por meio da reforma de álcoois ou hidrocarbonetos. A proposta é a decomposição dessas moléculas, liberando-se o hidrogênio apenas quando for consumido pela célula a combustível. No entanto, a desvantagem dessa tecnologia vem sendo a baixa intensidade de corrente elétrica obtida. Esses outros combustíveis que podem ser utilizados devem ser ricos em hidrogênio, como o metanol, a hidrazina, o etanol e até a gasolina, porém a eficiência será inferior ao uso do H_2. Nos casos de uso de combustíveis fósseis, é importante ficar atento aos produtos formados, pois podem tornar a célula poluente.

Para o funcionamento adequado de uma célula a combustível, é necessária a operação simultânea de outros sistemas, que passam a constituir sua estrutura geral, cada qual desempenhando um papel essencial no desempenho do dispositivo. A seguir estão listados os sistemas mais comuns e suas funções:

- **Reformador ou processador de combustível**: extrai o hidrogênio gasoso de outros combustíveis, como o gás natural, o etanol e o metanol; não está presente em todos os dispositivos; pode estar localizado interna ou externamente.
- **Sistema de purificação**: extrai possíveis contaminantes capazes de representar risco de contaminação aos eletrodos, ao eletrólito ou aos reagentes.
- **Sistema de umidificação**: está presente apenas em células que utilizam membranas como eletrólito, uma vez que necessitam de água para se manterem ativas.
- **Sistema de refrigeração**: resfria os componentes do sistema, garantindo a segurança e a vida útil.
- **Sistema de condicionamento**: estabiliza a tensão gerada e pode promover conversões de corrente.
- **Sistema de controle**: é a central responsável por manter o funcionamento de todos os componentes e sistemas.

Todo esse aparato experimental pode promover uma ampliação de custos na implementação/manutenção e, ainda, aumentar o tamanho físico das células, não sendo interessante na aplicação a sistemas portáteis.

Fazendo-se uma breve retrospectiva acerca do desenvolvimento das células a combustível, registros indicam que os estudos iniciais ocorreram por volta de 1839, baseados em observações do cientista britânico William Grove, que, durante um procedimento de eletrólise da água, questionou se seria possível realizar o processo inverso e obter água pela combinação dos gases hidrogênio e oxigênio. Em razão disso, o processo químico que ocorre em células a combustível pode ser denominado *eletrólise reversa da água*. Durante vários anos, diversos cientistas aperfeiçoaram os experimentos, contribuindo para atualizações na compreensão sobre a operação de células a combustível, que só receberam essa denominação em 1889. Entretanto, naquela época, o elevado custo e o curto tempo de vida desses dispositivos não os tornavam atraentes, ainda mais após a descoberta do petróleo, pois a questão da oferta limitada de combustíveis fósseis ainda não era considerada um problema. Assim, as propostas sobre células de combustível foram deixadas de lado. Todavia, as pesquisas nesse campo foram retomadas nas últimas décadas, motivadas pelos problemas ambientais enfrentados em virtude da dependência de matrizes energéticas não renováveis.

4.4 Tipos de células a combustível

Não podemos negar que a proposta para o funcionamento das células a combustível é muito atraente, uma vez que minimiza a problemática de agressão ao meio ambiente em razão dos resíduos tóxicos, principal desvantagem do uso de pilhas e baterias.

No entanto, alguns obstáculos ainda vêm limitando a implementação dessa tecnologia. Um deles é a baixa velocidade de conversão do hidrogênio, que, por sua vez, gera corrente elétrica insuficiente para as aplicações reais. Isso implica o uso de catalisadores metálicos, o que torna o processo "menos sustentável". Somada a isso, destaca-se a dificuldade de manipulação do gás combustível pelo fato de ser explosivo e de apresentar-se sempre combinado a outros elementos, o que aumenta o custo de funcionamento de uma célula desse tipo.

Com o objetivo de contornar essas limitações, diferentes tipos de células a combustível vêm sendo desenvolvidos, variando a composição dos eletrodos e da solução de eletrólito. De maneira geral, elas são classificadas conforme a temperatura de operação. Nos Quadros 4.1 e 4.2, são apresentadas algumas características gerais de cada grupo. Na sequência, trataremos das particularidades das células a combustível mais estudadas até o momento.

Quadro 4.1 – Principais características das pilhas a combustível classificadas como de baixa e média temperatura

Pilhas a combustível de baixa e média temperatura, até 250 °C	
Tipos	Alcalina Ácido fosfórico Membrana de troca de íons H⁺
Dimensões	Potências de até 250 kW
Vantagens	Alto rendimento Emissões reduzidas Arranque rápido Se produzida em larga escala, tem alto potencial para a redução de custos Aplicável em transportes
Desvantagens	Precisam de catalisadores de metais nobres (platina) Alto custo Potencial de cogeração limitado Processamento de combustível relativamente complexo

Quadro 4.2 – Principais características das pilhas a combustível classificadas como de alta temperatura

Pilhas a combustível de alta temperatura, superior a 600 °C	
Tipos	Carbonatos fundidos Óxidos sólidos
Dimensões	Potência média de 2 MW. Pode haver potência mais baixa
Vantagens	Rendimento muito elevado Emissões reduzidas Processamento de combustível mais simples do que o das pilhas de baixa e média temperatura Não necessita de catalisadores Não são danificadas pelo CO Alcançam potências mais elevadas
Desvantagens	Limitação de aplicação à eletricidade Sistemas híbridos complexos

Células a combustível alcalinas

A solução de eletrólito é composta por hidróxido de potássio (KOH) em alta concentração, cerca de 85% (m/m), se a temperatura de operação for próxima a 250 °C, e de 35% a 50%, se for menor que 120 °C. Para acelerar as reações, são aplicados alta pressão e catalisadores (níquel, prata, óxidos metálicos ou metais nobres). Os pares de eletrodos mais comuns em células alcalinas são ânodos de níquel com cátodos de óxido de níquel-paládio e ânodos de zinco com cátodos de dióxido de manganês.

- **Vantagem**: alcança maior eficiência energética em relação aos outros modelos.
- **Desvantagem**: a presença de gás carbônico (CO_2) no combustível e no oxidante compromete a estrutura e o funcionamento da célula.
- **Eficiência**: até 60%, quando são utilizados hidrogênio e oxigênio puros.
- **Aplicação**: em naves espaciais tripuladas, pois há disponibilidade de H_2 puro (esse foi o tipo de célula a combustível utilizado pela Nasa no Programa Apollo).

Com o uso de solução de eletrólito alcalino, o fluxo das espécies ocorre pela movimentação de íons OH^- na direção do ânodo, no qual se combinam com os íons H^+, formando água. Note que, nesse dispositivo, o produto (H_2O) é gerado no ânodo, e não no cátodo, conforme mostrado na representação de célula presente na Figura 4.12.

Figura 4.12 – Representação da estrutura de uma célula a combustível alcalina

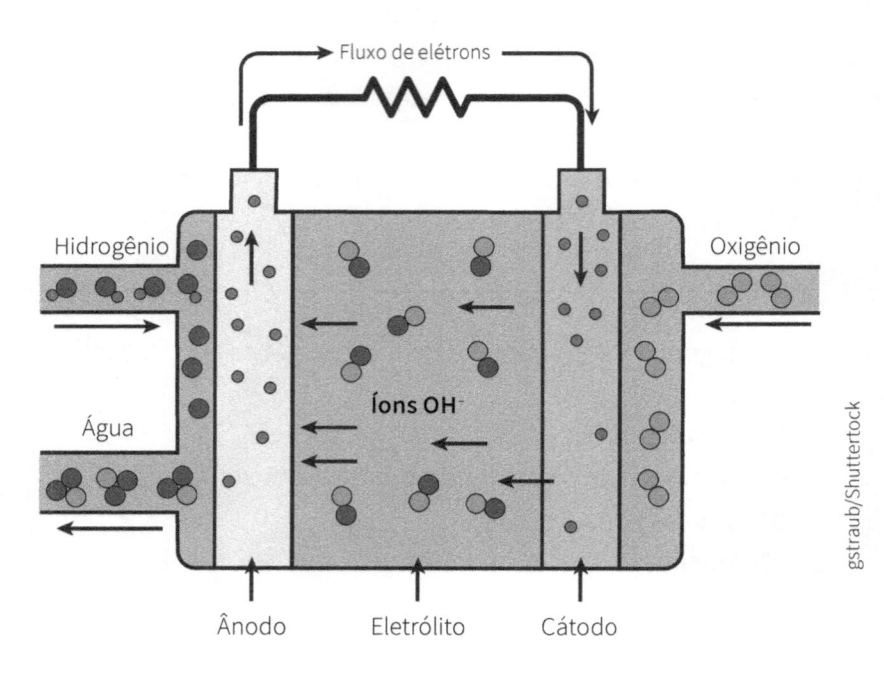

Semirreação de oxidação:

$H_2(g) + 2OH^-(aq) \rightarrow 2H_2O + 2e^-$

Semirreação de redução:

$\frac{1}{2}O_2(g) + H_2O(l) + 2e^- \rightarrow 2OH^-(aq)$

Células a combustível de ácido fosfórico

Esse foi o primeiro tipo de célula a ser comercializado, em virtude de sua simplicidade de funcionamento. A solução de eletrólito é ácido fosfórico (H_3PO_4), que, em razão de sua resistência térmica, possibilita o funcionamento da célula em temperatura de até 200 °C. O sistema opera em pressão de 8 atm. Não é interessante o uso de temperaturas inferiores, pois o H_3PO_4 não é um bom condutor nessa condição, podendo até mesmo haver envenenamento do revestimento de platina no ânodo. Os eletrodos são compostos por metal e carbono poroso, recobertos com metais catalíticos.

Não há necessidade de os reagentes serem totalmente puros; pode-se utilizar o ar atmosférico como fonte do oxigênio, assim como o hidrogênio proveniente da reforma do metano. Nesse caso, deve-se usar um reformador externo, circunstância que eleva o custo da célula.

- **Vantagem**: é uma célula tolerante à presença de CO_2 e é possível usar hidrogênio proveniente da reforma de combustíveis.
- **Desvantagem**: a solução de eletrólito sempre precisa estar aquecida, mesmo que a célula esteja fora de operação, o que acarreta um gasto energético adicional.
- **Eficiência**: de 40% a 50%.
- **Aplicações**: unidades estacionárias e cogeração de eletricidade (através do calor dissipado).

Células a combustível com membrana de permuta protônica (CCMPP)

O eletrólito é uma membrana polimérica que permite a passagem dos íons H^+, funcionando em meio aquoso. Em razão da necessidade de haver água dentro da célula, a temperatura de operação não pode exceder 100 °C; acima disso, a membrana sofre desidratação e perde sua capacidade de transporte. Essa temperatura de funcionamento é relativamente baixa, portanto os eletrodos contam com um revestimento de platina, que age como um catalisador, acelerando as reações. Pode funcionar com reforma de hidrogênio por meio de outros combustíveis.

- **Vantagem**: requer baixa temperatura de operação; possibilita uma partida rápida; não é comum haver processo de corrosão.
- **Desvantagem**: usa catalisador, necessitando de combustível puro em razão da baixa tolerância a monóxido de carbono (CO).
- **Eficiência**: de 35% a 45%.
- **Aplicação**: veículos, espaçonaves, unidades estacionárias e equipamentos elétricos portáteis.

Na Figura 4.13, são apresentadas algumas aplicações comerciais desse tipo de célula. As unidades estacionárias têm capacidade de alimentar conjuntos residenciais, comércios e indústrias, diferindo na potência de funcionamento. Os dois protótipos apresentados, Ecogem 5 e Ecogem 50, são produzidos pela Electrocell, empresa de geração e armazenamento de energia que funciona dentro da Universidade de São Paulo (USP), em conjunto com o Instituto de Pesquisas Energéticas e Nucleares (Ipen).

Na parte inferior da figura, é citado um modelo de carro movido unicamente por pilhas de células a combustível, lançado em 2018 e produzido pela Honda. Esse modelo é a atualização mais recente de toda uma linha de utilitários cujo abastecimento é feito por hidrogênio ou outras fontes renováveis. Diversas outras concessionárias já mantêm linhas de produção de automóveis que utilizam combustíveis alternativos aos fósseis.

Novo elemento!

Caso tenha mais interesse nesse modelo de carro, todas as suas especificações e algumas informações sobre a tecnologia envolvida em sua produção estão disponíveis no seguinte endereço eletrônico: <https://automobiles.honda.com/clarity-fuel-cell>. Acesso em: 31 jul. 2020.

A Figura 4.13 também aborda uma pilha de células a combustível com capacidade de potência de 30 W e composta pelo agrupamento de 14 células individuais. Esse tipo de dispositivo é construído dependendo da aplicação final, sendo capaz de suprir sistemas de *backup*, alimentar bicicletas elétricas e pequenos dispositivos.

Figura 4.13 – Diferentes aplicações comerciais para células a combustível de membranas de permuta de íons H⁺

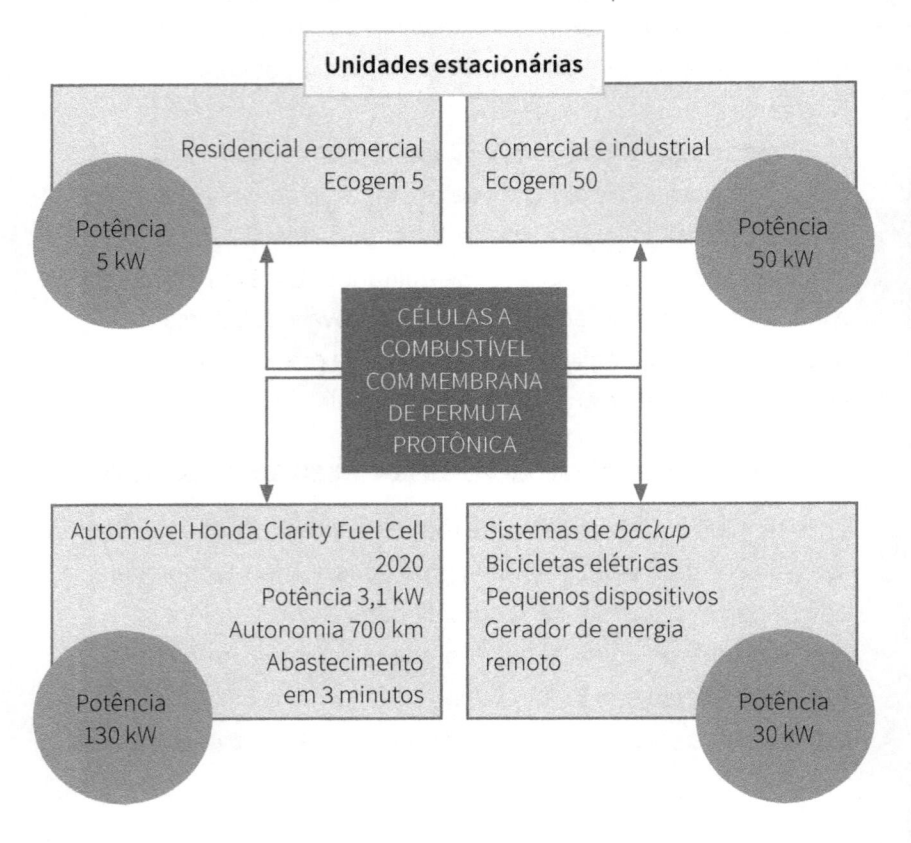

Unidades estacionárias

Residencial e comercial
Ecogem 5

Potência
5 kW

Comercial e industrial
Ecogem 50

Potência
50 kW

CÉLULAS A COMBUSTÍVEL COM MEMBRANA DE PERMUTA PROTÔNICA

Automóvel Honda Clarity Fuel Cell
2020
Potência 3,1 kW
Autonomia 700 km
Abastecimento em 3 minutos

Potência
130 kW

Sistemas de *backup*
Bicicletas elétricas
Pequenos dispositivos
Gerador de energia remoto

Potência
30 kW

Células a combustível de óxidos sólidos

Esses dispositivos operam em temperaturas elevadas, entre 800 °C e 1 200 °C, não necessitando de catalisadores de metais nobres. O eletrólito é um óxido metálico sólido e não poroso – normalmente, óxido de ítrio (Y_2O_3) suportado sobre ZrO_2 –, no qual são transportados íons O^{2-} do cátodo para o ânodo. Os eletrodos têm composições variadas. O ânodo é composto por óxido de zircônio-cobalto ($CoZrO_2$) ou óxido de zircônio-níquel ($NiZrO_2$). Já o cátodo é de manganato de lantânio-estrôncio ($Sr-LaO_3$). Esses eletrodos de origem cerâmica são dispendiosos e contribuem para o aumento do custo de implementação e manutenção desse tipo de célula. Somado a isso, há o fato de que os sistemas de arrefecimento e de aquecimento dos gases, etapa necessária antes da injeção na célula, também colaboram para o aumento de seu custo. Os gases usados não necessariamente precisam ser puros.

- **Vantagem**: impurezas como CO e CO_2 não afetam seu desempenho; é capaz de reformar combustíveis internamente; pode utilizar gás natural, gasolina, álcool e gás de carvão como combustíveis.
- **Desvantagem**: apresenta alto tempo de partida e alto custo de implementação e manutenção.
- **Eficiência**: acima de 50%.
- **Aplicação**: unidades estacionárias e cogeração de eletricidade.

Células a combustível de carbonatos fundidos

Atuam em altas temperaturas, em torno de 700 °C, a fim de manter o eletrólito em um estado fundido sobre um suporte de $LiAlO_2$. Esse eletrólito é composto por uma combinação de carbonatos de diferentes cátions, como sódio, potássio e lítio, sendo altamente condutor e dispensando a necessidade de usar catalisadores. Os eletrodos são constituídos por níquel e hidróxido de níquel, materiais mais baratos do que a platina. Como combustíveis, além de hidrogênio, podem também ser utilizados hidrocarbonetos, como o gás natural. Nesse caso, em razão da alta temperatura, não há necessidade de usar reformadores externos.

- **Vantagem**: realiza a reforma de combustível dentro da própria célula; não necessita de catalisadores.
- **Desvantagem**: o eletrólito de carbonatos fundidos é corrosivo.
- **Eficiência**: acima de 50%.
- **Aplicação**: unidades estacionárias e cogeração de eletricidade (através do calor dissipado).

Na Figura 4.14, observamos a estrutura de uma célula a combustível de carbonatos fundidos. As setas indicam a entrada de reagentes, a saída de produtos e o sentido de movimentação dos elétrons e dos íons carbonato. Nesse modelo, o produto principal da reação (H_2O) é formado no ânodo, ao contrário do que ocorre nas células convencionais.

Figura 4.14 – Representação da estrutura de uma célula combustível de carbonatos fundidos

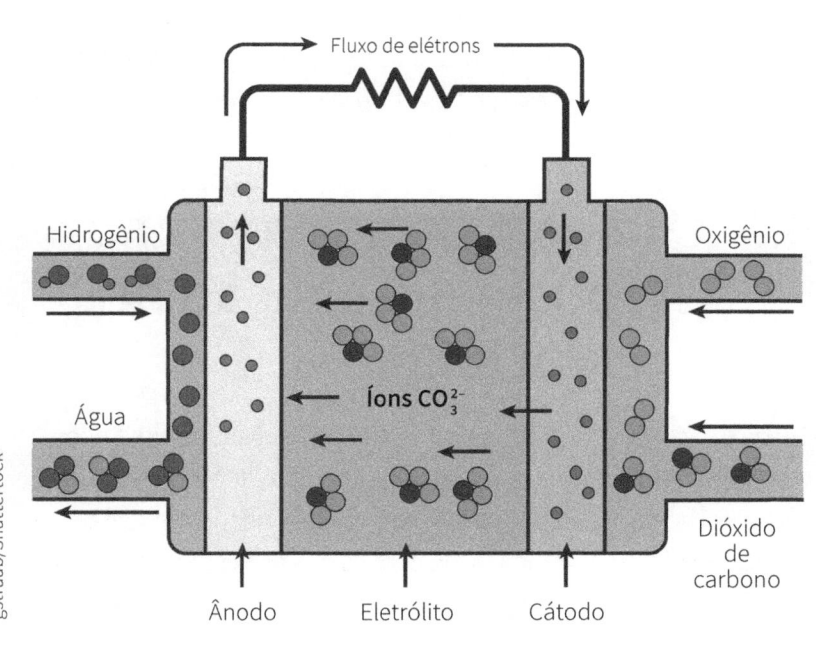

Semirreação de oxidação:

$H_2(g) + CO_3^{2-} \rightarrow H_2O(g) + CO_2(g) + 2\,e^-$

Semirreação de redução:

$\frac{1}{2}O_2(g) + CO_2(g) + 2\,e^- \rightarrow CO_3^{2-}$

A tecnologia das células a combustível é bastante ampla e diversificada, com diferentes composições de eletrodos, eletrólitos e faixas de temperatura. Um ponto relevante é a possibilidade de substituir o H_2 por outro combustível mais acessível, mesmo que com o ônus da perda de eficiência. Na próxima seção, vamos tratar do uso do hidrogênio como combustível, examinando suas potencialidades, suas limitações e, de forma breve, as tecnologias que fazem uso de células a combustível já disponíveis.

4.5 Uso do hidrogênio como proposta de geração de energia limpa

Desde o início do século XX, a exploração de recursos naturais não renováveis vem ocorrendo de forma desmedida e até inconsequente para atender às nossas necessidades como sociedade moderna. Ao mesmo tempo, a preocupação com os efeitos dessa exploração foi deixada de lado por longos anos e agora se reflete, principalmente, na alta taxa de emissão de gases poluentes, os quais têm alto potencial danoso à camada de ozônio, que é fundamental para a proteção do planeta contra a radiação solar.

Pesquisadores e estudiosos estão em uma corrida contra o tempo para encontrar meios de reduzir as emissões de gases nocivos, desacelerar os processos de exploração de recursos naturais não renováveis e encontrar fontes alternativas de energia, visto que as reservas de petróleo, base da matriz energética mundial, tendem ao esgotamento.

No Brasil, quase 40% das fontes de energia são derivadas do petróleo, enquanto a taxa mundial é de 31,9%. Entretanto, em nosso país, a proporção de energias renováveis é consideravelmente grande, chegando a um valor próximo de 44%, quando somadas as fontes de energia hidráulica e derivadas de lenha, carvão vegetal, cana de açúcar e outros, ou seja, equivale a quase metade da produção de energia total, ao passo que a mesma proporção na matriz energética mundial é menor do que 15% (IEA, 2018, citada por Brasil, 2020). As fontes não renováveis são as principais responsáveis pela emissão de gases estufa. Analise os Gráficos 4.1 e 4.2 e perceba a diferença entre a matriz energética mundial e a brasileira.

Gráfico 4.1 – Matriz energética mundial (2016)

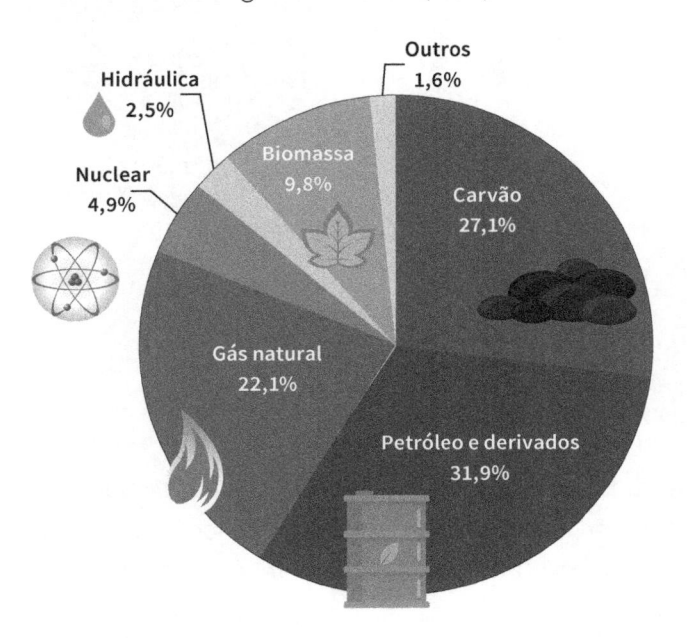

- Hidráulica 2,5%
- Outros 1,6%
- Nuclear 4,9%
- Biomassa 9,8%
- Carvão 27,1%
- Gás natural 22,1%
- Petróleo e derivados 31,9%

Fonte: IEA, 2018, citada por Brasil, 2020.

Gráfico 4.2 – Matriz energética mundial (2017)

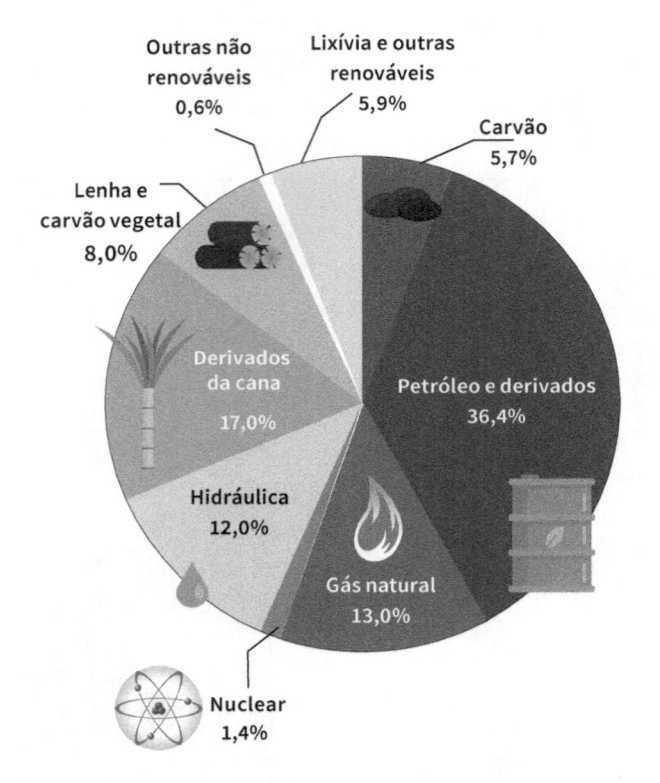

- Outras não renováveis: 0,6%
- Lixívia e outras renováveis: 5,9%
- Carvão: 5,7%
- Lenha e carvão vegetal: 8,0%
- Derivados da cana: 17,0%
- Petróleo e derivados: 36,4%
- Hidráulica: 12,0%
- Gás natural: 13,0%
- Nuclear: 1,4%

Fonte: BEN, 2018, citada por Brasil, 2020.

Nesse contexto, as fontes renováveis de energia ambientalmente amigáveis vêm fortalecendo-se e desenvolvendo-se, chegando a ocupar um espaço já bastante importante em nosso país. Entre essas alternativas, podemos dar destacar a energia solar, a eólica, a hídrica e a exploração do hidrogênio. É importante ressaltar que não apenas a fonte energética em si deve ser sustentável, mas também toda a tecnologia e os procedimentos envolvidos na exploração, no desenvolvimento, na aplicação e no descarte, quando necessário.

O gás hidrogênio é investigado para a aplicação na produção de energia limpa desde o século XIX. Sua primeira aplicação como fonte de energia foi por meio de células a combustível usadas na propulsão de naves espaciais pela Nasa (National Aeronautics and Space Administration). Esse composto existe sob a forma de gás diatômico, sendo incolor, inodoro e não tóxico, sob condições normais. Mesmo sendo um dos elementos mais abundantes do planeta, muito raramente está disponível em sua forma pura; geralmente se apresenta associado a outros elementos, na composição do gás natural, das biomassas, dos combustíveis fósseis e da água. Portanto, é necessário um procedimento prévio para a obtenção do hidrogênio por meio dessas fontes naturais, devendo-se atentar para que esses processos não sejam responsáveis pela geração de coprodutos que possam ser agressivos à natureza.

Atualmente, cerca de 50 bilhões de metros cúbicos de gás hidrogênio são usados como matéria-prima nas indústrias química (principalmente na produção de amônia) e eletrônica, no refino do petróleo e no resfriamento de motores. Sua produção é proveniente da gaseificação de biomassas ou carvão, de gás natural, de reforma do petróleo ou, ainda, de subprodutos de processos industriais, isto é, formas de obtenção pouco amigáveis ambientalmente.

O procedimento conhecido como *reforma do gás natural* é o responsável pela maior parcela do gás hidrogênio consumido industrialmente. A reforma consiste em um processo termoquímico no qual um combustível é convertido em uma mistura de gases rica em hidrogênio. A boa notícia é que qualquer composto que seja rico em átomos de hidrogênio, como hidrocarbonetos e álcoois, pode ser reformado. Outro processo interessante cujo produto é o hidrogênio é a eletrólise da água, procedimento que consiste na passagem de eletricidade pela água pura, sendo esta decomposta em gás oxigênio e gás hidrogênio, ou seja, é o processo reverso em relação àquele que ocorre nas células a combustível.

Novo elemento!

Hidrogênio × gasolina

A quantidade de energia gerada por 1 kg de gás hidrogênio é a mesma gerada por 2,8 kg de gasolina, isto é, uma quantidade de energia similar pode ser obtida usando-se quase três vezes menos hidrogênio do que gasolina.

No Brasil, o potencial para a geração de hidrogênio por meio de fontes renováveis é bastante promissor em razão do grande número de hidrelétricas, o que favorece o emprego de procedimentos de eletrólise da água para a obtenção de hidrogênio. Cabe destacar também a exploração da cana de açúcar, que origina milhões de litros de álcool anualmente, tipo de combustível que pode ser submetido ao processo de reforma, gerando hidrogênio. A gaseificação de resíduos urbanos e biomassas é igualmente uma alternativa para a obtenção do hidrogênio.

A versatilidade do hidrogênio no que se refere à possibilidade de ser produzido a partir de diferentes fontes e processos e a diversificação de suas aplicações fazem dele um elemento de grande relevância na integração de diferentes tecnologias. Observe a Figura 4.15 e entenda como vários métodos de obtenção e aplicabilidades do gás hidrogênio podem estar correlacionados entre si.

Figura 4.15 – Possibilidades de obtenção e de uso do gás hidrogênio

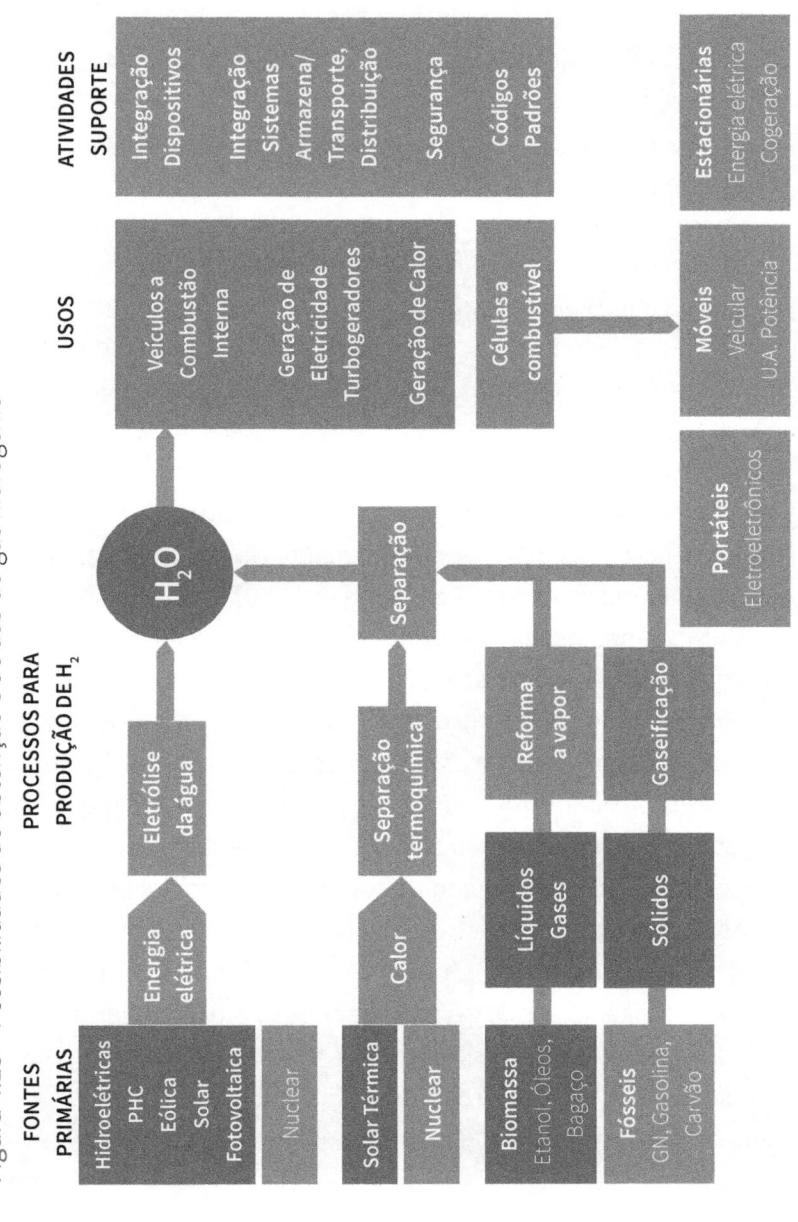

FONTES PRIMÁRIAS	PROCESSOS PARA PRODUÇÃO DE H_2	USOS	ATIVIDADES SUPORTE
Hidroelétricas, PHC, Eólica, Solar Fotovoltaica	Energia elétrica → Eletrólise da água → H_2O	Veículos a Combustão Interna; Geração de Eletricidade Turbogeradores; Geração de Calor	Integração Dispositivos; Integração Sistemas Armazena/Transporte, Distribuição; Segurança; Códigos Padrões
Nuclear			
Solar Térmica, Nuclear	Calor → Separação termoquímica → Separação	Células a combustível	
Biomassa (Etanol, Óleos, Bagaço)	Líquidos, Gases → Reforma a vapor → Separação	Portáteis Eletroeletrônicos; Móveis Veicular U.A. Potência; Estacionárias Energia elétrica Cogeração	
Fósseis (GN, Gasolina, Carvão)	Sólidos → Gaseificação		

Fonte: CGEE, 2010, p. 11.

Dessa forma, paralelamente ao desenvolvimento de tecnologias de aplicação do H_2 para a geração de energia, é fundamental haver o aperfeiçoamento das técnicas para sua obtenção, pois só assim é possível falarmos em geração de energia realmente limpa por meio do H_2.

Outro desafio a ser vencido diz respeito ao armazenamento do hidrogênio. No momento, esse talvez seja um dos principais desafios à aplicação em larga escala das células a combustível. O hidrogênio é inflamável, por isso existe a preocupação em termos de segurança; além disso, tem uma densidade menor no estado gasoso, daí a necessidade de compartimentos muito volumosos para seu armazenamento. No estado líquido, ocupa menos volume, porém tem o menor ponto de ebulição entre as substâncias; assim, seu armazenamento ocorre em sistemas com baixíssimas temperaturas, cerca de –250 °C.

Outra característica a ser observada é sua densidade de energia, conceito que podemos entender como a quantidade de energia gerada por certa quantidade do composto químico. Para o hidrogênio, esse valor é considerado baixo em razão de sua baixa densidade (massa/volume), gerando a necessidade de tanques mais volumosos ou com maior pressurização.
No entanto, isso pode ser compensado pela sua maior eficiência.

As células a combustível, estudadas detalhadamente nas seções anteriores, constituem a forma mais limpa e direta do uso do hidrogênio para a geração de energia até o momento. Como vimos, esses dispositivos podem ser montados com base em diferentes eletrólitos e eletrodos. Contudo, o mecanismo de funcionamento é basicamente o mesmo para todos, a reação entre gás hidrogênio e ar atmosférico (ou gás oxigênio), obtendo-se como produtos água e calor, sendo este último ainda capaz de ser direcionado para a conversão de energia, em um processo chamado de *cogeração energética*.

O funcionamento das células a combustível é muito interessante e promissor, mesmo com os desafios relacionados ao funcionamento e à eficiência de alguns modelos (ver Seções 4.3 e 4.4), bem como à produção e ao armazenamento do hidrogênio. É inegável a potencialidade do gás hidrogênio para a gradual substituição de combustíveis fósseis, principalmente derivados do petróleo, em nossa matriz energética. Para isso, todavia, é essencial o desenvolvimento de uma infraestrutura adequada, que proporcione segurança e praticidade de uso e, também, constante aperfeiçoamento científico para a exploração de toda a eficiência que o hidrogênio tem a capacidade de proporcionar para um futuro energético mais sustentável e limpo.

Conforme os desafios são vencidos, outros vão surgindo – assim é construída a pesquisa científica. Como observamos na Seção 4.4, o uso de catalisadores em células a combustível é comum, especialmente a platina. Antecipando-se um cenário no qual esses dispositivos energéticos se tornem mais usuais, como em aplicações automobilísticas, é possível prever que o próximo passo das pesquisas será a busca por outros tipos de catalisador, econômica e ambientalmente mais viáveis. Isso porque, apesar de a platina ser um metal encontrado naturalmente, sua abundância terrestre é extremamente baixa, aproximadamente 5 ppm, o que resulta em elevado valor econômico, superando o preço do ouro, por exemplo.

Mesmo diante dos obstáculos que precisam ser superados, a tecnologia de uso de gás hidrogênio por meio de células a combustível para geração de energia limpa é muito promissora e capaz de trazer outras vantagens que auxiliarão na busca por um planeta mais sustentável, reduzindo-se:

- a emissão de poluentes atmosféricos;
- os gases contribuintes para o efeito estufa;
- a taxa de resíduos produzidos por pilhas e baterias;
- a poluição sonora, pois células a combustível são bastante silenciosas em comparação com os motores de combustão.

Em outras palavras, mesmo com os contínuos avanços, sempre surgirão novos desafios, mas nada disso desmerece a potencialidade do gás hidrogênio e das células a combustível como tecnologias em franca expansão, com capacidade de se tornarem fontes de energia 100% limpas e a cada dia mais presentes em nosso cotidiano.

Síntese química

Ao longo deste capítulo, abordamos um lado mais aplicável da eletroquímica, com a interpretação química de alguns dispositivos que conhecemos bem e usamos diariamente. Vimos que as **pilhas** nada mais são do que células galvânicas nas quais a energia química proveniente das reações redox espontâneas é convertida em energia elétrica. Já as **baterias** são associações de pilhas, que podem ser combinadas de modo a ampliar seu tempo de duração ou sua capacidade de armazenamento. Com relação aos mecanismos de funcionamento, as pilhas e as baterias são definidas como **primárias**, em que seus processos redox são irreversíveis e o dispositivo é descartável, e **secundárias**, ou recarregáveis, que têm sua capacidade de realizar trabalho regenerada com a aplicação de uma corrente reversa.

Também tratamos de outro dispositivo de armazenamento energético, a **célula a combustível**, que utiliza como reagentes o gás hidrogênio e o gás oxigênio, gerando água e energia como produtos finais. No entanto, ainda existem algumas dificuldades para a efetiva implementação desse tipo de dispositivo e, por isso, diferentes tipos de eletrodos e eletrólitos são testados atualmente, conforme destacamos. Um dos desafios para a expansão comercial das células a combustível é exatamente o uso do **gás hidrogênio**, pois, em razão de ser inflamável, é de difícil armazenamento e transporte. Na Figura 4.16 são apontadas algumas vantagens e desvantagens dos dispositivos de armazenamento energético examinados, bem como do uso de H_2 como combustível.

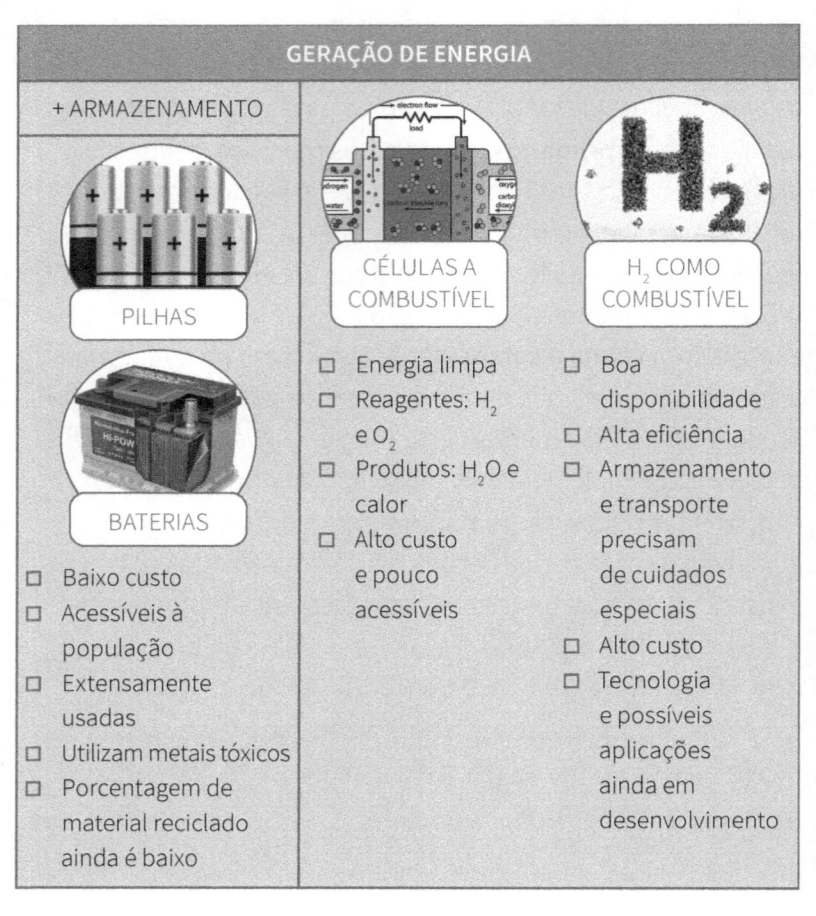

Figura 4.16 – Principais conceitos abordados no Capítulo 4

GERAÇÃO DE ENERGIA		
+ ARMAZENAMENTO	**CÉLULAS A COMBUSTÍVEL**	**H_2 COMO COMBUSTÍVEL**
PILHAS		
BATERIAS	☐ Energia limpa ☐ Reagentes: H_2 e O_2 ☐ Produtos: H_2O e calor ☐ Alto custo e pouco acessíveis	☐ Boa disponibilidade ☐ Alta eficiência ☐ Armazenamento e transporte precisam de cuidados especiais ☐ Alto custo ☐ Tecnologia e possíveis aplicações ainda em desenvolvimento
☐ Baixo custo ☐ Acessíveis à população ☐ Extensamente usadas ☐ Utilizam metais tóxicos ☐ Porcentagem de material reciclado ainda é baixo		

MarySan, mipan e astudio, Mipan e Zern Liew, gstraub/Shutterstock

Repertório químico

Como ressaltamos, é fundamental saber como e por qual razão descartar corretamente pilhas e baterias, bem como conhecer fontes de energia limpa. Por isso, para ajudá-lo a aprofundar-se nesses temas, indicamos os materiais a seguir.

Sobre descarte adequado.

RONTEK TV. **Vamos preservar o meio ambiente**: descarte de pilhas e baterias. 29 set. 2017. Disponível em: <https://www.youtube.com/watch?v=aMFBXIxmnJA>. Acesso em: 31 jul. 2020.

Sobre fabricação de pilhas Zn-Mn:

BOA VONTADE TV. **Programa Biosfera**: reciclagem de pilhas (1 parte). Disponível em: <https://www.youtube.com/watch?v=tYgyqU3yKL4>. Acesso em: 31 jul. 2020.

Sobre reciclagem:

BOA VONTADE TV. **Programa Biosfera**: reciclagem de pilhas (2 parte). Disponível em: <https://www.youtube.com/watch?v=CHVaMLzR0ag>. Acesso em: 31 jul. 2020.

Sobre desenvolvimento de veículos elétricos e híbridos:

ONU BRASIL. **Laboratório de universidade do Rio usa hidrogênio como fonte limpa de energia**. 14 dez. 2018. Disponível em: <https://www.youtube.com/watch?v=Z20QwTkPK1c>. Acesso em: 31 jul. 2020.

Sobre produção e armazenamento de hidrogênio no Parque Tecnológico de Itaipu:

PTI Brasil – Parque Tecnológico de Itaipu. **Hidrogênio**. 1º jun. 2018. Disponível em: <https://www.youtube.com/watch?v=IIpeAh7IQLE>. Acesso em: 31 jul. 2020.

Prática laboratorial

1. *Baterias de chumbo-ácido* ou *acumuladores de chumbo* são nomes dados às baterias de automóveis. Esses dispositivos de armazenamento energético são formados por eletrodos de óxido de chumbo e de chumbo metálico, ambos mantidos em solução aquosa de ácido sulfúrico. A seguir, apresentamos a reação química envolvida no processo:

   $PbO_2 + Pb^0 + 2H_2SO_4 \rightarrow 2PbSO_4 \rightarrow 2H_2O$

   Agora, assinale a alternativa correta:
   a) O elemento chumbo apresenta três diferentes estados de oxidação.
   b) O elemento chumbo sofre redução nos eletrodos de Pb^0 e oxidação nos eletrodos de PbO_2.
   c) O estado de oxidação do chumbo no PbO_2 é +2.
   d) Em cada semirreação, há a transferência de quatro elétrons.
   e) A fase líquida da bateria, por ser aquosa, não é corrosiva.

2. Considerando um recorte da sequência da série eletroquímica, organizada na ordem crescente de poder redutor, Au < Ag < Cu < H < Ni < Fe < Zn < Mn (ou seja, Mn tem maior poder redutor do que Au), analise as afirmativas a seguir:
   I. Espécies químicas situadas à esquerda do hidrogênio têm caráter anódico em relação às espécies à sua direita.
   II. Supondo que você não conheça a pilha de Daniell (Zn/Cu), por meio da série eletroquímica, é possível afirmar que o zinco atuará como ânodo e o cobre como cátodo.
   III. A energia química da pilha Zn-Ni é maior do que a da pilha Zn-Fe.

Agora, assinale a alternativa correta:
a) Apenas a sentença I é verdadeira.
b) Apenas as sentenças II e III são verdadeiras.
c) Apenas a sentença II é verdadeira.
d) Apenas a sentença III é verdadeira.
e) Todas as sentenças são verdadeiras.

3. Os dispositivos eletrônicos portáteis funcionam em uma demanda de baixa corrente elétrica, mas necessitam de baterias de alta durabilidade, por isso baterias de lítio são extensamente utilizadas nesse tipo de equipamento. Considere que esse tipo de bateria mantém uma diferença de potencial de saída de +2,8 V. Teoricamente, a tensão mínima, em volts, que se deve aplicar para recarregar essa bateria é de:
a) −0,5
b) −1,0
c) +0,5
d) +2,6
e) +3,0

4. Em eletroquímica, os processos redox ocorrem, basicamente, de duas formas: (1) uma reação química produz corrente elétrica; (2) a passagem de corrente elétrica por uma célula induz uma reação química. Com relação a esses fenômenos, avalie se as afirmativas a seguir são verdadeiras (V) ou falsas (F):
I. ( ) A corrente elétrica é o movimento ordenado de cargas elétricas por um material condutor.
II. ( ) A energia fornecida por uma pilha provém da corrente elétrica gerada por meio de uma reação de transferência de elétrons entre duas espécies.

III. ( ) O separador é uma membrana presente em alguns dispositivos eletroquímicos que não permite a passagem de espécies carregadas.

IV. ( ) A eletrólise pode ser considerada o processo inverso ao da pilha. Enquanto, na pilha, o processo químico não é espontâneo ($\Delta G > 0$ e $\Delta E < 0$), na eletrólise, a reação é espontânea ($\Delta G < 0$ e $\Delta E > 0$).

V. ( ) A capacidade de uma bateria é a quantidade de potencial que ela consegue fornecer por intervalo de tempo, sendo expressa em milivolt por hora (mVh).

Agora, assinale a alternativa que corresponde corretamente à sequência obtida:

a) F, V, F, F, V.
b) V, V, F, F, F.
c) F, F, F, V, V.
d) V, F, F, V, V.
e) F, V, F, V, V.

5. Uma célula a combustível é um dispositivo eletroquímico capaz de gerar energia por meio da reação entre um combustível e um comburente. A vantagem desses dispositivos é que os produtos são apenas água e energia. Os eletrodos condutores são recobertos com uma fina camada de catalisador, normalmente de platina ou de níquel, e estão imersos em um eletrólito que permite o transporte dos íons produzidos. A reação global dentro da célula a combustível é:

$H_2(g) + O_2(g) \rightarrow H_2O(l)$

Avalie se as afirmativas a seguir são verdadeiras (V) ou falsas (F):

I. ( ) Segundo a reação, o oxigênio sofre oxidação.
II. ( ) Assumindo-se que o potencial de célula é negativo, a reação é espontânea.
III. ( ) Uma pilha de células a combustível conectadas em série é capaz de fornecer maior potencial de funcionamento.
IV. ( ) O oxigênio é proveniente do ar atmosférico e age como combustível da célula.
V. ( ) Os eletrodos são recobertos com catalisadores para acelerar as reações químicas e aumentar a eficiência da célula.

Agora, assinale a alternativa que corresponde corretamente à sequência obtida:

a) F, F, V, F, V.
b) F, F, V, V, F.
c) F, F, F, V, V.
d) V, F, F, V, F.
e) F, V, F, V, V.

Análises químicas
Estudos de interações

1. Ao longo deste capítulo, você aprendeu sobre a relevância dos dispositivos de geração e armazenamento de energia, com ênfase em pilhas/baterias e células a combustível. Faça uma comparação entre essas duas classes de dispositivos em

relação: (1) aos combustíveis; (2) aos produtos; (3) à geração e ao armazenamento; e (4) aos custos.

2. A seguir, reproduzimos um trecho do artigo "Carro elétrico sem bateria?", publicado no *Blog do Boris*, do *Estadão*, em março de 2019. Leia com atenção:

[...] há quem aposte na geração de energia elétrica no próprio automóvel, através da célula (ou pilha) a combustível, a *fuel cell*.

Mencionado pelo ministro Albuquerque, seu tanque pode ser abastecido com etanol (ou GNV) e dele ser extraído o hidrogênio que alimenta a célula. Esta produz a energia elétrica que aciona os motores. O resíduo da reação, que sai pela descarga, é água pura, potável.

Não se trata de imaginação ou sonho de cientista maluco: o carro abastecido com hidrogênio já é vendido em alguns mercados pela Toyota, Honda e Hyundai. O que falta é viabilizar o equipamento (chamado reformador) que extrai o hidrogênio do etanol (ou do GNV) para alimentar a *fuel cell*. Este já existe experimentalmente e foi desenvolvido pela Nissan. A barreira para sua industrialização é o custo mais elevado graças ao reformador.

Este carro [...] é o melhor dos mundos para o Brasil, pois está atrelado ao futuro por ser elétrico, mas sem as desvantagens das baterias nem a complexidade logística para se implantar uma rede de distribuição de hidrogênio. Além disso, o quilômetro rodado custaria menos que a metade de um veículo dotado de um moderno motor a gasolina.

Não é uma solução imediata, pois há barreiras a serem vencidas pelo carro com *fuel cell* e a tecnologia para que possa ser abastecido com etanol. Mas, vencidos esses obstáculos, o Brasil seria um dos únicos países do mundo pronto para adotá-lo, pois já tem uma eficiente e gigantesca rede de postos com bombas de álcool.

Fonte: Feldman, 2019.

O texto aborda alguns conceitos e termos específicos que envolvem o uso de células a combustível. Procure reconhecer a ideia principal do artigo e relacione as informações nele apresentadas com o funcionamento de células a combustível visto ao longo deste capítulo. Na sequência, faça uma análise sobre o texto e identifique a motivação principal para o interesse na implementação de carros elétricos.

Depois de realizar as reflexões propostas, assista ao vídeo sugerido a seguir, para ampliar sua compreensão sobre o funcionamento de carros elétricos.

FUELTURE. **Toyota Mirai**: Como é dirigir um carro a hidrogênio. 9 jul. 2018. Disponível em: <https://www.youtube.com/watch?v=NaVNp2P4C1I>. Acesso em: 31 jul. 2020.

Sob o microscópio

1. Você sabe que existem dispositivos construídos por meio do uso de diferentes materiais, que determinam o desempenho do funcionamento de pilhas e baterias. Como muitos dos aparelhos utilizados em nosso cotidiano empregam algum

tipo de pilha ou bateria, ter conhecimento sobre esse assunto é importante. Mas será que as outras pessoas o têm? Para encontrar essa resposta, crie um questionário e faça uma pesquisa entre as pessoas mais próximas sobre o conhecimento delas a respeito de pilhas e baterias. Inclua perguntas por meio das quais você consiga identificar alguns pontos relevantes. Por exemplo:

- As pessoas reconhecem que as versões comerciais de pilhas apresentam diferenças?
- Entre as versões comerciais, os entrevistados conseguem identificar qual delas apresenta o melhor custo-benefício?
- As pessoas sabem que há instruções para o armazenamento correto de pilhas a fim de evitar possíveis vazamentos?
- São conhecidos os riscos provenientes dos vazamentos?
- Como as pessoas realizam o descarte desses itens após o fim da vida útil?
- Os entrevistados conhecem que há uma maneira correta de proceder para o descarte?

Essas são apenas algumas sugestões. Você pode acrescentar outras perguntas ao seu questionário. Uma proposta para tornar sua pesquisa mais abrangente é o uso de ferramentas como o Formulários Google, disponível em: <https://www.google.com/intl/pt-BR/forms/about/>. Nessa plataforma gratuita, você consegue formular seu questionário e enviar o endereço eletrônico para diversas pessoas responderem. A plataforma também apresenta a funcionalidade de organizar as respostas em gráficos, fator que torna mais fáceis a análise e a organização dos resultados.

Capítulo 5

Eletroquímica analítica

Início do experimento

A eletroquímica analítica, ou eletroanalítica, está na fronteira entre a química analítica e a eletroquímica, com amplo campo de aplicação na caracterização de materiais, nos métodos de análise qualitativos e quantitativos e na compreensão de processos baseados em reações redox. A partir de 1920, por meio da descoberta da polarografia – estudo que foi laureado pelo Prêmio Nobel de Química em 1959, atribuído ao químico Jaroslav Heyrovský –, as técnicas eletroanalíticas passaram a ser muito exploradas, fortalecendo-se ainda mais com o desenvolvimento de novos equipamentos e com a descoberta de novos eletrodos.

Essa área está em constante expansão e inovação, oferecendo vasta diversidade de aplicações em escala laboratorial e industrial. Trata-se de um campo de extrema relevância para a interpretação e o desenvolvimento de métodos de análise e dispositivos de monitoração para diversos analitos, devendo-se destacar que algumas técnicas são capazes de operar em modo automatizado, tornando-se mais eficientes.

Novo elemento!

- Analito: "substância ou conjunto de substâncias de interesse que se pretende identificar ou quantificar" (Brasil, 2017).

5.1 Cinética de processos eletródicos

A partir deste ponto, trataremos de processos que ocorrem na superfície de eletrodos, denominados *reações eletródicas*. Estas merecem atenção especial pois se processam de modo diferente em comparação às reações no seio da solução, também chamado *bulk*. Em razão do uso de eletrodos metálicos como suporte para as reações de transferência eletrônica, esses processos passam a ser classificados como *reações heterogêneas*, daí a extrema relevância do estudo e da exploração da região interfacial eletrodo-solução, atividades desenvolvidas pela eletroanalítica e pela eletroquímica. Segundo a International Union of Pure and Applied Chemistry (Iupac), **interface** é o plano que demarca o limite entre duas fases. Ao longo do capítulo, esse termo será citado muitas vezes, pelo fato de processos eletródicos serem processos interfaciais.

Novo elemento!

A International Union of Pure and Applied Chemistry (União Internacional de Química Pura e Aplicada, em português) é "a autoridade mundial em nomenclatura e terminologia química, incluindo a nomeação de novos elementos na tabela periódica; em métodos padronizados de medição; e em pesos atômicos e muitos outros dados avaliados criticamente" (Iupac, 2020, tradução nossa).

A dinâmica de íons em superfícies carregadas pode ser entendida por meio do **modelo de dupla camada elétrica**, assumindo-se que se mantenha, na extrema superfície do metal, uma camada de cargas positivas e que, em razão da atração eletrostática, a primeira camada do eletrólito seja composta por uma camada de cargas negativas, ou o inverso. Dessa forma, sempre que um eletrodo estiver imerso em uma solução de eletrólito, já podemos pensar na organização da região de interface como duas camadas adjacentes de cargas opostas que, justamente por isso, desenvolverão uma diferença de potencial entre elas, conforme a ilustração em (A) na Figura 5.1. A interface eletrodo-eletrólito está representada na figura pela linha espessa.

Há algumas teorias para a interpretação desses efeitos. Aqui vamos considerar o **modelo de Stern**, o qual assume que a região interfacial é composta por duas partes complementares. A primeira, na região imediatamente após o eletrodo, é a camada de Stern, formada por íons de carga oposta que perderam sua camada de solvatação, mantendo contato muito próximo com a primeira camada de átomos que compõem o eletrodo metálico, em razão da forte atração eletrostática. Na sequência, encontramos a camada difusa, cuja característica principal é a maior dispersão entre os íons, com o valor de concentração diminuindo, continuamente, da camada interna para o seio da solução. A representação desse arranjo de íons é mostrada na Figura 5.1, em (B).

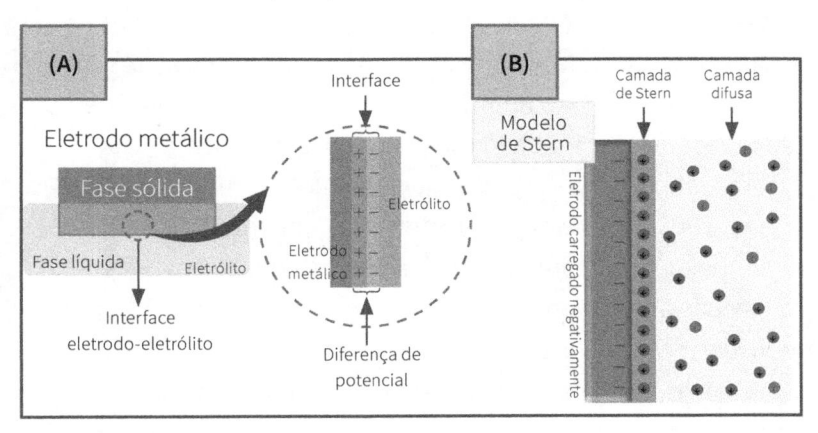

Figura 5.1 – Formação de dupla camada elétrica na interface eletrodo-solução

[Figura: (A) Eletrodo metálico — Fase sólida, Fase líquida, Eletrólito, Interface eletrodo-eletrólito, Interface, Eletrólito, Eletrodo metálico, Diferença de potencial. (B) Modelo de Stern — Eletrodo carregado negativamente, Camada de Stern, Camada difusa.]

Outra questão primordial refere-se ao transporte das espécies iônicas em solução. Há três maneiras pelas quais os íons se movimentam: difusão, migração (ou condução) e convecção. Você se lembra desses conceitos?

Resumidamente, a **convecção** é o transporte de partículas em razão de uma perturbação mecânica, como a agitação. Já a **migração** deve-se aos efeitos eletrostáticos entre espécies carregadas. Por fim, a **difusão** é estabelecida por meio de um gradiente de concentração, isto é, havendo regiões com distribuição de íons não uniforme na solução de eletrólito, a tendência espontânea do sistema é minimizar a diferença de composição por meio do deslocamento de íons, partindo-se da região de maior concentração para a de menor concentração. Nos procedimentos eletroquímicos, é interessante que a difusão seja a responsável principal pelo transporte de massa na solução de eletrólito. Dessa forma, os processos de convecção são minimizados e mantém-se o sistema sob repouso durante as medidas, excluindo-se agitação e borbulhamento de gás, enquanto os processos de migração são suprimidos pela utilização de eletrólito de suporte em concentração cerca de 100 vezes superior à da espécie eletroativa, de modo a evitar a formação do campo elétrico que origina a corrente de migração (Aleixo, 2003). Com esses procedimentos, garante-se que a movimentação na interface se dará apenas em resposta às mudanças do gradiente de concentração decorrentes da reação redox envolvida.

Vejamos, de maneira mais detalhada, como isso corre. Considere a reação que ocorre na superfície do eletrodo como $Oxi + e^- \rightleftharpoons Red$, sendo *oxi* a forma oxidada e *red* a forma reduzida da espécie eletroativa. A condição essencial para a ocorrência da reação é a interação direta entre a espécie reativa e a superfície metálica, ou seja, é imprescindível algum tipo de contato entre elas.

Isso ocorre, basicamente, em três etapas sequenciais:

1. **Transporte de massa**: é o transporte de íons do *bulk* para as proximidades do eletrodo. Os cuidados são tomados para priorizar o processo de difusão.
2. **Processos químicos homogêneos ou heterogêneos**: trata-se da forma de interação entre a espécie eletroativa e o eletrodo, tais como adsorção, dessorção, cristalização e polimerização. Pode ocorrer antes ou após a transferência de elétrons.

3. **Transferência de carga**: é a transferência de elétrons na interface eletrodo-eletrólito, diretamente na superfície do eletrodo.

O eletrodo atrai os íons de carga oposta do seio da solução (etapa 1). Considere que são as espécies *oxi* presentes em grande quantidade na solução de eletrólito. Já na região de interface, os íons *oxi* sofrem algum tipo de modificação, como a perda da camada de solvatação, para a adsorção na própria superfície metálica (etapa 2); então, recebem elétrons do metal (etapa 3) e são reduzidos, formando espécies *red* e aumentando a concentração destas na região eletródica. Imediatamente, inicia-se o processo reverso, com a dessorção de *red* do eletrodo (etapa 2); como há um gradiente de concentração estabelecido por não existirem espécies reduzidas no *bulk*, estas se difundem para o seio da solução. Espécies neutras, sem carga, também interagem com o metal pelo processo de adsorção.

Esse processo se repetirá continuamente enquanto houver espécies *oxi* disponíveis, sendo indispensável que o processo de transporte de massa alimente, continuamente, o eletrodo com a espécie reagente, de modo a estabelecer um fluxo contínuo dentro do sistema. É possível observar uma representação para ilustrar esse processo na Figura 5.2.

Agora que você já compreendeu o mecanismo dinâmico de movimentação de íons na região eletródica, vamos examinar as condições relevantes para a determinação da velocidade com a qual vai acontecer a *transferência de carga*, o termo que se refere à movimentação de elétrons durante a reação. Para isso, utilizamos os mesmos conceitos da cinética química.

Na Figura A do Apêndice 2, há um breve resumo desses conceitos para que você se lembre dos pontos principais. Em caso de dúvida, consulte a referência indicada na figura (Atkins; Paula, 2008).

Figura 5.2 – Representação dos processos de uma reação de eletrodo

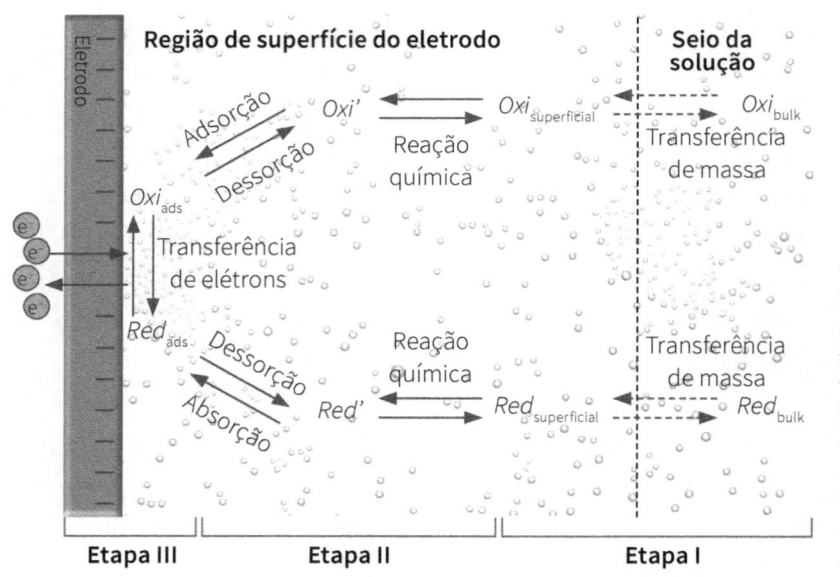

[Figura: Representação esquemática mostrando a Região de superfície do eletrodo e o Seio da solução, com as etapas I, II e III, incluindo processos de adsorção/dessorção, reação química, transferência de elétrons e transferência de massa para as espécies Oxi e Red.]

Fonte: Elaborado com base em Bard; Faulkner, 2001, p. 23.

Considerando a reação eletródica $Oxi + e^- \rightleftharpoons Red$ e as informações da figura do Apêndice 2, podemos considerar a equação de velocidade como de primeira ordem e dependente da concentração da espécie eletroativa na região de interface, que pode ser diferente de sua concentração no seio da solução.

Assim, $v = k$ [espécie eletroativa], sendo preciso lembrar que a constante de velocidade k depende do grau de interação entre os reagentes, que, por sua vez, podem ser afetados por parâmetros do sistema e por fatores externos. Nos casos em que a reação é eletroquimicamente reversível, a constante de velocidade da reação de oxidação poder ser diferente do valor de k para o processo de redução, o que é evidenciado experimentalmente por diferentes intensidades de corrente para cada processo.

O fluxo de elétrons no sistema gera corrente elétrica. Vejamos: considerando-se uma célula de dois eletrodos, sendo um eletrodo de trabalho metálico M e um eletrodo de referência, Ref, na condição de repouso, o potencial de circuito aberto medido é +0,34 V. Dando-se início a um experimento eletroanalítico, é aplicado um potencial igual a +0,34 V e a resposta de corrente é nula, pois não há processos de transferência eletrônica acontecendo. Lembre-se, conforme a figura anterior, de que a condição de ocorrência da reação é a superação de um nível energético mínimo. Como a tensão aplicada não superou o potencial de circuito aberto, a barreira energética ainda não foi alcançada e não se registra corrente.

Novo elemento!

- Potencial de circuito aberto (E_{ocp}): potencial da célula quando os eletrodos não estão conectados ou medida de potencial da célula por meio de um voltímetro de alta resistência interna, não havendo fluxo de corrente elétrica (Bard; Faulkner, 2001).

Quando o potencial externo ao sistema se torna maior do que E_{ocp}, $E > +0{,}34$ V, a reação começa a ocorrer, os elétrons movimentam-se pelo circuito e, por isso, há registro de corrente elétrica. Vimos, no Capítulo 2, que a corrente elétrica é a relação entre a quantidade de cargas elétricas (Q) que fluem pelo sistema durante um intervalo de tempo (s) $-\left(i = \dfrac{Q}{t}\right)$. Por meio da constante de Faraday (96 485 C mol^{-1}), obtemos a informação sobre a quantidade de mols de elétrons envolvidos no processo. Assim, combinando essas duas relações, podemos correlacionar a quantidade de mols convertidos na reação (N) com a corrente elétrica (i) do processo eletroanalítico, por meio da relação entre a carga total do processo (Q) e a carga de 1 mol de elétrons (F), corrigida pelo fator estequiométrico (n), obtendo a Equação 5.1.

Equação 5.1
$$N = \dfrac{Q}{nF} = \dfrac{it}{nF}$$

Como as reações eletródicas são reações heterogêneas, a taxa com a qual ocorre a transferência dos elétrons na interface é afetada por diferentes efeitos de superfície, inclusive pelo transporte de massa e por fatores cinéticos tradicionais (ver Figura 5.4). Pelo fato de essas reações serem limitadas, na maioria das vezes, pela quantidade de sítios ativos presentes na superfície do eletrodo, é usual considerar o valor da área do eletrodo tanto na taxa da reação (mol s^{-1} cm^{-2}) como na intensidade de corrente. Nesse último caso, passa a ser chamado *densidade de corrente* (j), em unidade de A/cm^2.

A corrente gerada pelos processos redox na interface é classificada conforme o sentido da reação. Então, há uma **corrente anódica** (i_A), quando a reação de oxidação está ocorrendo em maior extensão do que a reação de redução, ou seja, $k_A > k_C$, sendo k_C a constante de velocidade de redução e k_A a constante de velocidade para a oxidação. Da mesma forma, há uma **corrente catódica** (i_C), quando a reação de redução se processa em maior extensão na interface, momento em que $k_C > k_A$. Quando as constantes de velocidade se tornam iguais, $k_A = k_C$, o sistema está em equilíbrio e ambas as reações ocorrem com a mesma taxa de velocidade. Esses parâmetros estão ilustrados na Figura 5.3.

Figura 5.3 – Constantes de velocidade na interface eletrodo-eletrólito

$$Oxi + e^- \underset{k_A}{\overset{k_C}{\rightleftharpoons}} Red$$

Taxa de transferência de elétrons na interface

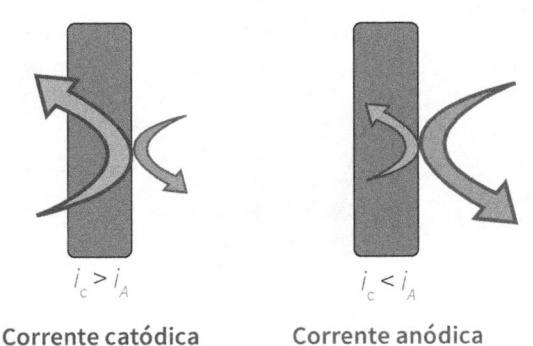

$i_C > i_A$ — Corrente catódica

$i_C < i_A$ — Corrente anódica

Fatores como temperatura, pressão, natureza e concentração dos reagentes, superfícies de contato e presença de catalisador ou inibidor podem afetar a velocidade com a qual uma reação química se processa. O mesmo ocorre nas reações eletródicas. Na Figura 5.4, são destacados alguns fatores que podem interferir tanto na velocidade dos processos como na interpretação dos resultados obtidos por meio das técnicas eletroanalíticas.

Figura 5.4 – Possíveis variáveis de um sistema eletroquímico e os principais fatores que podem interferir na velocidade das reações de eletrodo

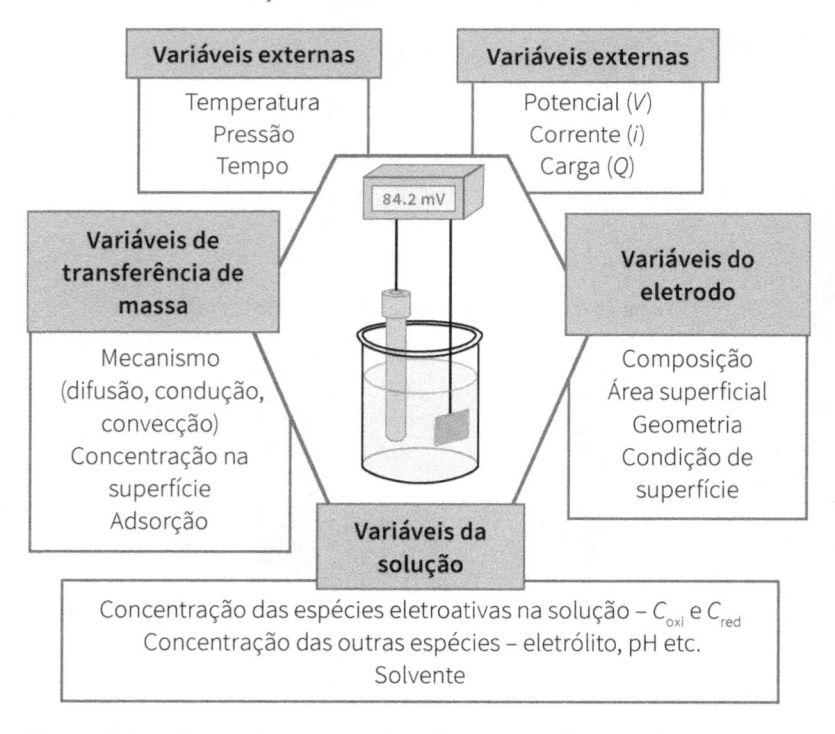

Variáveis externas
Temperatura
Pressão
Tempo

Variáveis externas
Potencial (V)
Corrente (i)
Carga (Q)

Variáveis de transferência de massa
Mecanismo (difusão, condução, convecção)
Concentração na superfície
Adsorção

Variáveis do eletrodo
Composição
Área superficial
Geometria
Condição de superfície

Variáveis da solução
Concentração das espécies eletroativas na solução – C_{oxi} e C_{red}
Concentração das outras espécies – eletrólito, pH etc.
Solvente

Fonte: Elaborado com base em Bard; Faulkner, 2001; Skoog et al., 2006.

5.2 Eletrodos

Os processos eletródicos são complexos e dependentes das interações na interface. Assim, conhecer os eletrodos e seu funcionamento na célula eletroquímica é essencial para entender e aplicar as técnicas eletroanalíticas. Nesta seção, vamos explorar um pouco mais os diferentes eletrodos e suas funções.

Durante muito tempo, considerou-se que as células eletroquímicas eram formadas por apenas dois eletrodos, sendo que um deles atuava, muitas vezes, também como eletrodo de referência. Com o tempo, percebeu-se que, sob algumas circunstâncias, os resultados não correspondiam ao esperado pela equação de Nernst e isso foi associado às oscilações e às instabilidades geradas pela passagem de corrente pelo eletrodo de referência. Mais tarde, foram identificados dois principais fenômenos que justificam esses resultados, a polarização e a queda IR:

- Na **polarização**, a justificativa para os valores de potencial inferiores ao esperado está em um desvio da resposta de corrente sob a condição de altos potenciais aplicados. Esse perfil é motivado por dois fatores. Um deles, relacionado ao transporte de massa insuficiente para manter uma taxa de reação constante na interface, de modo que a corrente não se mantém estável, é conhecido como *polarização de concentração*. O outro, denominado *polarização cinética*, tem a limitação de corrente em razão da baixa velocidade de transferência de elétrons na superfície do eletrodo. Em ambas as polarizações, a correção pode ser feita pela aplicação de um potencial "adicional" ao valor teórico, chamado **sobrepotencial**. Na polarização de concentração, a função deste é estabelecer um fluxo de espécies eletroativas suficientes para alimentar o eletrodo e manter a corrente, enquanto, na polarização cinética, sua função é vencer a barreira energética da reação (Skoog et al., 2006).

- A **queda IR** (*IR drop*, em inglês) deve-se à resistência do par de eletrodos metálicos à passagem de carga. Esse fenômeno é minimizado pela adição de um novo eletrodo à célula, cuja função consiste em agir como auxiliar do eletrodo principal durante as reações, de maneira que um mínimo de corrente flua pelo eletrodo de referência e seu potencial não se altere significativamente. Por isso, foi desenvolvido o sistema de três eletrodos, amplamente utilizado em sistemas eletroquímicos e eletroanalíticos.

Assim, uma **célula de três eletrodos** é composta pelo eletrodo de trabalho, pelo eletrodo auxiliar e pelo eletrodo de referência. É na interface do **eletrodo de trabalho** que ocorre a reação de interesse, sendo o fluxo de elétrons (corrente) estabelecido entre este e o **eletrodo auxiliar**. A diferença de potencial medida pelo equipamento é aquela estabelecida entre o eletrodo de trabalho e o **eletrodo de referência**, de modo que a passagem de corrente por este último é mantida próxima a zero, por meio da inserção de um elemento de alta resistência (Bard; Faulkner, 2001; Brett; Brett, 1993; Skoog et al., 2006). Um modelo de célula de três eletrodos e as principais características de cada um deles são apresentados em (A) na Figura 5.5.

Resumidamente, a reação ocorre entre o eletrodo de trabalho e o eletrodo auxiliar, enquanto o eletrodo referencial mantém seu potencial praticamente inalterado e controla a variação de potencial no eletrodo principal em razão da reação de oxirredução. Experimentalmente, isso é feito pela conexão desses três componentes a um amplificador operacional – peça constituinte do potenciostato –, cuja função é controlar a resistência dos eletrodos à passagem de corrente. Na prática, esse dispositivo promove um aumento na resistência elétrica do eletrodo de referência e uma diminuição na do auxiliar. Isso força a corrente elétrica a fluir entre o auxiliar e o eletrodo de trabalho, enquanto o potencial é determinado pela diferença entre o eletrodo de trabalho e o de referência. Lembre-se das aulas de Física em que você aprendeu que a resistência elétrica é interpretada como uma dificuldade no transporte de cargas.

Novo elemento!

◻ Potenciostato: equipamento eletrônico responsável pelo gerenciamento de potencial nos sistemas eletroquímicos.

Na Figura 5.5, em (B), você pode observar a representação do circuito operacional do potenciostato.

Figura 5.5 – Esquema de montagem de uma célula eletroquímica de três eletrodos e circuito de operação do potenciostato

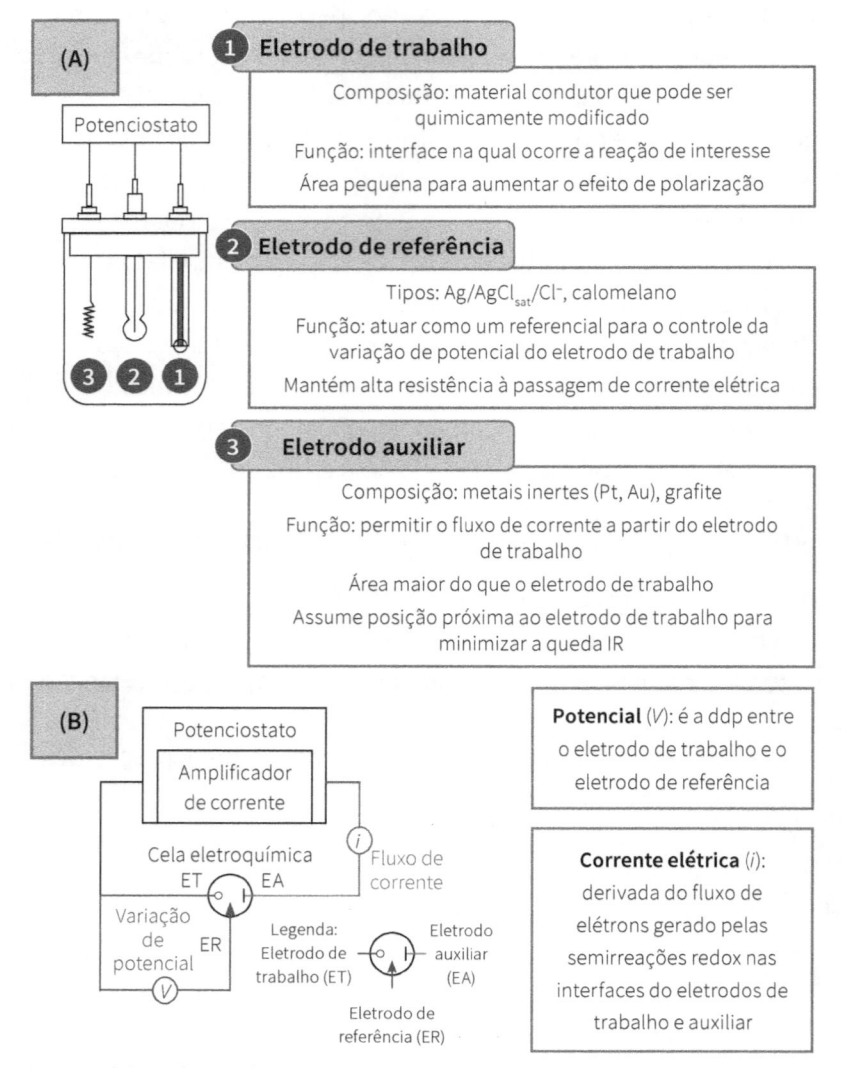

(A)

Potenciostato

① Eletrodo de trabalho
Composição: material condutor que pode ser quimicamente modificado
Função: interface na qual ocorre a reação de interesse
Área pequena para aumentar o efeito de polarização

② Eletrodo de referência
Tipos: $Ag/AgCl_{sat}/Cl^-$, calomelano
Função: atuar como um referencial para o controle da variação de potencial do eletrodo de trabalho
Mantém alta resistência à passagem de corrente elétrica

③ Eletrodo auxiliar
Composição: metais inertes (Pt, Au), grafite
Função: permitir o fluxo de corrente a partir do eletrodo de trabalho
Área maior do que o eletrodo de trabalho
Assume posição próxima ao eletrodo de trabalho para minimizar a queda IR

(B)

Potenciostato
Amplificador de corrente

Cela eletroquímica
ET   EA
Variação de potencial   ER

Fluxo de corrente

Legenda:
Eletrodo de trabalho (ET)
Eletrodo auxiliar (EA)
Eletrodo de referência (ER)

Potencial (V): é a ddp entre o eletrodo de trabalho e o eletrodo de referência

Corrente elétrica (i): derivada do fluxo de elétrons gerado pelas semirreações redox nas interfaces do eletrodos de trabalho e auxiliar

Fonte: Elaborado com base em Damos; Mendes; Kubota, 2004; Brett; Brett 1993; Skoog et al., 2006.

Os processos de interesse que ocorrem na interface do eletrodo de trabalho são os mais diversos e têm diferentes funções, como estudar o perfil eletroquímico de um material, obter parâmetros da solução de eletrólito ou quantificar analitos. Normalmente, esses eletrodos são compostos por material inerte ou de baixa reatividade, como platina, ouro, grafite, carbono vítreo ou mercúrio. Para este último, um eletrodo em estado líquido, há um ramo da eletroquímica baseado apenas em seus processos, denominado *polarografia*.

Cada eletrodo de trabalho mantém uma faixa de potencial de funcionamento, que também depende da natureza do eletrólito. Eletrodos de mercúrio funcionam de +0,3 V até −2,3 V *vs.* eletrodo de calomelano saturado (ECS), atuando em sua maior parte na região catódica e sendo favorável para a reação de espécies metálicas, cujos potenciais de reação se concentram nessa região.

Entre os eletrodos sólidos, a platina é o tipo mais utilizado, apesar de seu custo relativamente alto, aspecto compensado pela sua durabilidade, pois pode ser reutilizado muitas vezes, desde que efetuada a limpeza adequada de sua superfície. Sua região de atuação é entre +1,1 V e −0,5 V *vs.* ECS, atuando em sua maior extensão em regiões anódicas. Os eletrodos de ouro têm faixa de potencial um pouco mais ampla do que os de platina, estendendo-se, aproximadamente, de +1,5V até −0,8 V. Os eletrodos constituídos por carbono vítreo são os que apresentam a faixa de funcionamento mais extensa, de +1,5 V até −1,1 V *vs.* ECS, devendo-se sempre lembrar que esses limites podem ser afetados pela solução de eletrólito utilizada. O carbono vítreo combina características de materiais cerâmicos e grafite, apresentando alta resistência térmica e baixa resistência elétrica. Uma comparação entre potenciais, diferentes eletrodos e eletrólitos é mostrada na Figura 5.6.

Mesmo que alguns eletrodos sólidos funcionem na região catódica, a *performance* do eletrodo líquido de mercúrio ainda é muito relevante, destacando-se a capacidade de formação de ligas metálicas reversíveis com metais e a renovação de sua superfície.

Figura 5.6 – Faixas de potencial de funcionamento para os três eletrodos de trabalho convencionais, considerando-se diferentes eletrólitos de suporte

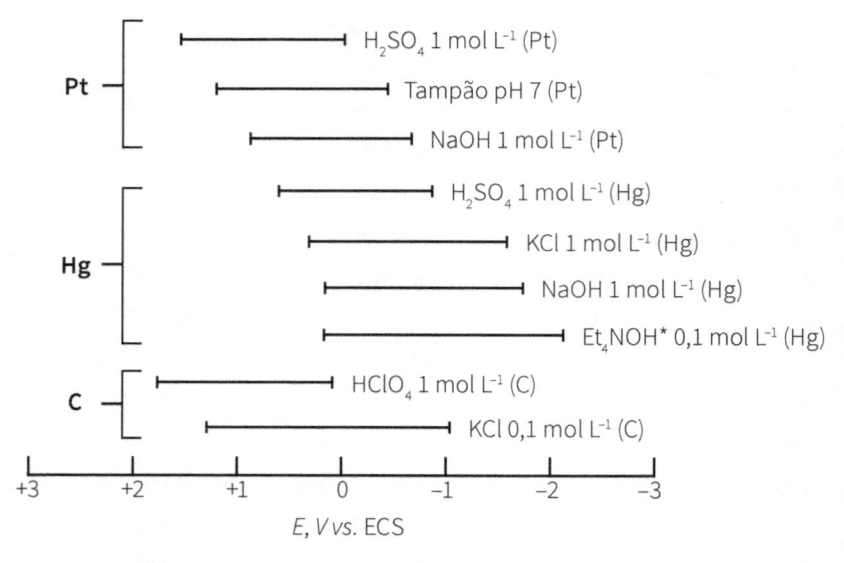

Pt
- H_2SO_4 1 mol L^{-1} (Pt)
- Tampão pH 7 (Pt)
- NaOH 1 mol L^{-1} (Pt)

Hg
- H_2SO_4 1 mol L^{-1} (Hg)
- KCl 1 mol L^{-1} (Hg)
- NaOH 1 mol L^{-1} (Hg)
- Et_4NOH* 0,1 mol L^{-1} (Hg)

C
- $HClO_4$ 1 mol L^{-1} (C)
- KCl 0,1 mol L^{-1} (C)

E, V vs. ECS

*Et_4NOH = hidróxido de tetrametilamônio.

Fonte: Skoog et al., 2006, p. 633.

Os eletrodos de trabalho são versáteis, pois podem ser compostos de diversos materiais e assumir diferentes geometrias. A forma mais comum é a de discos planos com o material condutor metálico acoplado a um suporte inerte, geralmente Teflon em formato tubular, com um contato elétrico na extremidade.

Novos eletrodos de trabalho vêm sendo desenvolvidos, a fim de aumentar o desempenho das análises e possibilitar novas aplicações. Entre estes, os eletrodos quimicamente modificados (EQMs) têm atraído muito a atenção de pesquisadores em razão de sua versatilidade. Basicamente, continuam sendo formados por discos de ouro ou de platina, mas seu diferencial está na modificação da superfície por meio da imobilização de uma espécie química específica. O objetivo é controlar os processos de interface, impondo condições de reatividade aos analitos. Como resultado, obtém-se um aumento na seletividade, uma diminuição de limites de detecção e de quantificação e a possibilidade de catalisar reações, as quais não ocorreriam diretamente na superfície metálica do eletrodo (Souza, 1997).

Novo elemento!

- Limite de detecção: "menor quantidade do analito presente em uma amostra que pode ser detectado, porém, não necessariamente quantificado, sob as condições experimentais estabelecidas" (Brasil, 2017).
- Limite de quantificação: "menor quantidade do analito em uma amostra que pode ser determinada com precisão e exatidão aceitáveis sob as condições experimentais estabelecidas" (Brasil, 2017).

Na Figura 5.7, em (B), há uma representação dos processos em um EQM (Murray; Ewing; Durst, 1987). Inicialmente, a espécie reativa (R) novamente se difunde por meio da solução, sofrendo a reação redox na interface com a espécie química modificadora do eletrodo, e novamente se difunde por meio da solução como produto (P). Paralelamente, a espécie modificante também promove a troca eletrônica com o eletrodo metálico, e uma corrente é registrada pelo equipamento, sendo proporcional à troca de elétrons na primeira interface, entre o agente modificante e o eletrólito.

Fique atento!

Sistemas de referência

Atualmente, além do eletrodo de hidrogênio, há outros eletrodos de referência. Por isso, sempre que nos referimos a potenciais elétricos, é essencial especificarmos qual é o sistema referencial utilizado. Ao longo deste livro, você encontrará as notações *vs.* ECS e *vs.* Ag/AgCl$_{sat}$.

Outra função importante da modificação de eletrodos é o aumento em sua área superficial (devendo-se lembrar que área superficial é diferente de área geométrica). Como os processos redox dos quais estamos tratando são processos de interface, aumentar a região de contato entre o eletrodo e a solução do eletrólito é interessante, pois um maior número de centros ativos estará disponível para receber e doar elétrons, mantendo-se a mesma área geométrica. Isso pode ser feito com a aplicação de condições adequadas de potencial ou corrente durante a técnica eletroquímica, sendo formadas sobre o eletrodo de trabalho espécies químicas com diferentes morfologias – esférica, tubular, lamelar, fibrosa etc. – dependendo especificamente de cada material. Esse tipo de modificação promove um aumento da área superficial e, assim, da região de interface, maximizando processos capacitivos e faradaicos, como exemplificado em (A) na Figura 5.7, pela comparação entre a interface eletrodo-eletrólito em um eletrodo planar e em um eletrodo com superfície irregular. No detalhe da figura, a ampliação da região de interface destaca a maior área de interação dos íons do eletrólito com o eletrodo (Kim et al., 2015). A formação de espécies em nanoescala também é interessante, pois promove efeito semelhante.

Tendo em vista a evolução do desempenho eletroquímico dos eletrodos de trabalho, os ultramicroeletrodos vêm ganhando espaço, impulsionados pelos avanços científicos em micro e nanotecnologia. Basicamente, esses eletrodos precisam apresentar pelo menos uma de suas dimensões em escala micrométrica, aproximadamente entre 0,8 e 50 µm, que é a mesma dimensão da espessura da camada de difusão. Essa geometria garante características singulares, modificando a dinâmica dos processos eletródicos por meio da maximização do processo de difusão. Por exemplo, o transporte de massa é extremamente favorecido em comparação aos macroeletrodos, a queda IR é minimizada, aumentando a gama de soluções de eletrólitos que podem ser utilizados, e a corrente faradaica torna-se muito superior à corrente capacitiva, possibilitando a realização de medidas em maiores velocidades de varredura, sem afetar os resultados.

Esses resultados são obtidos pela diminuição da dimensão do eletrodo por meio da exploração de diferentes geometrias. Assim, os eletrodos podem assumir formas hemisféricas, esféricas, anelares, de fios, entre outras (Correia et al., 1995; Silva et al., 1998).

Na Figura 5.7, em (C), observamos a representação da formação da corrente de difusão na superfície de um eletrodo planar e de um ultramicroeletrodo. No detalhe, há uma imagem de microscopia eletrônica de varredura de um ultramicroeletrodo de platina (Paixão; Bertotti, 2009) com diâmetro extremamente baixo, na ordem de micrômetros.

Figura 5.7 – Interfaces eletrodo-eletrólito: (A) efeito de área superficial, (B) eletrodo quimicamente modificado e (C) difusão em ultramicroeletrodos

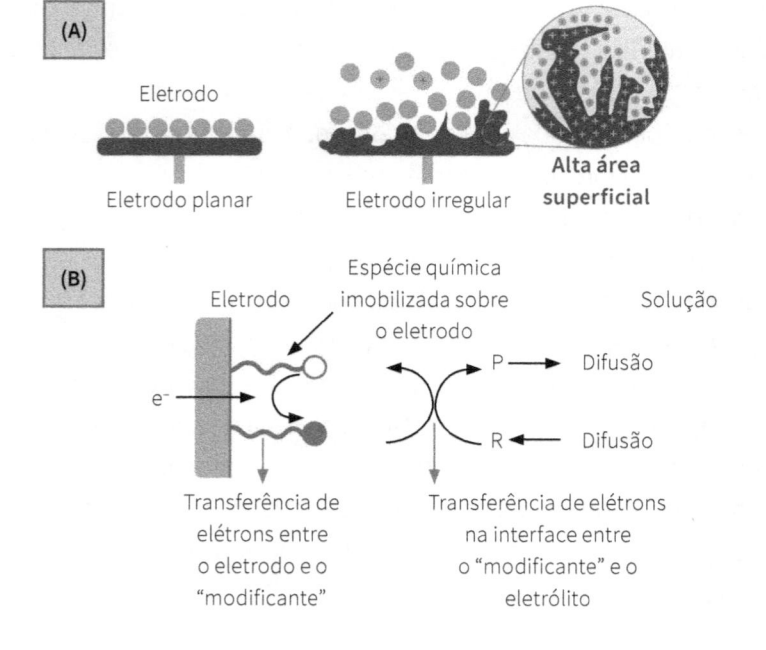

(C)

Difusão planar Difusão esférica

Eletrodo Eletrodo

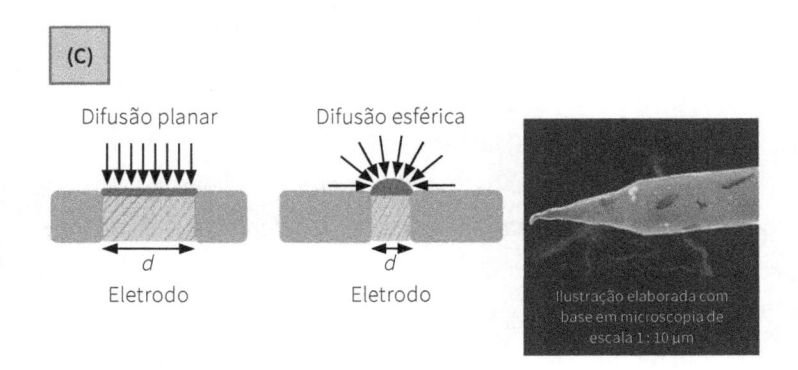

Ilustração elaborada com base em microscopia de escala 1 : 10 μm

O eletrodo auxiliar pode ser constituído por platina, ouro, grafite, carbono vítreo, entre outros materiais, sendo essencial que tenha uma área superficial superior à do eletrodo de trabalho, de modo que não seja o agente limitante da reação redox. Como evidenciado, sua principal função é estabelecer o circuito para o fluxo de elétrons de/para o eletrodo de trabalho, evitando que a corrente elétrica flua pelo eletrodo de referência, de modo a minimizar distorções nos polarogramas e nos voltamogramas. Na maioria dos casos, a identificação da reação que ocorre no eletrodo auxiliar não é importante (Brett; Brett, 1993; Skoog et al., 2006).

Os eletrodos de referência são essenciais ao controle e à medição do potencial em qualquer sistema eletroquímico e eletroanalítico. O ideal é que seu potencial elétrico se mantenha constante, estável e invariável em razão de modificações de composição da solução e durante a passagem de baixas correntes (Bard; Faulkner, 2001; Skoog et al., 2006). Você deve lembrar que, no Capítulo 2, tratamos do eletrodo-padrão de hidrogênio (EPH) e sua utilização na determinação dos potenciais-padrão de diversos eletrodos metálicos. Os eletrodos de referência utilizados atualmente exercem a mesma função, mas com o adicional da praticidade, tornando-se dominantes em sistemas eletroquímicos, justamente em virtude das dificuldades de preparação e utilização do EPH. Esses eletrodos mais modernos são denominados *eletrodos de referência secundários (ERSs)*, porque seus potenciais de funcionamento também foram estipulados tendo como referencial o EPH.

Os requisitos para os ERSs são uma fácil construção, um comportamento reprodutível e uma alta estabilidade. Podemos interpretar o termo *estabilidade*, nesse caso, como o perfil de manter o potencial fixo independente do meio no qual está imerso. Geralmente, essa condição é alcançada utilizando-se sistemas redox em ambientes tamponados ou de alta concentração dos componentes. Os dois ERSs mais comuns são o calomelano e o prata/cloreto de prata ($Ag/AgCl_{sat}/Cl^-$).

- **Eletrodo de calomelano**: é constituído por mercúrio, cloreto de mercúrio e KCl em solução. Seu potencial depende da concentração da solução de KCl. Costuma-se usar a solução saturada, a qual estabelece o potencial do eletrodo em +0,244 V, a 25 °C. As desvantagens se devem ao uso de mercúrio, em razão de sua toxicidade e da limitação de temperatura que impõe. A montagem é feita usando-se um tubo de vidro preenchido por uma pasta de Hg e Hg_2Cl_2 em KCl, com um eletrodo metálico inerte imerso na pasta e um pequeno fio de platina na extremidade inferior. O tubo é mergulhado em outro recipiente tubular contendo solução de KCl saturado e com a extremidade fechada com vidro sinterizado, de forma a permitir o fluxo das espécies quando em contato com a solução da substância de interesse. Uma representação desse eletrodo pode ser observada em (A) na Figura 5.8.

Reação eletródica:

$Hg_2Cl_2(s) + 2e^- \rightarrow 2Hg(l) + 2Cl^-(aq)$ $E^0 = +0{,}244$ V a 25 °C

Novo elemento!

☐ Vidro sinterizado: vidro finamente poroso que permite a passagem de líquido e gás. No contexto abordado, o disco de vidro sinterizado tem a função de evitar a mistura convectiva de duas soluções, mas permitir a passagem de íons.

☐ **Eletrodo de prata/cloreto de prata**: é extensamente utilizado e comercializado, inclusive como integrante de eletrodos de medição de pH, em razão de sua praticidade e fácil construção. Consiste em um fio de prata sobre o qual é formado eletroquimicamente um depósito de cloreto de prata, imerso em um corpo de vidro contendo solução saturada de KCl, como representado em (B) na Figura 5.8. Apresenta a vantagem de funcionar corretamente mesmo em temperaturas mais elevadas; no entanto, pode reagir com algumas substâncias, como proteínas, invalidando seu uso.

Reação eletródica:

$AgCl(s) + e^- \rightarrow Ag(s) + Cl^-$ $E^0 = +0{,}199$ V a 25 °C

Figura 5.8 – Representação dos dois eletrodos de referência mais utilizados atualmente: (A) de calomelano comercial e (B) e prata/cloreto de prata

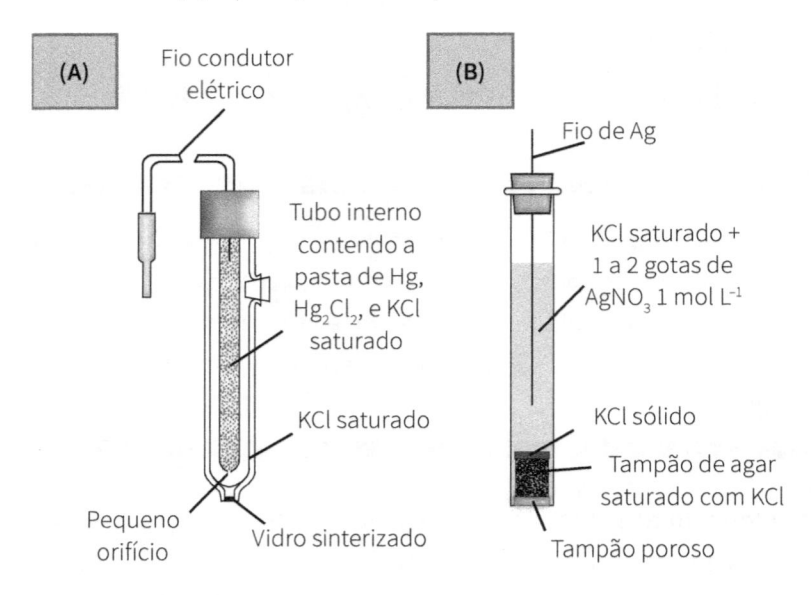

(A) Fio condutor elétrico

Tubo interno contendo a pasta de Hg, Hg_2Cl_2, e KCl saturado

KCl saturado

Pequeno orifício

Vidro sinterizado

(B)

Fio de Ag

KCl saturado + 1 a 2 gotas de $AgNO_3$ 1 mol L^{-1}

KCl sólido

Tampão de agar saturado com KCl

Tampão poroso

Fonte: Skoog et al., 2006, p. 556-557.

Na maioria dos casos, os artigos científicos e os livros da área apenas descrevem o eletrodo de prata/cloreto de prata como contendo solução saturada de KCl. O mais comumente aceito é que essa condição seja equivalente a concentrações de 3,5 mol L^{-1} (Cranny; Atkinson, 1998), contudo algumas referências também consideram a concentração de 3,0 mol L^{-1} como solução saturada desse sal. Ainda é possível encontrar relatos de outras concentrações sendo usadas, mas, nesse caso, devem ser consideradas tanto a temperatura como uma provável modificação no valor de potencial de referência do eletrodo.

Agora que você já conhece alguns conceitos fundamentais para compreender a dinâmica de funcionamento de uma célula eletroquímica, partiremos para uma nova etapa, na qual abordaremos algumas técnicas de análise eletroanalíticas.

5.3 Técnicas voltamétricas

Técnicas voltamétricas baseiam-se na investigação de sistemas eletroquímicos mediante a aplicação de uma sutil perturbação elétrica, coletando-se e analisando-se a resposta sob a forma de corrente elétrica. Essa perturbação em forma de variação de potencial é de pequena magnitude, não causando desordem no sistema eletroquímico. Diferentes métodos e equipamentos vêm sendo desenvolvidos e, atualmente, existem diversas aplicações, como caracterização de sistemas redox, investigação de processos adsortivos e estudos detalhados sobre mecanismos de transferência eletrônica e de reações em geral.

O resultado de uma medida voltamétrica é fornecido por meio de um gráfico de corrente elétrica *versus* potencial, chamado **voltamograma**, no caso do uso de eletrodos metálicos sólidos, ou **polarograma**, quando usados eletrodos de mercúrio.

A polarografia foi a técnica precursora das diversas outras desenvolvidas ao longo dos anos na eletroquímica e pode ser considerada como um método voltamétrico. O diferencial da polarografia está em seu eletrodo de trabalho, constituído por mercúrio, elemento líquido à temperatura ambiente (Skoog et al., 2006).

Um exemplo clássico de polarograma para fins didáticos é mostrado na Figura 5.9. Ele foi obtido em um sistema formado por um eletrodo gotejante de mercúrio (EGM) e um eletrodo de calomelano saturado como referência, imersos em solução de eletrólito HCl 1 mol L^{-1} com íons Cd^{2+}. O polarograma será analisado por partes para melhor entendimento.

Na Figura 5.9, em (A), observamos o polarograma 1 coletado em solução de eletrólito, contendo determinada concentração de uma espécie eletroativa, e o polarograma 2, registrado no mesmo eletrólito, sem a espécie eletroativa. Já em (B), vemos o voltamograma linear para um sistema eletroquímico genérico.

Figura 5.9 – (A) Polarogramas registrados na presença e na ausência da espécie eletroativa e (B), voltamograma linear para um sistema eletroquímico genérico

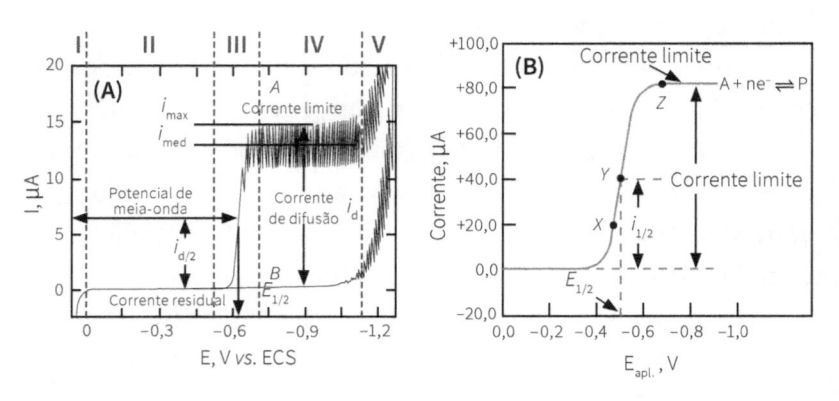

Fonte: Aleixo, 2003, p. 2 (A); Skoog et al., 2006 (B), p. 634.

I. Região de potenciais positivos ($E > 0$): há registro de corrente em razão da oxidação do eletrodo de trabalho, gerando Hg^{2+}. Assim, o experimento não pode ser registrado nessa região – exceto se o oxigênio for removido da solução de eletrólito. A remoção do O_2 pode ser realizada por adição de hidrazina ou saturação com gás inerte, como argônio ou nitrogênio.

II. Região entre 0,0 V e –0,5 V: observa-se no polarograma uma corrente muito próxima de zero, caracterizada como corrente residual, que se estabelece em função de possíveis reações redox de impurezas do eletrólito e não interfere nos resultados.

III. Região em torno de –0,6 V: há um incremento de corrente, em razão do início da reação de redução de íons X^{2+} na interface com o eletrodo de mercúrio, $X^{2+} + 2e^- \rightleftharpoons X(Hg)$, denominada *corrente faradaica*.

IV. Região entre –0,6 V e –1,0 V: o valor de corrente (eixo *y*) não se altera com a variação de potencial (eixo *x*), sendo denominada *corrente limite*, pois sua intensidade está sendo limitada pela velocidade com que as espécies são conduzidas até a superfície. Essa região de platô da curva indica que o transporte de massa por difusão está ocorrendo em sua capacidade máxima e todo íon X^{2+} que alcança o eletrodo é reduzida. Assume-se, aqui, que não há contribuição significativa de efeitos de transporte por migração e convecção, pois é usado eletrólito de suporte e as medidas são realizadas em repouso, significativamente. Em razão disso, a corrente limite também pode ser chamada *corrente de difusão*, sendo proporcional à concentração da espécie eletroativa.

V. Região acima de −1,2 V: é a região de sobrepotencial em que há a significativa elevação da corrente em razão da reação de redução do eletrólito. Nesse caso, H^+ é reduzido a H_2. Como a oferta da solução de eletrólito é muito maior do que a concentração da espécie eletroativa em análise, a corrente associada à sua reação de redução torna-se muito superior à corrente de difusão. Assim, essa região de potencial não é útil para a realização de medidas.

Portanto, não é apenas o eletrodo de trabalho que limita o intervalo de potencial; a faixa de funcionamento da solução de eletrólito também deve ser considerada, como você pode verificar na Figura 5.6.

A critério de comparação, o polarograma 2 da Figura 5.9 foi obtido em solução de eletrólito HCl, sem a presença de íons da espécie eletroativa. Observe as diferenças entre os dois polarogramas, principalmente nas regiões III e IV.

Um aspecto que chama atenção nesse gráfico é a forma serrilhada das curvas. Isso se deve ao fato de ser usado um eletrodo gotejante; quando a gota se desprende do capilar, a corrente diminui, pois, naquele momento, não há reação ocorrendo. Paralelamente, outra gota começa a se formar e, conforme aumenta de tamanho, a corrente volta a subir, em razão das reações redox ocorrendo em sua superfície. Em sistemas que garantam a reprodutibilidade do tamanho da gota, as oscilações de corrente no polarograma devem ser muito próximas entre si. Também na Figura 5.9, em (B), é apresentado um voltamograma linear para uma reação química genérica, obtido em uma célula de três eletrodos, sendo o eletrodo de trabalho um disco de platina. É possível perceber que o perfil dessa curva é semelhante ao do polarograma e a mesma interpretação sobre os processos de interface pode ser assumida para esse voltamograma.

Tanto os polarogramas como os voltamogramas podem ser utilizados em determinações quantitativas de substâncias eletroativas através da corrente de difusão, aplicando-se a equação simplificada de Ilkovic, apresentada na Equação 5.2, em que i_d é a corrente de difusão, [C] é a concentração do analito e k é um conjunto de constantes específicas de cada célula eletroquímica, sendo considerados dados do eletrólito, dos eletrodos, da temperatura e da pressão de mercúrio, se for o caso.

Equação 5.2

$$i_d = k \cdot [C]$$

Os gráficos de corrente *versus* potencial também são úteis para determinações qualitativas. Isso pode ser feito pela obtenção do $E_{1/2}$, denominado *potencial de meia-onda* – indicado nos dois gráficos da Figura 5.9. Para calcular $E_{1/2}$, assume-se a reação redox como reversível; assim, a equação de Nernst no sentido catódico corresponde à Equação 5.3.

Equação 5.3

$$Ox + ne^- \rightleftharpoons Red$$

$$E = E^0 + \frac{0,0592}{n} \log \frac{[Ox] \text{interface}}{[Red] \text{interface}}$$

Em que:

- **E**: potencial estabelecido na interface do eletrodo em razão da presença de espécies oxidadas e reduzidas ([Ox]/[Red]).
- E^0: potencial-padrão do sistema redox.
- $[Ox]_{interface}$: concentração da forma oxidada na região da interface eletrodo-eletrólito.
- $[Red]_{interface}$: concentração da forma reduzida na região da interface eletrodo-eletrólito.

Retomando a equação de Ilkovic para a **espécie reduzida**, obtemos:

Equação 5.4

$$i = k_{Red} \cdot [Red]_{interface}$$

Rearranjando em função da concentração, temos:

Equação 5.5

$$[Red]_{interface} = \frac{i}{k_{Red}}$$

A constante k é a constante de Ilkovic para a espécie reduzida (mais adiante, vai conhecê-la melhor).

Com relação à **espécie oxidada**, a equação de Ilkovic assume a seguinte forma:

Equação 5.6

$$i = k_{Oxi} \cdot ([Ox] - [Ox]_{interface}) = k_{Oxi}[Ox] - k_{Oxi}[Ox]_{interface}$$

Na região de platô do polarograma, é esperado que a $[Ox]_{interface}$ seja muito baixa, pois as espécies que ali chegam são prontamente reduzidas e assumem a forma *red*. Nesse caso, a corrente é definida como *corrente de difusão*, obtendo-se:

Equação 5.7

$$i = i_{difusão} = k_{Oxi}[Ox]_{interface}$$

Reorganizando em função da concentração, temos:

Equação 5.8

$$[Ox]_{interface} = i_{difusão} - \frac{i}{k_{Oxi}}$$

Substituindo as relações matemáticas de $[Ox]_{interface}$ e $[Red]_{interface}$ na equação de Nernst, obtemos:

Equação 5.9

$$E = E^0 + \frac{0,0592}{n}\log\frac{i_{difusão} - \frac{i}{k_{Oxi}}}{\frac{i}{k_{Red}}}$$

Desenvolvendo o raciocínio matemático, chegamos a:

Equação 5.10

$$E = \underbrace{E^0}_{constante} + \underbrace{\frac{0,0592}{n}\log\frac{k_{Red}}{k_{Oxi}}}_{constante} + \underbrace{\frac{0,0592}{n}\log\frac{(i_{difusão} - i)}{i}}_{variável}$$

Dos três termos constituintes dessa relação matemática (Equação 5.10), os dois primeiros são constantes para um mesmo sistema, sendo que apenas o último varia durante o procedimento voltamétrico ou polarográfico. Em uma condição em que a corrente seja igual à metade da corrente de difusão $\left(i = \dfrac{i_d}{2}\right)$, matematicamente, o último termo torna-se zero. Assim, o potencial E medido pelo equipamento fornece um valor que é uma constante, refletindo a soma do 1° e 2° termos. Chamamos esse potencial medido de **potencial de meia-onda** ($E_{1/2}$). Essa análise foi feita com base no trabalho de Aleixo (2003).

A aplicação prática do $E_{1/2}$ está associada ao fato de que seu valor é característico para cada espécie eletroativa, não dependendo do eletrodo, o que torna possível a identificação de pares redox em soluções desconhecidas ou em amostras compostas por mais de uma espécie eletroativa.

Novo elemento!

Corrente faradaica? Capacitiva? Residual? Qual é qual?

A corrente elétrica é o fluxo estabelecido pela movimentação ordenada de partículas carregadas ou de cargas, sob a influência de um campo elétrico. É expressa em unidades de ampère (A), sendo 1 A equivalente ao fluxo de carga de um coulomb por segundo (1 A = 1 C s^{-1}).

- Corrente capacitiva: é a corrente gerada pela movimentação das espécies carregadas na interface do eletrodo para a formação da dupla camada elétrica. Não envolve transferência de elétrons, apenas carregamento/descarregamento da interface.

- Corrente de convecção: deriva da movimentação de íons no eletrólito em razão de agitação mecânica. Não é interessante para aplicações eletroquímicas, sendo minimizada pelo registro de medidas em condição estacionária.
- Corrente de difusão ou faradaica: resulta dos processos de transferência de elétrons na interface, ou seja, é gerada pelas reações redox das espécies eletroativas. Em polarogramas e voltamogramas, pode ser estimada pela subtração entre a corrente limite e a corrente residual. Correntes de difusão ou faradaica são proporcionais à concentração da espécie eletroativa.
- Corrente de migração: surge em razão da movimentação de íons dentro do eletrólito, que é impulsionada por atrações eletrostáticas. Normalmente, não é interessante para aplicações eletroquímicas, sendo minimizada pelo uso de eletrólito de suporte.
- Corrente limite: é a corrente máxima registrada na curva voltamétrica (ou polarográfica). Indica a máxima taxa de transporte de massa do seio da solução para a interface. Em um gráfico de corrente *vs.* potencial, é a soma de todas as contribuições de corrente naquele ponto.
- Corrente residual: está presente em toda técnica voltamétrica ou polarográfica. É constituída por uma corrente capacitiva derivada do processo de formação da dupla camada elétrica na interface do eletrodo e por uma pequena quantidade de corrente faradaica das reações redox de possíveis impurezas do eletrólito.

Fonte: Elaborado com base em Skoog et al., 2006; Brett; Brett, 1993, Bard; Faulkner, 2001; Pacheco et al., 2013.

Já que estamos tratando de polarografia, é importante considerarmos também os eletrodos líquidos de mercúrio; até este ponto abordamos apenas os eletrodos metálicos sólidos. As características que diferem os eletrodos de mercúrio dos outros eletrodos de trabalho são sua extensa faixa de funcionamento na região de potenciais negativos e sua capacidade de renovação da superfície.

Conforme indicado pela comparação de potenciais de funcionamento entre diferentes eletrodos de trabalho, na Figura 5.6, o eletrodo de mercúrio é o único capaz de alcançar valores abaixo de −1,0 V, tornando-o indispensável, dependendo do sistema a ser estudado. Outro ponto que o destaca é a capacidade de renovação da superfície, pois é possível obter uma interface limpa pela simples formação de uma nova gota. Isso é muito útil em sistemas de detecção de analitos que tenham a tendência de envenenar eletrodos, que consiste em uma interação irreversível entre a espécie e a superfície metálica, prejudicando as medidas eletroanalíticas.

A Figura 5.10, em (A), ilustra um eletrodo de gota pendente comercial, formado por um reservatório de mercúrio acima de um tubo capilar, por meio do qual o mercúrio forma a gota; o fluxo do mercúrio líquido é estabelecido por um pistão. Em experimentos com esse tipo de eletrodo, normalmente, é usada a mesma gota durante toda a medida, razão pela qual, o sistema deve funcionar de tal modo que garanta uma alta reprodutibilidade no tamanho das gotas formadas na extremidade do capilar. O tamanho da gota é proporcional à área superficial eletroativa e, assim, afeta os resultados.

Na Figura 5.10, em (B), observamos outro modelo de eletrodo de mercúrio. A diferença é que a gota se renova em intervalos de tempo determinados, desprendendo-se do capilar e dando espaço para a formação de uma nova gota. Por isso, esse sistema é chamado de *eletrodo gotejante de mercúrio (EGM)*. O fluxo do mercúrio é estabelecido por meio da pressão da coluna de líquido no reservatório. O tamanho das gotas formadas por esse método é bastante reprodutível. Existem modelos comerciais que funcionam de ambas as formas, como gota pendente ou gotejante.

Figura 5.10 – Representação de alguns tipos de eletrodo de mercúrio: (A) eletrodo de gota pendente – no detalhe, ampliação da gota de mercúrio na extremidade do capilar – em (B) eletrodo gotejante de mercúrio

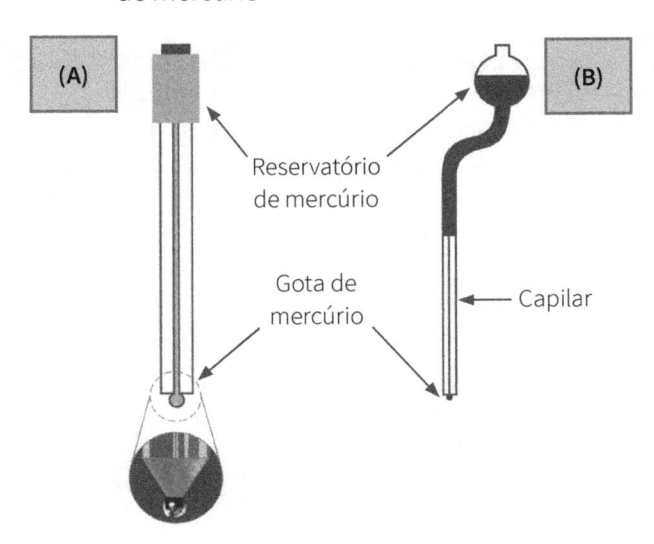

Fonte: Elaborado com base em Harvey, 2013.

Para a aplicação em análises quantitativas, é preciso ficar atento às concentrações que a técnica polarográfica clássica é capaz de detectar, normalmente sendo adequada para concentrações entre 10^{-3} e 10^{-5} mol L^{-1}. É restrita a limites de detecção menores em razão das flutuações de corrente. Para a identificação de diferentes componentes com base nos valores de $E_{1/2}$, a diferença de potencial mínima entre as espécies deve ser de 200 mV. Contudo, os equipamentos e sistemas de eletrodos modernos conseguem superar boa parte dessas limitações, embora o custo ainda seja um fator limitante.

O Quadro 5.1 reúne alguns pontos relevantes sobre a técnica polarográfica e seus eletrodos.

Quadro 5.1 – Vantagens e desvantagens da técnica de polarografia e seus eletrodos

VANTAGENS	DESVANTAGENS
☐ Superfície renovável. ☐ Reprodutibilidade do tamanho e da forma da gota. ☐ Após as medidas, o mercúrio pode ser purificado e reutilizado. ☐ Formação de amálgamas reversíveis com metais. ☐ Faixa de potencial de funcionamento ampla na região catódica (potenciais negativos).	☐ O mercúrio é tóxico. ☐ Faixa de potencial de funcionamento muito pequena na região anódica (potenciais positivos). ☐ Interferência do O_2 atmosférico em regiões anódicas. ☐ Limite de detecção moderado.

Repertório químico

Para entender melhor como a polarografia e os eletrodos de mercúrio ainda são muito utilizados em determinações analíticas, é interessante a leitura do artigo indicado a seguir. Nele, os autores fazem uma revisão sobre as aplicações analíticas do eletrodo de gota pendente de mercúrio nos últimos 10 anos, destacando suas vantagens, suas desvantagens e uma ampla diversidade de aplicações.

NUNES, C. N.; ANJOS, V. E. dos; QUINÁIA, S. P. A versatilidade do eletrodo de gota pendente de mercúrio em química analítica: uma revisão sobre recentes aplicações. **Química Nova**, São Paulo, v. 41, n. 2, p. 189-201, 2018. Disponível em: <http://static.sites.sbq.org.br/quimicanova.sbq.org.br/pdf/RV20170224.pdf>. Acesso em: 31 jul. 2020.

Em razão da modernização de equipamentos, novas possibilidades de realizar medidas voltamétricas vêm sendo desenvolvidas, visando sempre à obtenção de maior precisão nos resultados. Na polarografia, assim como na voltametria, as técnicas de pulso normal e diferencial, a polarografia de onda quadrada, as etapas de pré-concentração e de *stripping* são métodos aliados nas análises eletroanalíticas.

5.4 Técnicas eletroanalíticas

Ao passo que o campo da eletroanálise se mostrou promissor, diferentes formas de análise foram desenvolvidas para as mais diversas aplicações, como caracterização de sistemas redox, investigação de processos adsortivos e estudos detalhados sobre mecanismos de transferência eletrônica e de reações em geral. Como vimos anteriormente, técnicas voltamétricas relacionam o potencial aplicado com o perfil de variação na corrente elétrica. A medida é realizada por meio de um potenciostato, que promove a perturbação de equilíbrio do sistema eletroquímico, fornecendo um sinal de excitação que varia para cada tipo de técnica, podendo ser linear, triangular ou pulsado. A aquisição do sinal analítico – resposta de corrente – pode ser feita de forma constante ou pulsada, refletindo na sensibilidade do método e na interferência de ruídos. A medida da corrente gerada permite a correlação com propriedades da espécie química envolvida na reação.

Novo elemento!

☐ Sensibilidade: relaciona-se ao método analítico e corresponde ao sinal de resposta obtido em razão da variação da unidade do analito. É determinada pela inclinação da curva analítica (Skoog et al., 2006).

Observe a Figura 5.11, em que correlacionamos a forma de aplicação do potencial (perturbação), o sinal analítico e a denominação da respectiva técnica.

Figura 5.11 – Técnicas eletroanalíticas mais comuns – forma de perturbação e resposta gráfica de corrente *versus* potencial

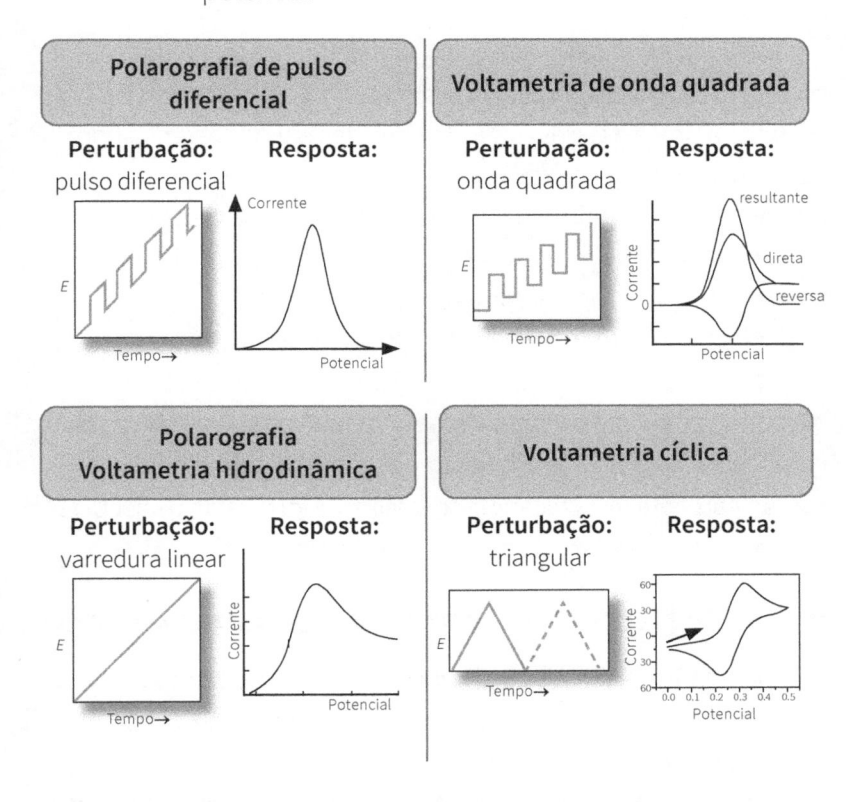

Polarografia de pulso diferencial
Perturbação: pulso diferencial
Resposta: Corrente vs. Potencial

Voltametria de onda quadrada
Perturbação: onda quadrada
Resposta: resultante, direta, reversa

Polarografia Voltametria hidrodinâmica
Perturbação: varredura linear
Resposta: Corrente vs. Potencial

Voltametria cíclica
Perturbação: triangular
Resposta: Corrente vs. Potencial

Fonte: Elaborado com base em Skoog et al., 2006, p. 629; Souza; Machado; Avaca, 2003; Pacheco et al., 2013, p. 526, 253.

Na sequência, apresentamos algumas das técnicas eletroanalíticas mais comuns.

Voltametria de varredura linear

O potencial é aplicado de forma linear com o tempo e o sinal analítico, registrado de modo direto com a variação desse potencial. A corrente limite do voltamograma é a soma das correntes faradaicas e capacitivas, no entanto a contribuição capacitiva não é desejável, sendo considerada ruído, reduzindo a sensibilidade da técnica. Esse tipo de voltametria é mais interessante para aplicações qualitativas, pois seu limite de detecção não é muito baixo, estando na faixa de µmol L^{-1}.
Em contrapartida, os experimentos podem ser realizados em velocidade de varredura relativamente altas, até 1 000 mV s^{-1}. Essa é uma técnica que pode ser aplicada para medidas utilizando-se eletrodos de disco rotatório. Nesses equipamentos, as medidas voltamétricas são feitas enquanto o eletrodo é rotacionado mecanicamente, modificando-se, assim, as formas de transporte de massa do eletrólito para a interface com o eletrodo.

Novo elemento!

- Velocidade de varredura: expressa em unidade de mV/s, representa a variação de potencial por unidade de tempo durante a etapa de varredura.

Voltametria cíclica:

Trata-se de uma forma de voltametria muito utilizada para investigações qualitativas por ser rica em informações sobre a cinética dos processos de transferência eletrônica. A varredura de potencial inicia-se em região na qual ainda não ocorrem processos redox, sendo registrada apenas corrente residual ou capacitiva, proveniente do carregamento da dupla camada elétrica. Com a sequência da varredura, no sentido anódico, por exemplo, é registrado um intenso incremento de corrente, que logo decresce, caracterizando um pico voltamétrico anódico. A varredura de potencial prossegue até a corrente diminuir e retornar ao patamar de corrente residual. Nesse ponto, o sentido da varredura é invertido, retornando ao valor de potencial inicial. Essa "volta" é chamada de *varredura inversa*. Durante essa etapa, as espécies que foram oxidadas na varredura direta sofrem redução e outro pico é observado, denominado agora *pico catódico*. A indicação das regiões do voltamograma é demonstrada na Figura 5.12, em (A).

Informações importantes sobre a espécie eletroativa podem ser estimadas por meio da curva voltamétrica, pois seu formato, sua intensidade e seu potencial de pico são definidos por dois principais fatores, o transporte difusional do *bulk* para a região interfacial e a taxa de transferência de carga na superfície do eletrodo. A equação que considera esses fatores e define a cinética eletroquímica é conhecida como *equação de Butler-Volmer,* apresentada no Apêndice 3.

Quando a reação ocorre de modo **reversível**, os picos catódico e anódico são simétricos entre si, em resposta a um equilíbrio dinâmico estabelecido na interface em razão da transferência de carga rápida, de modo que a reação fica limitada pelo transporte de massa (difusão) e a equação de Butler-Volmer se reduz à equação de Nernst. Quando o processo é **irreversível**, a taxa de transferência de elétrons é considerada baixa e o voltamograma cíclico apresenta os processos redox "afastados", pois, com a diminuição de k, o processo anódico é deslocado para maiores potenciais, refletindo uma dificuldade ou uma lentidão na etapa de oxidação. Similarmente, isso também ocorre no processo catódico, passando a ser registrado em potenciais mais negativos. Em alguns casos, o valor de k é tão baixo que apenas um dos picos é detectado.

Há também os sistemas **quase reversíveis**, nos quais a corrente depende tanto do processo de transporte de massa como da taxa de transferência de carga. Seu voltamograma tem os picos catódico e anódico, porém eles sofrem deslocamentos no potencial de pico (E_p), como resultado de possíveis limitações impostas pela velocidade da transferência de cargas, e, ainda, alargamento das ondas voltamétricas, em razão de desvios no processo de difusão. Exemplos de voltamogramas reversível, irreversível e quase reversível são apresentados na Figura 5.12, em (B).

Para a classificação de um sistema em termos de reversibilidade, é comum utilizar a equação de Randles-Sevcik, apresentada no Apêndice 3. Essa relação matemática considera vários parâmetros do sistema, fornecendo uma relação linear entre velocidade de varredura e corrente de pico para sistemas considerados reversíveis. Outros critérios de reversibilidade também devem ser analisados (Bard; Faulkner, 2001; Brett; Brett, 1993).

Figura 5.12 – Exemplos de perfis voltamétricos reversível, irreversível e quase reversível

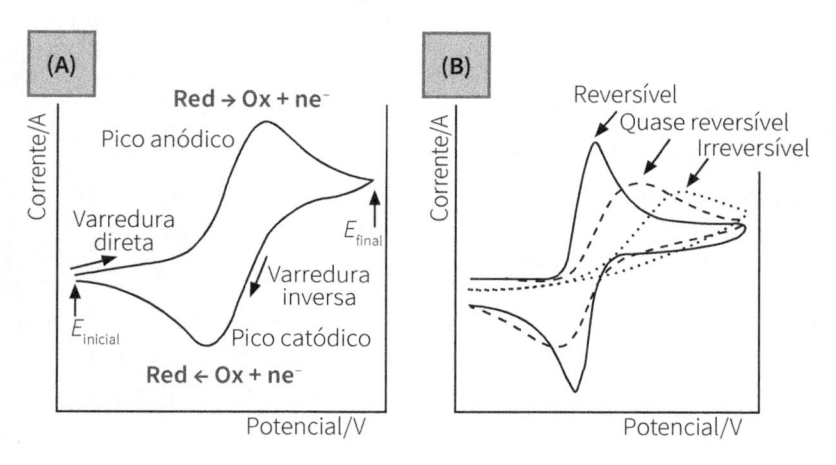

Fonte: Elaborado com base em Brett; Brett, 1993 (A); Brownson; Kampouris; Banks, 2012 (B), tradução nossa.

A voltametria cíclica encontra maior aplicabilidade na investigação de mecanismos de reação ou determinação de parâmetros da espécie eletroativa, como seu coeficiente de difusão, do que em determinações analíticas. Para essa finalidade, outras técnicas são mais sensíveis.

Técnicas de pulso

A ideia nas técnicas pulsadas é minimizar a contribuição da corrente capacitiva com vistas a obter um sistema analítico de maior sensibilidade. Elas se dividem em dois tipos, voltametria de pulso diferencial e voltametria de onda quadrada.
Os respectivos gráficos do modo de perturbação e da resposta de corrente constam na Figura 5.11.

Na **voltametria de pulso diferencial**, os degraus de potencial têm amplitude fixa e são realizados sob uma rampa de potencial crescente, sendo a leitura de corrente realizada em dois momentos, antes e após o estímulo pulsado. A corrente total registrada em cada pulso é proveniente da soma das componentes capacitiva e faradaica. O detalhe está no fato de que a corrente capacitiva diminui de forma mais rápida do que a faradaica. Assim, há amostragem de corrente em dois momentos e a subtração entre esses valores fornece a variação de corrente associada aos processos faradaicos. Dessa forma, a segunda leitura de corrente deve ser feita no momento em que a contribuição capacitiva já seja baixa o suficiente e possa ser desconsiderada. Quando se relaciona graficamente a diferença entre as correntes com os potenciais aplicados, é obtido um voltamograma com perfil de pico cuja área é proporcional à concentração do analito, conforme a equação indicada no Apêndice 3. Essa técnica apresenta alta sensibilidade, com limite de detecção na faixa de 10^{-8} mol L^{-1}; em contrapartida, os ciclos de potencial são realizados em baixa velocidade de varredura, de 1 a 10 mV s^{-1}.

A **voltametria de onda quadrada** diferencia-se da voltametria de pulso diferencial apenas pela forma de perturbação do sistema. Nessa técnica, degraus de potencial de mesma amplitude são aplicados em intervalos de tempo constante, nos sentidos direto e inverso, seguindo-se uma rampa de potencial. A corrente também é registrada em dois momentos: ao fim do pulso direto e ao fim do pulso inverso, sendo a subtração das correntes usada na construção do voltamograma em relação ao potencial. Os valores de corrente relacionam-se diretamente com a concentração da espécie de interesse. Essa técnica apresenta alta sensibilidade, com limites de detecção similares aos da voltametria de pulso diferencial, na faixa de 10^{-8} mol L^{-1}, mas com a vantagem de ser realizada de forma extremamente rápida, em altas velocidades de varredura sem prejuízo aos resultados.

Voltametria de redissolução

Desenvolvida com o objetivo de diminuir ainda mais os limites de detecção, tem como princípio realizar uma etapa de pré-concentração antes da voltametria. Essa etapa consiste na eletrodeposição da espécie de interesse sobre o eletrodo, seguida por um tempo de repouso. Por fim, é feita a redissolução do analito na solução do eletrólito e sua concentração é determinada de maneira proporcional à resposta de corrente. Essa técnica é muito aplicada para a determinação de metais. Assim, na primeira etapa, é escolhido um potencial suficiente negativo para a redução – sobre o eletrodo de trabalho – dos íons em solução, processo feito sob agitação constante para manter a taxa de transporte de massa até o eletrodo. O tempo de repouso é para permitir que o sistema alcance a condição de equilíbrio. A redissolução é realizada por varredura de potencial no sentido anódico, favorecendo a reoxidação, a qual gera corrente elétrica e é relacionada com a concentração do analito. Normalmente, são empregados eletrodos de mercúrio estacionário para esse tipo de análise, pois favorecem a etapa de pré-concentração, acumulando uma quantidade considerável de analito e

promovendo o incremento significativo do sinal analítico.
A faixa de limites de detecção pode diminuir até 10^{-10} mol L^{-1}.
A redissolução anódica é a forma mais comum, mas, dependendo do sistema, também pode ser aplicada a redissolução catódica.

Amperometria

Essa técnica um pouco diferente das anteriores. Inicialmente, o potencial elétrico necessário para gerar a corrente limite é definido por meio de uma das técnicas voltamétricas, como a voltametria linear ou a cíclica, mantendo-se fixo durante o experimento amperométrico. A corrente é monitorada ao longo do tempo e as variações em sua intensidade são proporcionais à concentração da espécie de interesse. Como o gráfico resultante da medida amperométrica é dado em termos de corrente *versus* tempo, esse procedimento também é conhecido como *cronoamperometria*.

No desenvolvimento de um sensor, as leituras de corrente são registradas em um mesmo sistema eletroquímico mediante a adição de sucessivas alíquotas conhecidas do analito. Dessa forma, é possível construir uma curva analítica de corrente *versus* concentração de analito, relacionando-se a corrente registrada no amperograma para cada adição, em determinado instante de tempo. Por meio disso, estima-se o valor de concentração para uma amostra com quantidade de analito desconhecida pela medida de sua resposta de corrente dentro desse sistema. Parâmetros de sensibilidade, limites de detecção e quantificação também podem ser determinados. A representação simplificada das etapas descritas consta na Figura 5.13.

Figura 5.13 – Etapas envolvidas para a determinação da concentração de um analito por meio de um sensor amperométrico

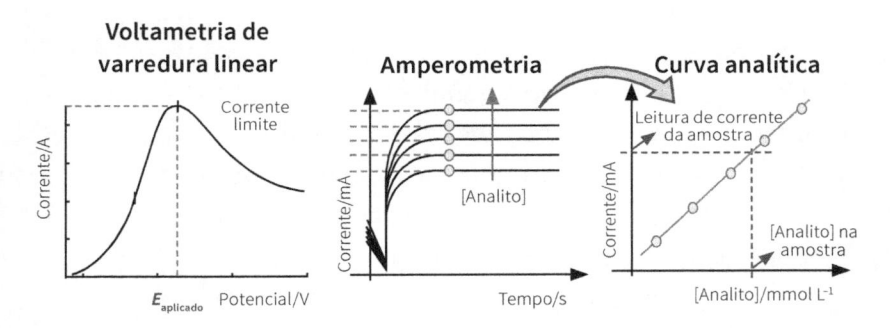

Atualmente, existem diversos tipos de sensores eletroquímicos que são comercializados, seja para indústrias, laboratórios de pesquisa e de análises clínicas, seja diretamente para o consumidor. Um bom exemplo são os sensores de glicose. Você já deve ter observado que algumas pessoas portadoras de diabetes fazem um teste utilizando uma gota de sangue, uma espécie de "fita" e um pequeno aparelho portátil a fim de conseguirem monitorar a concentração de glicose em sua corrente sanguínea. Esse sistema consiste em um sensor amperométrico, mas há sensores desenvolvidos para os mais diversos analitos.

Um sensor é um dispositivo que detecta algum tipo de variação no ambiente físico, como luz, calor, movimento, umidade ou pressão, e responde sob a forma de um sinal que pode ser medido (Rout; Late; Morgan, 2019). Basicamente, é formado por um receptor e um transdutor. O receptor tem a função de detectar variações no ambiente químico, por isso deve ser altamente seletivo. Ele também é responsável pela maximização do sinal por meio da eliminação de possíveis interferências e ruídos do equipamento. O transdutor recebe o sinal amplificado do receptor e converte-o em uma forma na qual possa ser mensurado.

Sensores podem ser de natureza física ou química. A classificação dos **sensores químicos** depende do transdutor, podendo ser óptico, elétrico, térmico, impedimétrico, entre outras. Em **sensores eletroquímicos**, a informação química, depois de detectada pelo receptor, é transduzida como sinal elétrico, que pode ser sob a forma de potencial (sensor potenciométrico), condutividade (sensor condutométrico) ou corrente (sensor amperométrico). As características ideais de um sensor devem estar relacionadas à velocidade de resposta, à sensibilidade, à seletividade, à robustez, além da estabilidade em relação ao meio, às mudanças de temperatura e às interferências de diversas naturezas.

Novo elemento!

- Seletividade: capacidade do método analítico em identificar ou quantificar o analito de interesse, inequivocamente, na presença de componentes diversos na amostra, como impurezas, diluentes e componentes da matriz (Brasil, 2017).
- Robustez: capacidade de um método analítico "em resistir a pequenas e deliberadas variações das condições analíticas", conservando os fatores de seletividade, exatidão e precisão (Brasil, 2017).

5.5 Potenciometria

As técnicas potenciométricas são os procedimentos eletroquímicos mais utilizados em indústrias e laboratórios, estando presentes inclusive em nosso dia a dia. Observe rótulos de alimentos e outros produtos ao seu redor. Muitos deles trazem o valor do pH, como nos casos da água mineral, dos refrigerantes, dos vinagres, dos óleos e de alguns cosméticos. Além disso, a determinação do pH é importante em tratamento de água, análises clínicas e de efluentes. Esse valor de pH pode ser obtido por meio de medidas potenciométricas.

Métodos potenciométricos baseiam-se na medida de potencial elétrico de um sistema eletroquímico quando não há geração ou consumo de corrente elétrica. Dessa maneira, como não se trata de transferência de elétrons na interface nesse caso, não há a necessidade de uma célula eletroquímica de três eletrodos, de modo que equipamentos potenciométricos operam apenas com dois eletrodos: o eletrodo de referência e o chamado *eletrodo indicador*.

O primeiro, assim como no sistema de três eletrodos, tem seu potencial constante e conhecido, mantendo a função de medir a variação de potencial do eletrodo indicador. Este, por sua vez, é similares ao eletrodo de trabalho e funciona sendo sensível à concentração do analito, devendo, por isso, ser bastante seletivo.

Complementam o sistema potenciométrico uma ponte salina, com função e composição similares ao que vimos no Capítulo 1, localizada na extremidade do eletrodo de referência, e o dispositivo elétrico de medição de potencial, chamado *potenciômetro*.

O potencial total obtido na leitura é a contribuição da diferença de potencial entre o eletrodo indicador (E_{ind}) e o eletrodo de referência (E_{ref}), somado ao potencial de junção líquida (E_j), como mostrado na Equação 5.11. Esse termo foi citado no Capítulo 1 e refere-se à diferença de potencial estabelecida nas duas interfaces da ponte salina com o meio.

Dependendo dos íons utilizados na ponte salina, os dois potenciais podem ser anulados ou apresentar valores muito pequenos de E_j e, assim, ser negligenciados na Equação 5.11. Entretanto, dependendo da composição do sistema, o potencial de junção líquida precisa ser levado em consideração, pois pode ser a fonte de incertezas nas medidas.

Equação 5.11

$$E_{célula} = E_{ind} - E_{ref} + E_j$$

Reforçando: é o valor de E_{ind} o que nos interessa, pois ele está associado à concentração da espécie que está sendo estudada.

Novo elemento!

Potencial de junção líquida

O potencial de junção líquida (E_j) é um desequilíbrio de cargas que se estabelece na interface entre soluções com diferentes composições, como na interface ponte salina/eletrólito. Deriva da diferença de velocidade de movimentação dos íons, cuja tendência é migrar do meio mais concentrado para o mais diluído, de modo que o potencial de junção age desacelerando os íons mais rápidos e acelerando os íons mais lentos, buscando uma condição de equilíbrio no sistema. Quando a mobilidade dos íons for próxima, a contribuição desse potencial poderá ser desprezada, usando-se, por exemplo, solução saturada de KCl na composição da ponte salina. Em métodos potenciométricos, deve-se considerar a contribuição de E_j, minimizando possíveis incertezas nas medidas.

5.5.1. Eletrodos indicadores

De modo geral, os eletrodos indicadores têm a função de identificar possíveis modificações na composição do sistema, respondendo por meio da variação do potencial elétrico, conforme a equação de Nernst. O esperado é que essa resposta seja rápida, reprodutível e seletiva. Essa classe de eletrodos pode ser identificada, de acordo com sua composição, em metálicos, de membrana ou baseados em transistores.

Eletrodos indicadores metálicos

Os eletrodos indicadores metálicos são classificados como eletrodos do primeiro tipo, eletrodos do segundo tipo e eletrodos inertes.

Eletrodos do primeiro tipo

Consistem em eletrodos metálicos em equilíbrio com seu próprio cátion em solução. Como oposição à vantagem da facilidade de aplicação, algumas desvantagens devem ser analisadas: 1) baixa seletividade – respondem a outros cátions com menor potencial-padrão de redução; 2) restrição do pH da solução – algumas espécies metálicas não podem ser usadas em meios ácidos, como o zinco; 3) alguns metais são facilmente oxidados, sendo necessário proceder à desaeração da solução; 4) algumas espécies não respondem de forma reprodutível, como o ferro e o níquel. Em razão disso, a gama de possibilidade de eletrodos do primeiro tipo não é muito ampla: prata e mercúrio, para uso em soluções neutras, e cobre, zinco, cádmio, bismuto e chumbo.

A estimativa do potencial do eletrodo deriva da equação de Nernst. Considerando a equação genérica $X^{n+}(aq) + 2e^- \rightleftharpoons X(s)$, temos a Equação 5.12.

Equação 5.12

$$E_{ind} = E^\circ_{X^{n+}/X} + \frac{0,0592}{n}\log\left(a_{X^{n+}}\right)$$

É habitual em química analítica expressar o potencial de um eletrodo em termos p do cátion, assim como é feito para medições por meio de um eletrodo de pH, em que o termo pH se deve à concentração de íons H^+ (pH = $-\log[H^+]$). Assim, a forma geral da equação do eletrodo indicador em termos p é representada na Equação 5.13.

Equação 5.13

$$E_{ind} = E^\circ_{X^{n+}/X} - \frac{0,0592}{n}pX$$

As medidas de potencial obtidas com esses eletrodos quando relacionadas graficamente às variações de composição da amostra fornecem uma reta E_{ind} vs. pX^{2+}, a qual fornece o valor tanto do $E^\circ_{X^{n+}/X}$ para o par redox como a relação entre o potencial medido e a concentração do analito.

Eletrodos do segundo tipo

Essa subdivisão abrange os eletrodos metálicos que, além de responderem a seus próprios cátions, identificam variações de atividade de alguns ânions. Um exemplo é o eletrodo de prata, que responde muito bem à atividade de ânions cloreto em solução saturada de cloreto de prata. Veja a seguir:

$$AgCl(s) + e^- \rightleftharpoons Ag(s) + Cl^-(aq) \quad E^0_{AgCl/Ag} = +0,222 \text{ V}$$

$$E_{ind} = E^0_{AgCl/Ag} - 0,0592 \log(a_{Cl^-}) = E^0_{AgCl/Ag} + 0,0592 \, pCl$$

Fique sempre atento aos sinais empregados nessas equações, principalmente na manipulação matemática de transferência de atividade de X^{n+} para pX^{n+} e verifique se os termos da equação de Nernst estão em função de [prod.]/[reag.] ou o seu inverso. Se ainda restarem dúvidas, retorne à Seção 3.4.

Eletrodos metálicos inertes

Nessa subdivisão podem ser englobados os mesmos eletrodos inertes utilizados como eletrodos de trabalho em sistemas de três eletrodos. Lembre-se de que os mais comuns são a platina, o ouro, o grafite e o carbono vítreo, sendo que o eletrodo de platina ainda é o mais conveniente para determinações potenciométricas.

Eletrodos indicadores de membrana

Conhecidos também como *eletrodos p-íons* ou *íons seletivos*, são sensíveis a variações de composição da amostra por meio do contato com uma membrana que seja seletiva ao analito.

Essa identificação ocorre por meio de interação química. As membranas utilizadas devem ter baixíssima solubilidade, sendo a mais comum a membrana de vidro, mas também há eletrodos de membrana líquida e de membrana cristalina.

Eletrodos de vidro para medição de pH

Esse tipo de eletrodo é formado por um vidro tubular com a extremidade fechada com uma fina membrana de vidro, o bulbo, que é a parte sensível à atividade de íons H^+. A parte interna do bulbo é preenchida com solução de HCl de concentração constante e a parte externa está em contato com a amostra que apresenta uma concentração a ser determinada de H^+. Essa diferença de concentração entre os dois lados do bulbo de vidro constitui uma diferença de potencial, a qual será determinada pelo pHmetro.

Para controlar os potenciais gerados nesse sistema, há dois eletrodos de referência, um deles interno, geralmente prata/cloreto de prata, e o outro externo ao bulbo, o qual entra em contato com a amostra, por meio de um tampão de vidro sinterizado. Esse segundo eletrodo de referência poder ser Ag/AgCl ou de calomelano. A representação da montagem do eletrodo de vidro está na Figura 5.14, em (A). Os eletrodos comerciais mais recentes já trazem os dois eletrodos referenciais acoplados a um mesmo corpo de vidro, sendo muito mais práticos. Contudo, os protótipos mais antigos utilizavam os dois eletrodos separados, mas imersos em um mesmo vaso de reação.

O diagrama de célula para o eletrodo de vidro mostrado na Figura 5.14, em (B), é composto por quatro diferentes valores de potencial. Dois deles são constantes e referentes aos eletrodos de referência, E_{ECS} e $E_{Ag/AgCl}$, cuja função é estabelecer o contato elétrico entre os dois meios e o equipamento. O terceiro é o E_j, referente ao potencial de junção líquida que se estabelece na interface do tampão sinterizado. Por fim, há o potencial de interface, E_i, que corresponde ao valor que se deseja medir, referente à variação de pH da amostra.

Figura 5.14 – Montagem experimental e diagrama de célula para o eletrodo de vidro

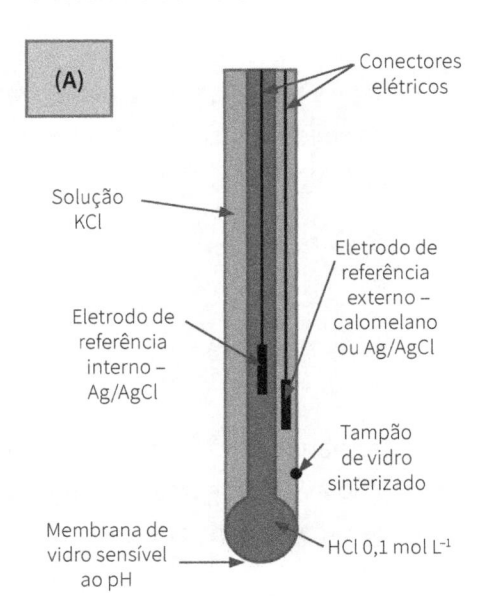

(B)

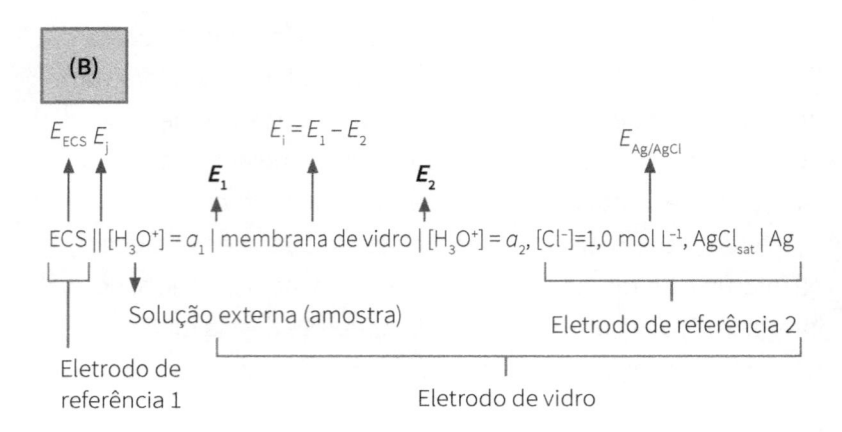

$$E_{ECS} \quad E_j \qquad E_i = E_1 - E_2 \qquad E_{Ag/AgCl}$$

$$\uparrow \quad \uparrow \qquad E_1 \uparrow \qquad E_2 \uparrow \qquad \uparrow$$

ECS $\|$ [H$_3$O$^+$] = a_1 $|$ membrana de vidro $|$ [H$_3$O$^+$] = a_2, [Cl$^-$]=1,0 mol L^{-1}, AgCl$_{sat}$ $|$ Ag

- Eletrodo de referência 1
- Solução externa (amostra)
- Eletrodo de vidro
- Eletrodo de referência 2

Fonte: Harvey, 2019, tradução nossa (A); e elaborado com base em Skoog et al., 2006 (B).

O potencial de interface, E_i, deve-se às contribuições dos potenciais estabelecidos em cada lado da membrana de vidro, em razão dos equilíbrios a seguir:

$$\underset{\text{Vidro 1}}{H^+ Vidro^-(s)} \rightleftarrows \underset{\text{Sol 1}}{H^+(aq)} + \underset{\text{Vidro 2}}{Vidro^-(s)}$$

$$\underset{\text{Vidro 1}}{H^+ Vidro^-(s)} \rightleftarrows \underset{\text{Sol 2}}{H^+(aq)} + \underset{\text{Vidro 2}}{Vidro^-(s)}$$

Essas duas reações tornam a superfície do vidro carregada negativamente em relação às soluções, as quais mantêm caráter positivo. Assim, forma-se uma diferença de potencial em cada interface (E_1 e E_2), dependente da posição de equilíbrio para cada uma das reações anteriores, que, por sua vez, estão diretamente associadas à concentração de íons H$^+$ de cada lado da membrana. Dessa forma, o valor de E_i é a diferença de potencial estabelecida entre E_1 e E_2 e determinado por:

$$E_i = E_1 - E_2 = 0{,}0592 \log \frac{a_1}{a_2}$$

Considerando a_1 como a atividade da solução do analito e a_2 como a atividade da solução interna, o valor de a_2 é constante em eletrodos de medição de pH e o E_i medido, nesses casos, deve-se apenas à concentração da solução externa (amostra).

Quando o eletrodo de vidro sensível à atividade de íons hidrogênio é colocado em contato com soluções básicas, observa-se uma medição de potencial incoerente, atribuída ao fato de que, sob essa condição, o eletrodo responde também à presença de cátions monovalentes, gerando o chamado *erro alcalino*.

A observação desse fato levou pesquisadores a realizar modificações na estrutura da membrana de vidro, permitindo o desenvolvimento de eletrodos sensíveis a outros cátions, como Na^+, K^+, NH_4^+, Ag^+ e Li^+.

Eletrodos de membrana líquida

A configuração desse tipo de eletrodo é bastante similar ao eletrodo de vidro. Trata-se de eletrodos seletivos, com capacidade para a determinação direta de íons polivalentes. Nesses casos, a diferença de potencial é estabelecida na interface entre a solução da amostra e um trocador iônico, o qual se liga seletivamente ao íon em estudo. Internamente, há o eletrodo de referência Ag/AgCl e a solução de concentração constante e conhecida do íon de interesse. É bastante comum a comercialização desses tipos de eletrodo para a determinação de íons cálcio e potássio, principalmente em análises fisiológicas.

Existem, ainda outros tipos menos comuns de eletrodo indicador, como o de **membrana cristalina**, que responde a modificações da atividade de ânions. Os **transistores de efeito de campo íons-seletivos** são dispositivos semicondutores construídos para operação em circuitos eletrônicos, mas que se mostraram sensíveis à presença de quantidades muito pequenas de impurezas e, então, passaram a ser explorados como eletrodos indicadores. Há também as **sondas sensíveis a gases**, que constituem uma célula galvânica em que a medição do potencial é associada à concentração da espécie gasosa dissolvida. Trata-se de um tipo de dispositivo bastante empregado em determinações de gases em análises de água.

A potenciometria apresenta duas principais vertentes: a potenciometria direta e a titulação potenciométrica. Na forma **direta**, o potencial medido é diretamente relacionando com a quantidade de analito presente do meio; na **titulação**, uma variação de potencial ou de pH pode ser relacionada de modo indireto com a concentração de espécies na solução.

Determinações **potenciométricas diretas** atualmente podem ser realizadas para qualquer espécie ionizável que tenha seu eletrodo indicador específico – anteriormente, a técnica somente era utilizada para medidas de pH em razão da existência de eletrodos específicos apenas para íons H^+. Um dos diferenciais da potenciometria direta, além de sua facilidade, é a possibilidade de realizar determinações mesmo em meios viscosos ou opacos. No entanto, ainda apresenta certo grau de imprecisão ante o potencial de junção líquida, afetado por variações de força iônica e de composição do meio.

As medidas de potenciometria direta são realizadas de modo relativamente simples. Usa-se como ferramenta a análise gráfica, considerando-se como variações na concentração do meio afetam as medidas de potencial. Nos casos em que a composição do meio possa ser reproduzida em laboratório, diferentes soluções com concentrações conhecidas do analito são preparadas e a curva analítica é construída, relacionando o potencial medido pelo eletrodo indicador e a respectiva concentração do analito. Na sequência, a determinação da concentração do analito na amostra é feita pela medição de seu potencial e pela comparação com a curva construída.

Nas ocasiões em que a reprodução do meio amostral não é possível, utiliza-se o método da adição de padrão. Neste, alíquotas de concentração conhecida do analito são adicionadas à amostra "real" e o potencial é medido antes do início das adições e após cada adição. Dessa forma, é construído um gráfico chamado de *curva de adição de padrão*, por meio do qual é possível calcular a quantidade de analito na amostra inicial. Nesses experimentos, é comum a incorporação de excesso de solução de eletrólito à solução contendo o analito, minimizando-se possíveis variações de força iônica, atividade do analito e potencial de junção.

Você deve se lembrar das titulações ácido-base que empregavam indicadores, nas quais o ponto de equivalência era estimado por meio da mudança de coloração. Nas **titulações potenciométricas**, a ideia é a mesma, com a diferença de que não são mais usados indicadores, mas variações de potencial elétrico, eliminando-se interferências ou impossibilidade de medida em razão de soluções coloridas ou turvas. Além disso, trata-se de uma técnica com maior nível de confiabilidade. Experimentalmente são realizadas adições da espécie titulante, cuja concentração é muito bem conhecida. Em seguida, registra-se a variação do potencial elétrico como resposta à mudança de composição do meio, que pode ser na forma de mV ou de pH, após a estabilização do valor no leitor eletrônico do equipamento. Logo após cada adição, pode ser feita agitação mecânica para auxiliar no transporte das espécies, mas tomando-se o cuidado para que o registro dos valores seja efetuado com o sistema em estado estacionário.

A identificação do ponto final da titulação pode ser acompanhada pela preparação simultânea ao experimento de um gráfico relacionando o potencial medido com o valor de volume adicionado, como mostrado no exemplo da Figura 5.15, em (A). Por meio desse gráfico, é possível identificar uma região em que um mesmo volume adicionado do titulante promoverá um incremento maior no valor de potencial, estando o ponto de equivalência contido nessa região. Essa é uma forma visual simples de identificar o momento de interromper o experimento. Posteriormente, o ponto de equivalência é determinado com mais exatidão, sendo realizada a derivada de primeira ordem ($\Delta E/\Delta V$) do gráfico mostrado em (A). *Softwares* de tratamento de dados fazem isso de maneira muito simples. Essa manipulação matemática fornecerá um novo gráfico, mostrado em (B) na Figura 5.15, relacionando o valor da derivada ao volume médio titulante, cujo perfil apresentará um ponto de inflexão, o qual indica o valor de volume do titulante utilizado. Como são conhecidas a sua concentração inicial e a reação que está ocorrendo no sistema, cálculos analíticos básicos são efetuados, chegando-se ao valor de concentração do analito em análise.

Figura 5.15 – Exemplos de gráficos obtidos durante uma titulação potenciométrica: (A) curva de titulação e (B) primeira derivada do gráfico

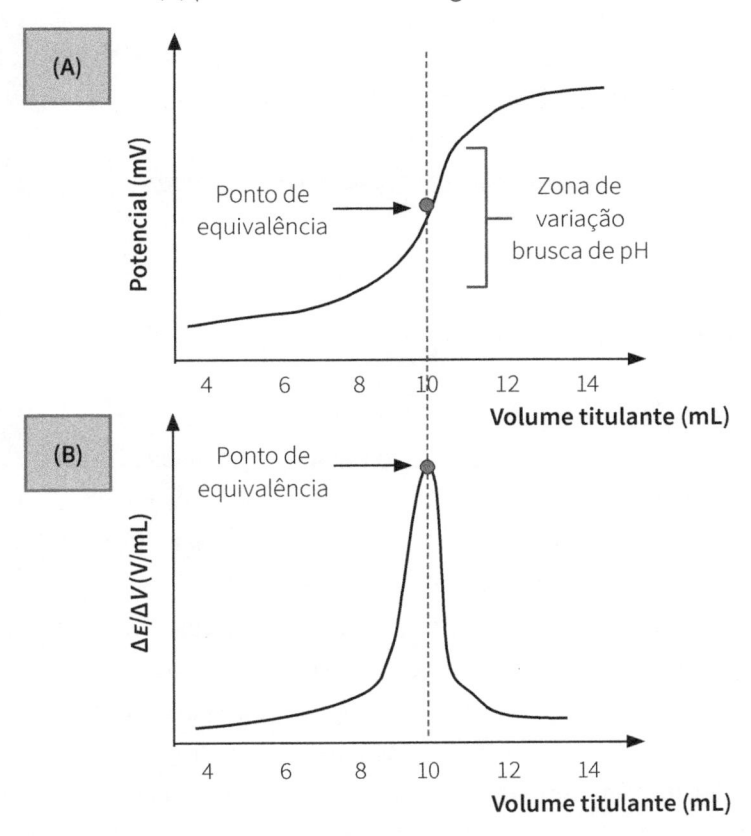

(A) Potencial (mV) — Ponto de equivalência — Zona de variação brusca de pH — Volume titulante (mL)

(B) ΔE/ΔV (V/mL) — Ponto de equivalência — Volume titulante (mL)

Fonte: Elaborado com base em Skoog et al., 2006.

Núcleo atômico

Essa abordagem funciona muito bem para sistemas com reação de eletrodo reversível e que ocorram em razão de analito/titulante igual a 1:1. Em sistemas que não respeitem essas condições, a curva de titulação não será simétrica e os resultados terão um erro associado.

Ambas as formas de realizar a análise potenciométrica têm capacidade de serem automatizadas, o que as torna ainda mais acessíveis para amplas aplicações.

Síntese química

Neste capítulo, estendemos a abordagem para o campo da eletroquímica analítica, que, basicamente, trata de análises qualitativas e quantitativas de sistemas redox. Apresentamos a definição de **interface** como o plano que delimita a fronteira entre duas fases, sendo nessa região que ocorre a maioria dos processos eletroquímicos estudados. Para que tais reações se estabeleçam na interface, é essencial a ocorrência de uma sequência de etapas: processos de transferência de massa, processos químicos homogêneos ou heterogêneos e a transferência de carga. A etapa de **transferência de massa**, geralmente, ocorre por **difusão**, impulsionada por um gradiente de concentração. Em sistemas eletroquímicos, na maioria dos casos, é favorecida apenas a difusão, realizando-se os experimentos em repouso e usando-se eletrólito de suporte para minimizar os efeitos convectivos e migratórios, respectivamente. Os **processos químicos na interface** são a forma de interação entre a espécie eletroativa e o eletrodo. Já a etapa de **transferência de carga** envolve a movimentação de elétrons nessa interface.

Em procedimentos que necessitam de medidas mais precisas, seja de potencial, seja de corrente, costuma-se usar a **célula de três eletrodos**, composta pelo **eletrodo de trabalho**, em que se processa a reação de interesse, o **eletrodo de referência**, que tem a função de medir a variação de potencial em relação ao de trabalho, e o **eletrodo auxiliar**, cujo papel é estabelecer o circuito de passagem dos elétrons em conjunto com o eletrodo de trabalho.

As **técnicas voltamétricas** são utilizadas para estudar diversos sistemas, mediante a relação entre a resposta de corrente elétrica gerada e a aplicação de perturbação elétrica sutil. Esses experimentos podem ser realizados utilizando-se eletrodos de trabalho sólidos ou eletrodos de mercúrio, sendo que os resultados gráficos obtidos nos testes são chamados **voltamogramas** e **polarogramas**, respectivamente.

Nas **técnicas eletroanalíticas**, a medida de corrente elétrica obtida através da perturbação da condição de equilíbrio do sistema é utilizada para a correlação com propriedades do próprio sistema ou das espécies químicas envolvidas. Diferentes técnicas foram desenvolvidas, como as de pulso, as amperométricas e as variações das técnicas voltamétricas e polarográficas. Por fim, utilizando-se métodos potenciométricos, foi possível o desenvolvimento de **eletrodos indicadores**, que permitem a identificação de modificações na composição do sistema, em razão de sua variação de potencial elétrico, como os eletrodos indicadores de pH. Os eletrodos indicadores são empregados em **titulações potenciométricas**, permitindo a determinação de espécies mesmo em sistemas coloridos e turvos, pois não há mais a necessidade de identificação de variações de cor.

Figura 5.16 – Principais conceitos abordados no Capítulo 5

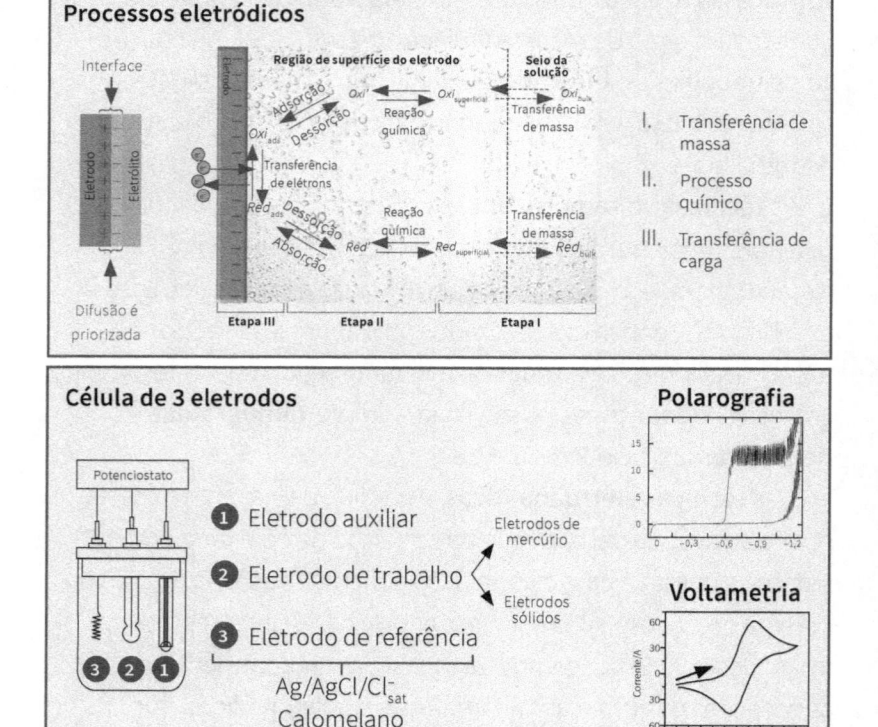

Potenciometria direta: eletrodos indicadores específicos (pH, pCl, pNa, pAg)
Curva analítica, curva de adição de padrão

Titulação potenciométrica

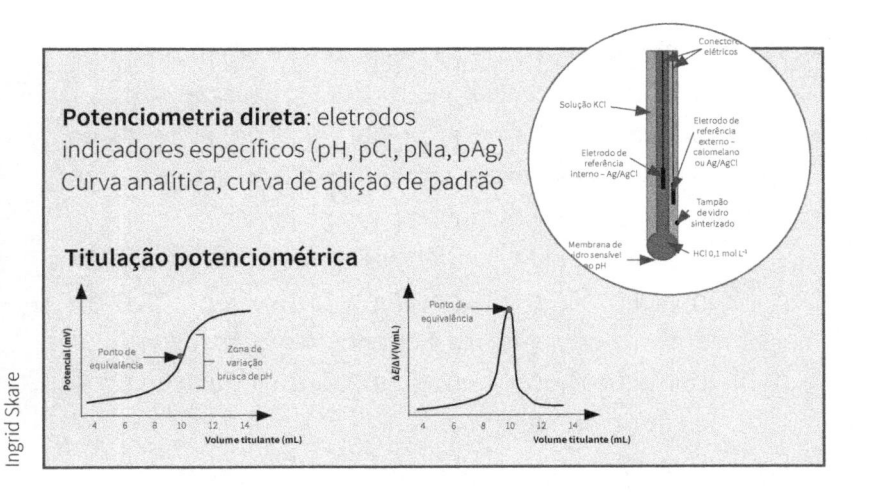

Prática laboratorial

1. Com base nos conceitos estudados ao longo deste capítulo, indique se as afirmativas a seguir são verdadeiras (V) ou falsas (F):
    I. ( ) A concentração de íons no *bulk* é maior do que a concentração na camada difusa, que, por sua vez, mantém maior concentração de íons do que na camada de Stern.
    II. ( ) A movimentação causada pela transferência de espécies *Red* (que acabaram de ser convertidas na superfície do eletrodo) para o *bulk* (em que [*Red*] = 0) é chamada *convecção*.
    III. ( ) Em uma reação eletródica, a troca de elétrons ocorre no limite entre a camada de Stern e a camada difusa.

IV. ( ) Assumindo-se que a reação $Ni^{2+} + 2e^- \rightarrow Ni$ ($E^0 = -0,23$ V) ocorre na superfície do eletrodo, se o potenciostato aplicar um potencial igual a $-0,23$ V, a reação não ocorrerá. Conforme a varredura alcança valores mais negativos e supera o sobrepotencial do sistema, então é observado aumento de corrente faradaica, caracterizando a ocorrência da reação de redução do níquel.

V. ( ) Em uma célula de três eletrodos, a reação de oxirredução ocorre entre o eletrodo de trabalho e o eletrodo de referência.

Agora, assinale a alternativa que corresponde corretamente à sequência obtida:
a) V, V, F, F, V.
b) F, V, F, V, F.
c) F, F, F, F, F.
d) F, F, F, V, F.
e) F, V, F, V, V.

2. Sobre os eletrodos e suas reações, analise as seguintes afirmativas:
   I. Um processo de transporte de massa eficiente e uma taxa rápida de troca de elétrons entre eletrodo e solução são fundamentais para evitar o fenômeno da polarização.
   II. O sobrepotencial é um potencial "adicional" para superar efeitos de polarização e de resistência dos eletrodos à passagem de corrente elétrica.
   III. Um potenciostato é construído de maneira que permita a passagem de corrente elétrica apenas entre o eletrodo de

trabalho e o eletrodo auxiliar. Isso é feito pelo aumento da resistência elétrica do eletrodo de referência.

IV. Eletrodos de trabalho são construídos por meio de metais inertes, como Au e Pt, para catalisar as reações redox de interesse.

V. Com o desenvolvimento dos eletrodos de referência secundários, o eletrodo-padrão de hidrogênio não tem mais aplicabilidade, estando em desuso.

Agora, assinale a alternativa correta:

a) Apenas as afirmativas IV e V estão corretas.
b) Apenas as afirmativas I, II e V estão corretas.
c) Apenas as afirmativas I, III e V estão corretas.
d) Apenas as afirmativas I, II e III estão corretas.
e) Apenas as afirmativas I, II, III e IV estão corretas.

3. Considerando os conceitos estudados sobre polarografia e voltametria, indique se as afirmativas são verdadeiras (V) ou falsas (F):

I. ( ) As técnicas voltamétricas e polarográficas investigam processos redox mediante a medição de uma resposta de corrente em função de um potencial aplicado.

II. ( ) A corrente residual em um voltamograma pode ser atribuída à formação da dupla camada elétrica interface eletrodo-solução.

III. ( ) A corrente faradaica se deve aos processos de migração.

IV. ( ) O tamanho da gota de mercúrio em eletrodos gotejantes ou de gota pendente não é importante.

v. ( ) A capacidade de renovação da superfície da gota, evitando-se problemas de envenenamento, a ampla faixa de potenciais de funcionamento e a capacidade de poder ser reutilizado são algumas vantagens que favorecem o uso de eletrodos de mercúrio, mesmo sendo um metal tóxico.

Agora, assinale a alternativa que corresponde corretamente à sequência obtida:
a) V, V, F, F, F.
b) V, V, V, F, V.
c) F, V, F, V, V.
d) V, F, F, V, V.
e) V, V, F, F, V.

4. Sobre as diferentes técnicas voltamétricas, assinale a alternativa correta:
   a) A varredura de potencial de forma linear fornece um gráfico de corrente *vs.* potencial com duas ondas voltamétricas, uma catódica e outra anódica.
   b) As técnicas de pulso foram desenvolvidas para a obtenção de resultados mais sensíveis e com limites de detecção mais baixos, por meio da minimização da contribuição da corrente faradaica.
   c) Na amperometria, a varredura de potencial é feita de forma linear.
   d) Sensores amperométricos são dispositivos capazes de traduzir a informação química e transformá-la em um valor de potencial.
   e) Na voltametria de pulso diferencial, a corrente é amostrada antes e ao fim do experimento.

5. Sobre os métodos potenciométricos, indique se as afirmativas são verdadeiras (V) ou falsas (F).
   I.   ( ) Medidas de pH envolvem, necessariamente, uma reação de oxirredução.
   II. ( ) O potencial de junção líquida se estabelece na interface eletrodo-eletrólito.
   III. ( ) A medida feita pelo pHmetro é a diferença de potencial entre os dois lados da membrana de vidro do eletrodo indicador.
   IV. ( ) Um equilíbrio químico dinâmico se estabelece nas interfaces da membrana de vidro, sendo alterado a qualquer instante por modificações de concentração tanto da solução externa como da interna.
   V.   ( ) Na titulação potenciométrica, o ponto de equivalência é encontrado quando as sucessivas adições do titulante promovem um incremento muito pequeno no valor de potencial, ou seja, é registrado no fim da curva sigmoidal da titulação.

   Agora, assinale a alternativa que corresponde corretamente à sequência obtida:
   a) F, V, F, F, V.
   b) V, F, F, V, V.
   c) F, F, F, V, V.
   d) V, F, F, F, V.
   e) F, V, F, V, V.

Análises químicas

Estudos de interações

1. Agora que você conhece como funciona um sensor químico, como no caso dos sensores de glicose, identifique outro tipo de dispositivo que também atue como um sensor. Se encontrar dificuldades, faça uma busca na internet. Descreva brevemente o funcionamento do dispositivo escolhido.

2. Com base em seus conhecimentos em química, reflita sobre as principais diferenças entre os indicadores ácido-base e os eletrodos indicadores.

Sob o microscópio

1. Neste capítulo, você conheceu diversas técnicas eletroanalíticas. Elas são muito utilizadas em indústrias e laboratórios. A variedade de opções e abordagens está relacionada à extensa possibilidade de aplicações, sendo que cada uma delas tem seus pontos fortes. Para consolidar o conhecimento sobre as diferentes técnicas apresentadas, elabore um plano de aula, organizando seu conhecimento e considerando que você vai usá-lo para explicar esses conteúdos para outra pessoa ou para ministrar uma aula.

Capítulo 6

Eletroquímica na prática industrial

Início do experimento

A aplicação da eletroquímica nas indústrias vai muito além do desenvolvimento e produção de pilhas e baterias e está presente em vários segmentos, como na obtenção eletrolítica de metais, nas tecnologias de tratamento de superfície, na proteção contra a corrosão, no tratamento de efluentes e na geração de energia e de substâncias químicas.

Neste capítulo, vamos tratar de alguns desses processos, ampliando nossa abordagem para que você, leitor, possa identificar, de fato, a eletroquímica como uma tecnologia de grande potencial, não apenas por suas inúmeras aplicações, mas também pelo fato de estar em pleno desenvolvimento, principalmente nas áreas de geração de energia e de tratamento de efluentes, necessidades emergenciais na sociedade atual.

6.1 Processos eletroquímicos industriais

Inicialmente, vamos apresentar alguns processos eletroquímicos explorados pela área industrial, entre eles a eletrólise da água para produção de hidrogênio, a produção cloro-álcali e a eletrometalurgia.

6.1.1 Eletrólise da água para produção de hidrogênio

O gás hidrogênio tem potencialidade para assumir um papel de importância na matriz energética mundial, contudo ainda encontra limitações quanto à sua produção e ao seu armazenamento. Uma rota simples para a obtenção em sua forma pura é a eletrólise da água, um processo que apresenta bom rendimento e não emite CO_2, porém consome energia elétrica, o que aumenta seu custo.

Esse processo consiste na dissociação da molécula de água, em gases hidrogênio e oxigênio, por meio da passagem de corrente elétrica entre dois eletrodos metálicos imersos em um eletrólito contendo sais, pois a água pura não é boa condutora elétrica por manter uma constante de ionização muito baixa, como ilustrado na Figura 6.1, em (A). O hidrogênio é gerado no cátodo e o oxigênio no ânodo, conforme as reações mostradas na imagem.

Receptores são utilizados para a coleta dos gases, os quais, conforme o arranjo da célula eletroquímica, podem ir ao mesmo compartimento, desde que uma membrana ou separador os mantenha isolados. A Figura 6.2, em (B), ilustra um experimento em escala laboratorial. Na parte inferior, estão as semirreações e reação global envolvidas no processo.

Figura 6.1 – Processo de eletrólise da água e experimento de eletrólise da água em escala laboratorial

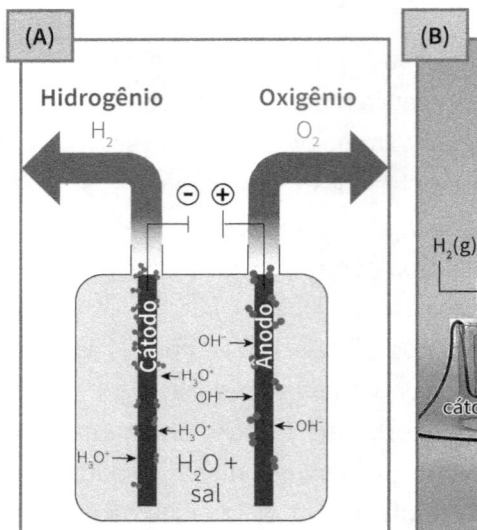

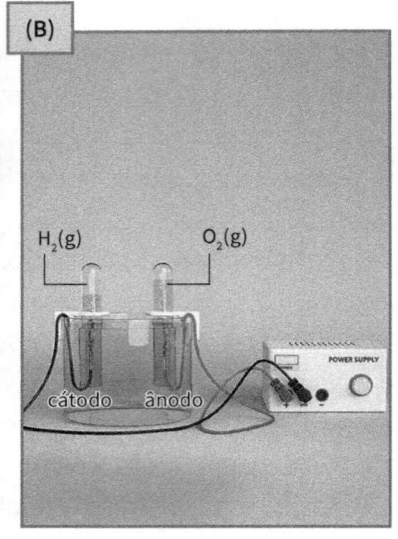

Cátodo: $2H^+(aq) + 2e^- \rightarrow H_2(g)$ $E^0 = 0\,V$
Ânodo: $2H_2O(l) \rightarrow O_2(g) + 4H^+ + 4e^-$ $E^0 = 1,23\,V$
Reação global: $2H_2O(l) \rightarrow 2H_2(g) + O_2(g)$ $E^0 = -1,23\,V$

Núcleo atômico

Na Seção 5.1, tratamos dos fenômenos de transporte de massa. Nesse contexto, vale relembrar que a migração se deve aos efeitos eletrostáticos entre as espécies carregadas. Já a difusão ocorre em razão do gradiente de concentração.

O potencial-padrão da reação é de −1,23 V; no entanto, para que esta ocorra efetivamente, é necessária a aplicação de um sobrepotencial de cerca de +0,5 V, para superar os valores de resistência do sistema, principalmente a barreira energética de formação dos gases na superfície do eletrodo. A reação pode ocorrer tanto em meio ácido como em meio alcalino. Este último é mais utilizado em aplicações industriais pelo fato de que a corrosão dos eletrodos pode ser mais bem controlada e os materiais utilizados são de menor custo, quando comparados com a aparelhagem da eletrólise ácida. Os eletrodos precisam ser resistentes à corrosão, ter boa condutividade elétrica e propriedade catalítica, sendo utilizados, geralmente, metais nobres, como a platina ou as ligas de níquel, cobalto e ferro. O eletrólito não pode modificar-se durante a reação nem reagir com os eletrodos. Em razão da estequiometria de reação, é gerado o dobro de gás hidrogênio em comparação com o gás oxigênio.

6.1.2 Produção cloro-álcali

A obtenção de gás cloro (Cl_2) e hidróxido de sódio (NaOH) pode ser feita simultaneamente por meio da eletrólise aquosa de cloreto de sódio (NaCl). Esses dois compostos e seus derivados são utilizados extensamente para a fabricação de diversos produtos, sendo fundamentais na indústria de papel e celulose, de alumínio, em siderúrgicas, de produtos de higiene e limpeza e em diversas outras. O NaOH, chamado popularmente de *soda cáustica*, é uma das dez substâncias químicas mais produzidas na indústria. Durante a eletrólise, a água sofre redução no cátodo, formando gás hidrogênio e íons OH^-, ao mesmo tempo que os íons

Cl são oxidados no ânodo, gerando gás cloro e íons Na⁺, conforme as reações mostradas na parte inferior da Figura 6.2.

Três tecnologias podem ser empregadas no processo cloro-álcali: as células de diafragma, de membrana e de mercúrio. Na **célula de diafragma**, a cuba eletrolítica é dividida em dois compartimentos por um separador metálico perfurado, o diafragma, preenchido com amianto crisotila ou resina polimérica, que permite a movimentação de íons por migração, minimizando o transporte por difusão. Assim, o compartimento anódico é preenchido com solução de NaCl aquoso (as espécies estão dissociadas, portanto estão sob a forma de Na⁺ e Cl⁻) e o compartimento catódico é preenchido com água. Por meio de aplicação de potencial externo, os íons Cl⁻ são oxidados no ânodo, gerando gás cloro (Cl_2), e, no cátodo, são produzidos gás hidrogênio (H_2) e íons OH⁻. Como o diafragma é seletivo em relação aos íons Na⁺, há a passagem destes do compartimento anódico para o catódico, e a passagem de íons Cl⁻ e OH⁻ entre as câmaras da célula é dificultada. Logo, os íons Na⁺ e OH⁻ combinam-se, gerando a soda cáustica, que é escoada da célula.

Há a necessidade de um separador entre os compartimentos para evitar reações secundárias, como a formação do hipoclorito de sódio (NaClO).

Esse é um dos processos mais utilizados para a produção de NaOH, mesmo tendo como condição o uso de matérias-primas de alta pureza e substituição frequente do diafragma, em razão de entupimento (Fernandes; Glória; Guimarães, 2009). Segundo informações da Associação Brasileira da Indústria de Álcalis, Cloro e Derivados (Abiclor, 2020), por meio desse processo, a cada tonelada de Cl_2 produzida, é gerada 1,1 tonelada de NaOH.

Para reações em **células de membrana**, o procedimento é o mesmo, exceto pelo separador, que passa a ser uma membrana sintética seletiva recoberta com filmes de ácidos perfluorocarboxílico e perfluorossulfônico localizada entre os eletrodos, permitindo a passagem apenas de espécies Na^+, o que garante maior pureza do NaOH gerado. O ânodo, normalmente, é de titânio recoberto com material catalítico, platina ou rutênio, e o cátodo, de níquel. A Figura 6.2 ilustra esse tipo de célula. Esse processo é o mais novo e moderno em relação aos outros dois citados e tem a vantagem de não ser poluente (Oliveira et al., 2018).

Figura 6.2 – Célula de membrana para a eletrólise aquosa de NaCl para a geração de NaOH e Cl_2

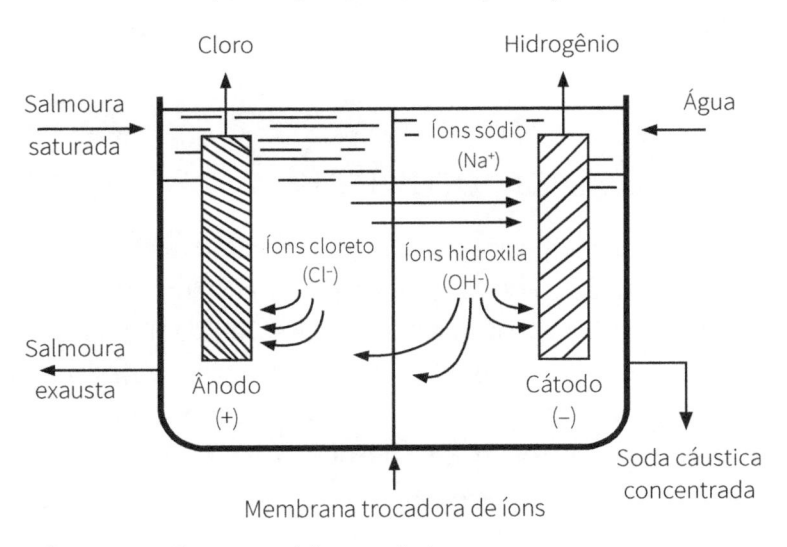

Cátodo: $2H_2O(l) + 2e^- \rightarrow H_2(g) + 2OH^-(aq)$
Ânodo: $2NaCl(aq) \rightarrow Cl_2(g) + 2Na^+(aq) + 2e^-$
Reação global: $2H_2O(l) + 2NaCl(aq) \rightarrow H_2(g) + Cl_2(g) + 2NaOH(aq)$

Fonte: Oliveira et al., 2018, p. 55.

As **células de mercúrio** foram as pioneiras para essa aplicação e vêm sendo gradativamente substituídas pelas de membrana, em razão da toxicidade do mercúrio, que pode ser perdido em pequenas quantidades durante o processo. Cerca de 35% da produção mundial de cloro ainda é feita por esse método. Para a reação, são usados um ânodo de titânio recoberto com platina e um cátodo de mercúrio, que é depositado no fundo da célula e forma um amálgama de sódio, o qual reage com a água, gerando NaOH e H_2. Entre as vantagens estão a geração de produtos de boa qualidade e a não exigência de reagentes de alta pureza; contudo, o consumo de alta quantidade de energia elétrica é uma desvantagem (Fernandes; Glória; Guimarães, 2009).

No Brasil, as células de diafragma são dominantes no mercado, correspondendo a cerca de 63%, seguidas da tecnologia de membrana, que ocupa 23%, e, por último, das células de mercúrio, com 14% (Abiclor, 2020).

6.1.3 Eletrometalurgia

A eletrometalurgia, técnica amplamente utilizada para recuperar ou refinar metais, usa como matérias-primas minérios brutos ou amostras impuras. É aplicada em larga escala nas produções de alumínio, cobre, magnésio, níquel e zinco e na recuperação de ouro e prata. Os processos eletrometalúrgicos podem ser executados por **eletroextração**, em que é feita a recuperação de espécies metálicas por meio da deposição do metal de interesse sobre o cátodo da célula, ou por **eletrorrefinação**, processo em que a reação redox é realizada no sentido de dissolver um ânodo metálico impuro por meio de sua oxidação e sua consequente redução no outro eletrodo, gerando um cátodo de alta pureza.

O **cobre** é encontrado naturalmente associado com enxofre (Cu_2S). Mantendo de 1% a 5% de cobre apenas, essa matéria-prima passa por diferentes etapas de purificação até ser moldado um ânodo com pureza de 99,5%. Em seguida, o ânodo impuro é submetido à eletrólise em solução aquosa ácida, sendo oxidado e, sequencialmente, depositado sobre o cátodo com pureza de 99,99%, sob a forma desejada (fios, barras, chapas etc.). As impurezas insolúveis desse eletrólito se depositam no fundo da célula, constituindo a lama anódica, a qual é tratada para a recuperação de outros metais, podendo conter inclusive metais preciosos. Peças de cobre são 100% recicláveis.

A Figura 6.3 ilustra, em (A), a célula eletrolítica, indicando o processo de purificação do cobre; em (B), cátodos de cobre na forma de chapas; e, em (C), cátodos de cobre que foram moldados para as aplicações requeridas.

Figura 6.3 – Processo eletroquímico industrial de purificação do cobre

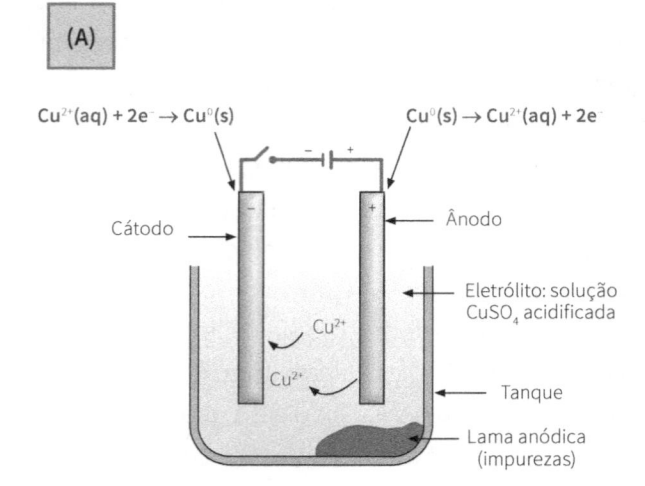

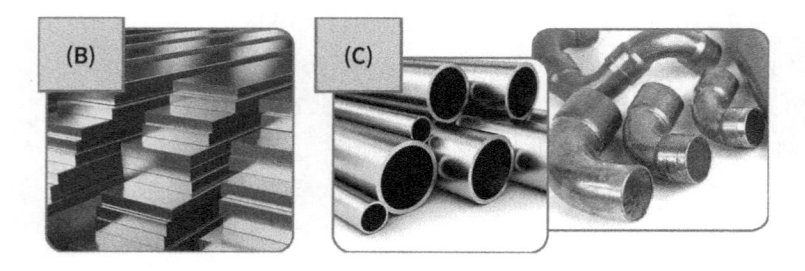

(A)

$Cu^{2+}(aq) + 2e^- \rightarrow Cu^0(s)$ $Cu^0(s) \rightarrow Cu^{2+}(aq) + 2e^-$

Cátodo

Ânodo

Eletrólito: solução $CuSO_4$ acidificada

Tanque

Lama anódica (impurezas)

(B)

(C)

SimoneN, 3dfoto, servantes/Shutterstock

Fonte: Narayan, 2018 (A).

O **alumínio** é um dos metais mais utilizados na indústria atualmente, em razão de sua leveza, de sua capacidade de formar ligas metálicas e de sua abundância terrestre. Segundo dados do Associação Brasileira do Alumínio (Abal), em 2017, o Brasil foi o 3º maior produtor mundial de alumina (Al_2O_3), gerando um faturamento equivalente a 1% do PIB nacional (Abal, 2020b). O alumínio é extraído pela mineração de bauxita, uma rocha constituída por diferentes óxidos de alumínio e outros metais e minerais argilosos. A bauxita é tratada, obtendo-se o alumínio associado ao oxigênio, sob a forma de alumina (Al_2O_3). A separação desse composto é feita pela redução eletrolítica do alumínio por meio da eletrólise ígnea, método conhecido como Hall-Héroult. Nesse processo, a alumina é dissolvida em criolita (Na_3AlF_6), fundida em altas temperaturas, cerca de 1 000 °C, e os eletrodos utilizados são de carbono. Na reação, os íons Al^{3+} migram para o cátodo, sendo reduzidos a alumínio metálico e precipitando no fundo da cuba, enquanto íons oxigênio (O^{2-}) são oxidados no ânodo de carbono, que também é consumido no processo, gerando gás carbônico (CO_2). O alumínio metálico em estado líquido, em virtude da alta temperatura, é escoado da cuba e fundido em lingotes, placas ou tarugos. Nesse processo, cerca de duas toneladas de alumina são necessárias para a geração de uma tonelada de alumínio.

Uma representação simplificada da cuba pode ser verificada na Figura 6.4. As reações químicas da dissolução da alumina em criolita, as semirreações que ocorrem no cátodo e no ânodo de carbono e a reação redox global para o processo eletrolítico também são apresentadas a seguir.

Figura 6.4 – Representação da redução eletrolítica do alumínio (processo Hall-Héroult)

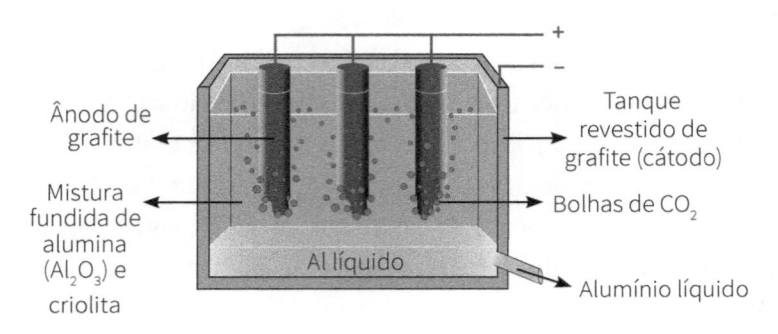

[Figura: célula eletrolítica com Ânodo de grafite, Mistura fundida de alumina (Al_2O_3) e criolita, Tanque revestido de grafite (cátodo), Bolhas de CO_2, Al líquido, Alumínio líquido]

Dissolução da alumina: $2Al_2O_3(l) \rightarrow 4Al^{3+}(l) + 6O^{2-}(l)$

Cátodo: $4Al^{3+}(l) + 12e^- \rightarrow 4Al^0(l)$

Ânodo: $6O^{2-}(l) \rightarrow 3O_2(g) + 12e^-$
$3O_2(g) + 3C(s) \rightarrow 3CO_2(g)$

Reação global: $2Al_2O_3(l) + 3C(s) \rightarrow 4Al^0(l) + 3CO_2(g)$

Fonte: Averill; Eldredge, 2012.

Os eletrodos devem ser mantidos limpos e preparados em geometrias que maximizem a área de contato, visando ao aumento do rendimento dos processos químicos. A etapa de redução dos íons sobre o cátodo é conhecida como *deposição* e será mais bem detalhada em seções posteriores.

Há outros procedimentos que fazem parte da área da eletrometalurgia, mas sempre seguindo os mesmos conceitos de eletrólise, assim como existem diversos outros metais que podem ser obtidos e purificados por meio dos procedimentos aqui citados.

Nas próximas seções, vamos examinar três diferentes abordagens eletroquímicas para o tratamento de superfícies: passivação, eletrodeposição e técnicas de controle de corrosão.

6.2 Passivação

Conhecemos a ferrugem, fenômeno natural de formação do óxido metálico na superfície do ferro quando em contato com o oxigênio e a umidade do ar, sendo este um processo causador da deterioração da peça. Um fenômeno semelhante ocorre com outros metais, como o alumínio, o zinco, o titânio, o magnésio, o nióbio e o tungstênio, com o diferencial de que, nesses casos, a formação da camada do respectivo óxido é benéfica, podendo ser adequadamente manipulada, a fim de proporcionar a proteção contra corrosão e o desgaste e a preparação da superfície para receber outros tratamentos e acabamento estético. A esse processo é dado o nome de **anodização**, um tipo de passivação eletrolítica.

A **passivação** é um método de tratamento de superfícies que visa à utilização de um agente oxidante, como o oxigênio do ar, para formar uma película de proteção com o próprio metal. Empregada industrialmente, a anodização ocorre pelo espessamento da camada de óxido metálico na peça, a qual está conectada ao ânodo e não mais ao cátodo, como na eletrodeposição. Os metais capazes de passar por esse processo têm como característica a reação imediata com o oxigênio. Naturalmente sua superfície sempre está coberta com uma camada fina de seu próprio óxido, com cerca de 2 a 3 nm, a qual age como uma barreira à própria continuidade da reação de oxidação, estabilizando e protegendo a superfície.

A camada de óxido formada espontaneamente tem caráter isolante. Dessa forma, o processo industrial de anodização é iniciado com a aplicação de uma densidade de corrente adicional para superar a barreira energética imposta pela capacidade de isolamento da camada natural de óxido. Vencida essa etapa, ânions oxigênio movem-se por meio da camada de óxido até atingirem a interface óxido/metal, na qual se forma o óxido. Os cátions alumínio também migram por essa camada, alcançando a interface óxido/eletrólito aquoso, momento em que reagem com moléculas de água e geram o óxido metálico desse lado também.

Como esse procedimento promove o crescimento do depósito de dentro para fora, este tem a característica de ser bastante uniforme e resistente a rachaduras, arranhões e outros processos abrasivos. O processamento envolve etapas de pré-tratamento de superfície e pós-tratamento, similares às realizadas na eletrodeposição, incluindo etapas para inserção de corantes e selagem dos poros, de modo a garantir a qualidade e a resistência.

A espessura das camadas de óxido depende da densidade de corrente utilizada. Normalmente, são 300 a 500 vezes mais espessas do que as camadas de óxido natural, sendo muito mais aderentes em comparação a procedimentos de chapeamento ou pintura. A melhor aderência é responsável pela característica de alta durabilidade e, por isso, a anodização serve como base para processos de tingimento e coloração de peças.

A anodização em que se utilizam óxidos de titânio tem encontrado aplicação recente em implantes dentários, como indicado na Figura 6.5, em (A), mas já é bem consolidada na confecção de peças coloridas, pois diferentes cores podem ser obtidas, dependendo da espessura da camada de óxido, a qual é determinada pela densidade de corrente aplicada. Na Figura 6.5, em (B), observamos uma sequência de bastões revestidos por anodização de titânio e suas respectivas cores. A anodização com óxidos de nióbio também apresenta diversidade de cores conforme a espessura do depósito.

A anodização do alumínio é a mais tradicional, ocorrendo de duas maneiras principais. Uma delas, comum a todos os metais anodizáveis, acontece como descrito anteriormente. A outra, específica para o alumínio, promove o crescimento de uma barreira porosa de óxido, cuja característica consiste em ser muito mais espessa do que as camadas formadas pelo método tradicional. Para isso, são utilizados, como solução de eletrólito, banhos ácidos, normalmente ácido sulfúrico, o qual simultaneamente promove a deposição do óxido e o solubiliza. A coexistência desses dois processos gera a camada porosa.

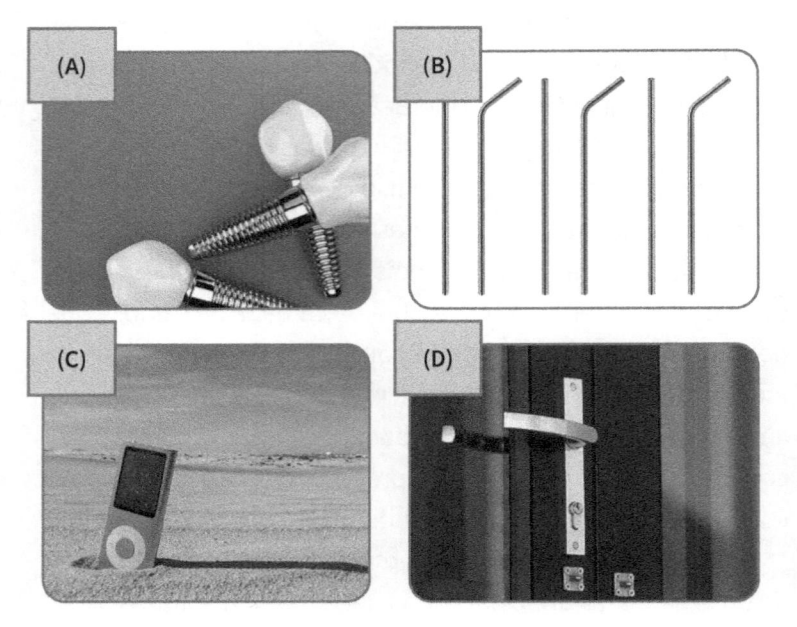

Figura 6.5 – Aplicações de peças anodizadas

(A) (B) (C) (D)

Talaj, MicroOne, iSpyVenus e underworld/Shutterstock

Uma das vantagens dos métodos de anodização é a possibilidade de a própria camada já apresentar coloração. Para o alumínio, corantes podem ser adicionados à solução de eletrólito antes da etapa de selagem, ocupando os poros e formando o filme já tingido. Diversos equipamentos eletrônicos têm sua carcaça externa colorida preparada por meio desse método, como mostrado na Figura 6.5, em (C). Tal método também é aplicado a utensílios de cozinha e banheiro, ferramentas, entre outros objetos, como a maçaneta, em (D), na Figura 6.5.

A passivação é importante quando se trata de aço inox, pois é um processo que ocorre de modo espontâneo na superfície de peças com essa composição. O aço inox, um tipo de aço formado por 10,5% de cromo, no mínimo, foi desenvolvido para apresentar resistência à corrosão, de maneira que, ao reagir com o oxigênio atmosférico, gere uma camada passiva instantaneamente, constituída por oxi-hidróxidos estáveis pela combinação de oxigênio e cromo, espécies que apresentam uma alta afinidade química. Uma representação simplificada desse processo consta na Figura 6.6, em (A). Assim como na anodização, essa camada tem caráter isolante, limitando o estabelecimento de um circuito de corrosão (Courgartron, 2015; Walter, 2020).

Sendo extremamente fina, com espessura de cerca de 1,5 a 2,5 nm, a camada de passivação é estável, resistente e estende-se por toda a peça, apresentando o efeito de autorregeneração. Esse processo nada mais é do que a formação da camada de passivação de modo instantâneo mediante a danificação física. Na Figura 6.6, em (B), há uma sequência de ilustrações que representam (1) o aço inox em ambiente oxidante normal, em que a camada de passivação já existe, (2) a danificação, momento em que a superfície do aço fica exposta à atmosfera, e (3) a consequente restituição da camada de passivação, prontamente recuperada por meio da reação entre o cromo e o oxigênio (Courgartron, 2015).

Figura 6.6 – Representação do processo de passivação do aço inoxidável (A) e do processo de autorregeneração da camada de passivação (B)

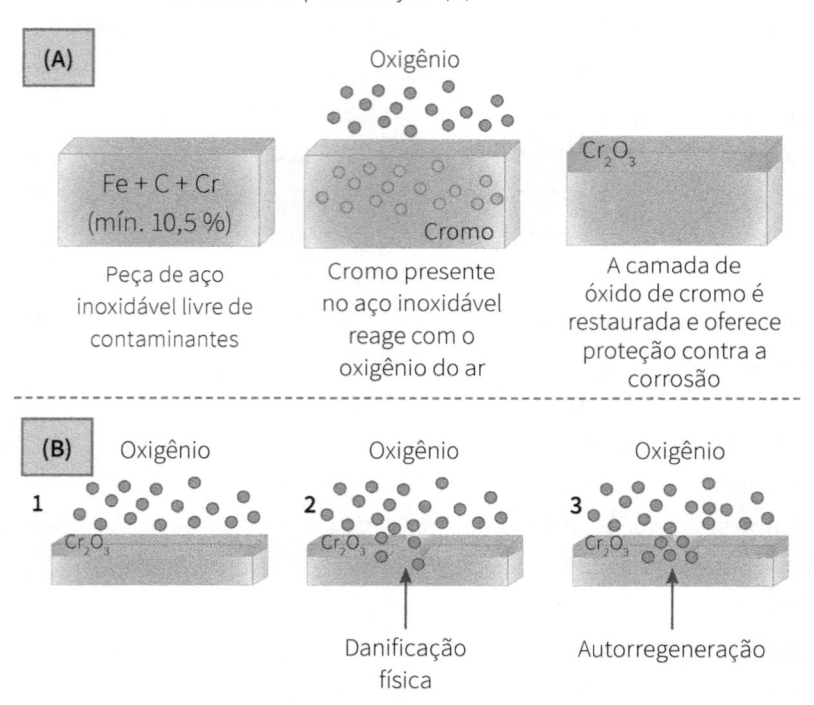

(A)

Fe + C + Cr (mín. 10,5 %)

Oxigênio

Cromo

Cr_2O_3

Peça de aço inoxidável livre de contaminantes

Cromo presente no aço inoxidável reage com o oxigênio do ar

A camada de óxido de cromo é restaurada e oferece proteção contra a corrosão

(B)

1. Oxigênio — Cr_2O_3
2. Oxigênio — Cr_2O_3 — Danificação física
3. Oxigênio — Cr_2O_3 — Autorregeneração

Fonte: Elaborado com base em Courgartron, 2015; Walter, 2020.

O aço inox ainda apresenta as vantagens de ser invisível a olho nu (incolor), não se desprender da superfície e não ser poroso bloqueando, assim, o contato entre a peça e o meio oxidante (Abinox, 2020).

A resistência da camada passiva à corrosão está vinculada às condições de superfície e à quantidade de cromo na liga metálica. Outra questão relevante é o acabamento da superfície; se mantida livre de rugosidades, imperfeições e contaminantes, a resistência do aço inox à corrosão é melhorada (Walter, 2020).

6.3 Eletrodeposição

Vamos iniciar esta seção pedindo que você observe a Figura 6.7 e procure identificar o que as oito imagens têm em comum.

Figura 6.7 – Objetos diversos que mantêm uma característica em comum

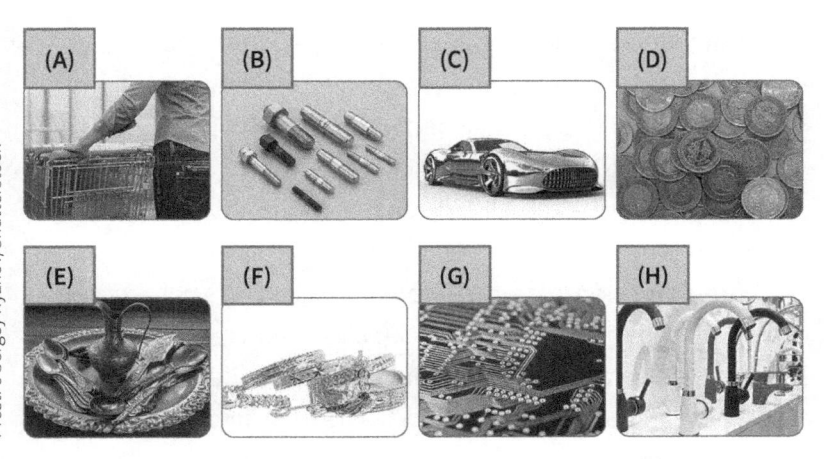

Kzenon, Prabhjit S. Kalsi, Dimitris Leonidas, Sefa Osman KUCUK, PavelStock, teena137, Dario Lo Presti e Sergey Ryzhov/Shutterstock

Os procedimentos de tratamento superficial são um conjunto de técnicas aplicadas à superfície de objetos, condutores ou não, por meio de revestimentos metálicos, com os objetivos de melhorar aspectos de resistência à corrosão, aumentar a durabilidade e a resistência, tornar a peça condutora e, ainda, melhorá-la esteticamente.

Os revestimentos metálicos são formados por deposição metálica, por meio da eletrólise em solução aquosa, contendo íons da espécie de interesse, conforme a equação geral de redução (Equação 6.1).

Equação 6.1

$$M^+(aq) + ne^- \to M^0(s)$$

Como vimos no Capítulo 1, quando os elétrons recebidos pelo íon forem suficientes para que sua valência alcance valor zero, dizemos que houve redução à sua forma metálica e consequente deposição sobre algum substrato; nessa ocasião, o substrato será a peça a ser revestida.

A **eletrodeposição**, ou galvanoplastia, é o nome dado a esse método de proteção de superfície, extensamente utilizado na indústria, capaz de formar camadas protetivas por meio de diversos metais, como níquel, cobre, ouro, prata, cromo e zinco. Para manter a qualidade dos revestimentos, etapas de pré-tratamento e pós-tratamento complementam o processo.

O **pré-tratamento** é a preparação da superfície para receber o filme eletrodepositado; sua função é garantir a uniformidade, a boa aparência e a aderência. Para isso, a peça deve estar totalmente limpa, isenta de partículas de pó e gordura, e ser superficialmente homogênea, sem falhas, trincas, manchas ou porosidades. Essa etapa inicial pode ser feita mecânica e/ou quimicamente. O pré-tratamento mecânico envolve processos de jateamento, esmerilhamento, polimento ou preparação manual (para objetos delicados ou com geometrias de difícil alcance), visando-se excluir arestas salientes, rugosidades, sulcos, entre outras imperfeições físicas. Os tratamentos químicos são à base de solventes ácidos ou alcalinos para a remoção de impurezas e camadas de óxidos e para o desengraxe.

Na etapa de **tratamento**, o processo de deposição é efetivado pela montagem de uma célula eletrolítica, em que a peça a ser tratada é o cátodo, conectado ao polo negativo, e o ânodo é ligado à extremidade positiva, ambos imersos em eletrólito aquoso contendo os íons de interesse, denominado também de *solução eletrolítica* ou *banho*. A partir da aplicação da corrente elétrica, a reação de redução processa-se e, simultaneamente, ocorre a dissociação da água em oxigênio e hidrogênio, no ânodo e no cátodo, respectivamente.

Normalmente, o ânodo é da mesma composição do metal a ser formado, mantendo-se constante a concentração de íons na solução de eletrólito, uma vez que sofrerá a reação de oxidação. Também pode ser constituído por material inerte, como o grafite, mas, nesse caso, a solução de eletrólito deverá ser continuamente reabastecida, mantendo a concentração de íons constante. É comum serem adicionados ao eletrólito aditivos para o controle de parâmetros que podem influenciar nas características do depósito, principalmente o pH do meio racional. Na Figura 6.8, em (A), é apresentado o esquema de montagem da célula eletrolítica utilizada no processo de galvanoplastia de objetos metálicos; nesse exemplo, é utilizado um utensílio de cozinha. Note que esse arranjo experimental é muito parecido com o que você já viu nos capítulos anteriores. A diferença é que, em aplicação industrial, as células eletroquímicas são muito maiores e comportam diversas peças ao mesmo tempo, como indicado em (B) na Figura 6.8. As reações envolvidas no processo também são apresentadas na figura.

Figura 6.8 – Exemplo da célula eletrolítica de eletrodeposição aplicada a utensílios de cozinha

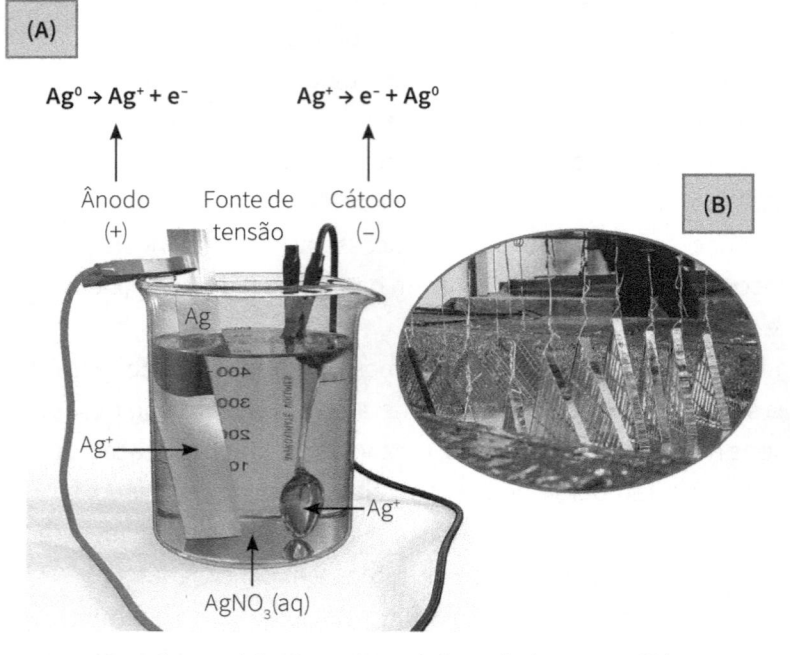

(A)

$Ag^0 \rightarrow Ag^+ + e^-$ $Ag^+ \rightarrow e^- + Ag^0$

Ânodo   Fonte de   Cátodo
(+)   tensão   (–)

(B)

Ag^+

Ag^+

$AgNO_3(aq)$

Reação geral da eletrodeposição: $M^+(aq) + ne^- \rightarrow M^0(s)$

HF media art e jamal/Shutterstock

Na fase de **pós-tratamento**, as peças são submetidas a processos de lavagem e secagem, podendo ou não receber uma camada de óleo e algum tipo de pintura ou envernizamento.

A densidade de corrente (corrente/área do eletrodo) na eletrodeposição influencia na taxa de deposição, na aparência e na aderência do depósito. Se as peças forem heterogêneas ou porosas, o depósito será desigual em razão da distribuição

desigual da densidade de corrente. Uma alternativa é fazer
a aplicação de corrente de forma pulsada, de modo que ela seja
mais bem distribuída ao longo do cátodo.

A velocidade de formação do depósito é proporcional à
densidade de corrente aplicada até determinada condição,
a partir da qual a taxa elevada de deposição afeta a qualidade
do revestimento. A magnitude da corrente aplicada determina
o fluxo de elétrons, que, por sua vez, é proporcional à quantidade
de material depositado, conforme a lei de Faraday.

Portanto, quanto aos diferentes objetos presentes na
Figura 6.7, é importante que você reconheça que eles são
produzidos por meio de processos similares de eletrodeposição,
diferindo apenas quanto ao metal utilizado, conforme
a classificação apresentada a seguir:

- **Zincagem ou galvanização**: revestimento de peças com zinco, em (A) e (B).
- **Cromagem ou cromação**: revestimento de peças com cromo, em (C).
- **Niquelação**: revestimento de peças com níquel, em (D).
- **Prateação**: revestimento de peças com prata, em (E).
- **Douração**: revestimento de peças com ouro, em (F).
- **Estanhagem**: revestimento de peças com estanho, em (G), referente às placas de circuito impresso.

Ainda com relação a medidas protetivas de superfície, devemos destacar que a peça a ser revestida não necessariamente precisa ser condutora. Atualmente, já é muito empregado industrialmente o processo de submeter peças plásticas à **metalização**, pois a substituição de metais por plásticos, em casos específicos, é vantajosa, em razão do fato de plásticos serem mais leves e de manuseio mais fácil. A proteção metálica às peças plásticas fornece maior resistência mecânica, térmica e à radiação ultravioleta, além de proteção contra a ação de solventes, como água. No entanto, para que a eletrodeposição possa ser realizada, é necessária uma etapa inicial de tratamento da superfície plástica, por meio de processos químicos, sem aplicação de corrente elétrica, geralmente realizados com o uso de agentes oxidantes que promovem a criação de micro-poros na superfície a ser tratada, cuja função é agir como pontos de ancoragem para a posterior etapa de eletrodeposição.

Nem todos os tipos de plástico respondem a esse tratamento de forma satisfatória. O tipo de plástico mais apto a receber a metalização é o copolímero acrilonitrila-butadieno-estireno, conhecido como *ABS*. Na Figura 6.7, em (H), há um exemplo bastante comum de uso de revestimento anódico em objetos de ABS. Nesse caso, são torneiras, mas a maioria das peças de banheiro, cozinha e, até mesmo de carro, como para-choques e itens de faróis, é desenvolvida por meio dessa técnica (Surface, 2020).

Processos de eletrodeposição e metalização são grandes consumidores de energia elétrica e de água, além de produzirem grande quantidade de resíduos, em sua maioria, tóxicos, contendo metais pesados, solventes e ácidos utilizados nas etapas de pré-tratamento. Os metais pesados merecem atenção especial, pois são bioacumuláveis. Com a conscientização da temática ambiental, medidas alternativas vêm sendo tomadas para reduzir a emissão de poluentes, aumentar a taxa de reciclagem de algumas substâncias envolvidas, substituir os materiais por espécies menos tóxicas e aumentar a vida útil dos eletrólitos, por meio da recuperação de materiais, utilizando-se filtração, membranas e processos eletroquímicos (Casagrande, 2009).

6.4 Controle de corrosão

Os processos de eletrodeposição, metalização e passivação são métodos de tratamento e proteção de superfícies que, entre outras funções, também garantem ao material a proteção anticorrosiva. No entanto, a corrosão é um grave e caro problema encontrado atualmente em diversas áreas, por isso existem alguns métodos de proteção específicos para minimizar, controlar e prevenir processos corrosivos. Nesta seção, abordaremos, brevemente, os métodos de proteção contra a corrosão baseados em conceitos eletroquímicos.

Segundo a International Union of Pure and Applied Chemistry (Iupac, 2014), a corrosão pode ser classificada como uma reação interfacial irreversível de um material – metal, cerâmica ou polímero – com seu ambiente, resultando no consumo do material ou em sua dissolução em um dos componentes do meio. A corrosão nada mais é do que uma célula eletroquímica que sofre uma reação de oxirredução em virtude da diferença de potencial entre dois eletrodos, conectados entre si pelo estabelecimento de um circuito elétrico.

A condição para a ocorrência desse processo pode ser descrita sob o ponto de vista termodinâmico, por meio da análise dos potenciais-padrão das reações envolvidas. Vejamos o exemplo para o caso comum da corrosão do ferro:

$Fe^{2+}(aq) + 2e^- \rightarrow Fe^0(s)$ $\qquad E^0 = -0,44$ V

Em meio ácido:

$2H^+(aq) + 2e^- \rightarrow H_2(g)$ $\qquad E^0 = 0$ V

$O_2(g) + 4H^+(aq) + 4e^- \rightarrow 2H_2O(l)$ $\qquad E^0 = +1,23$ V

Em meio alcalino:

$2H_2O(l) + O_2(g) + 4e^- \rightarrow 4OH^-(aq)$ $\qquad E^0 = +0,40$ V

Como os potenciais-padrão de redução para as reações do eletrólito, tanto em meio ácido como em meio alcalino, são superiores ao potencial-padrão da reação para a semirreação do ferro, qualquer um desses processos causará a oxidação do metal quando houver contato entre os reagentes. Cabe lembrar que esses são os potenciais-padrão e podem sofrer modificações em razão do pH do meio reacional, uma vez que são dependentes das atividades de íons H^+ e OH^-.

Tendo em vista que o processo corrosivo é termodinamicamente favorável, a avaliação de fatores cinéticos é importante para verificar se a velocidade do processo será significativa. Esta depende da corrente elétrica gerada, chamada *corrente de corrosão* (i_{corr}), a qual já sabemos ser proporcional à quantidade de elétrons cedida pela superfície do ferro, ou seja, depende da área desse eletrodo (Nanan, 2020).

Figura 6.9 – Processo corrosivo

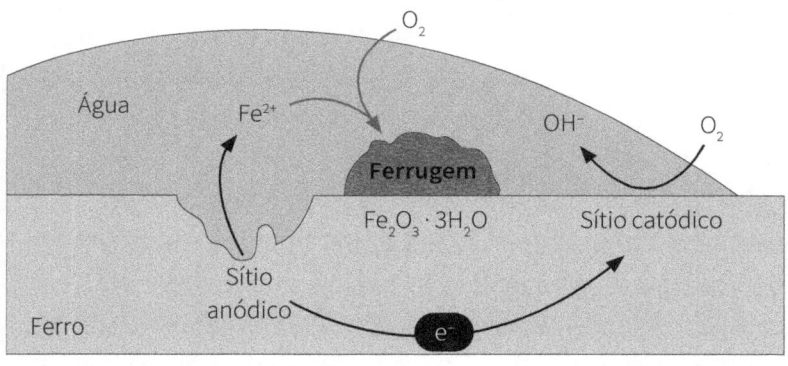

[Figura: diagrama do processo corrosivo mostrando água com O_2, ferrugem ($Fe_2O_3 \cdot 3H_2O$), sítio anódico liberando Fe^{2+}, sítio catódico produzindo OH^-, e fluxo de elétrons no ferro.]

$Fe^0(s) \rightarrow Fe^{2+}(aq) + 2e^-$ $O_2(g) + 2H_2O + 4e^- \rightarrow 4OH^-(aq)$

Fonte: Averill; Eldredge, 2012.

Oxidação:

$Fe^0(s) \rightarrow Fe^{2+}(aq) + 2e^-$

Redução:

$O_2(g) + 2H_2O + 4e^- \rightarrow 4OH^-(aq)$

Para a adequada estequiometria da reação global, a reação de oxidação deve ser multiplicada por 2. Os íons Fe^{2+} e OH^- combinam-se, precipitando $Fe(OH)_2$.

Reação global:

$2Fe^0(s) + O_2(g) + 2H_2O \rightarrow 2Fe(OH)_2(s)$

Ainda, ocorre a oxidação do $Fe(OH)_2$, sendo que o número de oxidação dos íons ferro passa de +2 para +3 no $Fe(OH)_3$.

$4Fe(OH)_2(s) + O_2(g) + 2H_2O \rightarrow 4Fe(OH)_3(s)$

Normalmente, a espécie $Fe(OH)_3$ é expressa sob a forma de $Fe_2O_3 \cdot 3H_2O$ (lido como *óxido de ferro hidratado*), que é a forma assumida pela ferrugem.

Como vimos, a corrosão é um processo interfacial e sua extensão está associada com a área de superfície exposta ao meio corrosivo. Sabendo-se disso, os métodos de controle de corrosão foram derivados da ideia de reduzir a área exposta, o que pode ser feito, basicamente, de três formas diferentes: proteção anódica ou catódica, uso de revestimentos e inibidores.

Na **proteção catódica**, a ideia é inserir no sistema uma espécie metálica que tenha potencial-padrão de redução menor que o do ferro, sofrendo, portanto, a oxidação mais facilmente do que a peça ferrosa. Na verdade, é formada uma espécie de célula eletroquímica, em que a peça a ser protegida assume o papel de cátodo – daí o nome do método – e a corrosão, que é o processo oxidativo, ocorre no ânodo. A proteção catódica pode ser aplicada de duas formas: pela forma galvânica e por corrente impressa.

A **proteção catódica galvânica** consiste no alojamento de um ânodo nas proximidades da peça, popularmente chamado de *ânodo de sacrifício*, pois tem a função de ser oxidado no lugar da peça principal, em razão do menor potencial-padrão de redução. Para isso, deve ser constituído de materiais menos nobres, normalmente ligas de Mg, Zn e Al, os quais ocupam a extremidade negativa da série eletroquímica. Além disso, deve ser de alta pureza, evitando a autocorrosão, e não formar camadas passivantes, para não se tornar inativo. Uma representação de proteção catódica galvânica em água do mar é mostrada na Figura 6.10, em (A), sendo detalhadas as reações químicas envolvidas no processo de proteção com um ânodo de alumínio. Também na Figura 6.10, em (B), uma foto do casco de um navio mostra diversos ânodos de sacrifício posicionados, atuando como proteção contra a corrosão, conforme demonstrado na representação simplificada em (C).

As dimensões geométricas do ânodo determinam a área do cátodo que será protegida e a densidade de corrente gerada por unidade de área, por isso é comum a associação de vários ânodos e, quanto maior o rendimento de cada um, menor o número de ânodos necessários; em contrapartida, eles serão consumidos mais rapidamente.

Figura 6.10 – Proteção catódica galvânica em objetos suscetíveis à corrosão

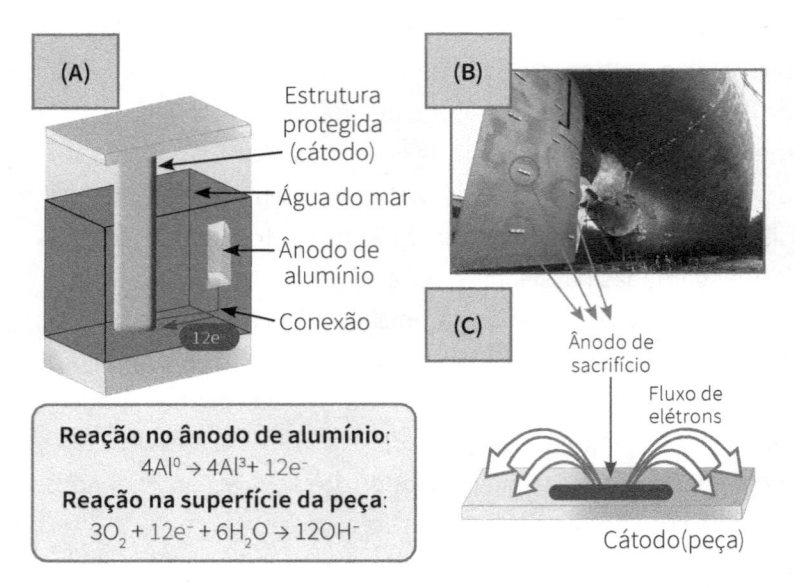

(A) Estrutura protegida (cátodo)
Água do mar
Ânodo de alumínio
Conexão

(B)

(C) Ânodo de sacrifício
Fluxo de elétrons
Cátodo(peça)

Reação no ânodo de alumínio:
$4Al^0 \rightarrow 4Al^{3+} + 12e^-$
Reação na superfície da peça:
$3O_2 + 12e^- + 6H_2O \rightarrow 12OH^-$

Aytug askin/Shutterstock

Fonte: Baxter; Britton, 2007.

Em estruturas fixadas no solo, é comum a utilização de enchimentos condutores em torno dos ânodos, compostos por gipsita, para diminuir a resistência elétrica na interface solo/eletrodo, impedir a formação de camadas passivantes, protegê-los de substâncias agressivas e evitar corrosão por aeração. Os eletrodos não precisam ficar em contato direto entre si, mas devem ser posicionados em determinada distância que permita a boa distribuição de corrente. Esse método é empregado em plataformas de extração de petróleo e em cascos de navios, como indicado na Figura 6.10, em (B) e em (C).

Na **proteção catódica por corrente impressa**, o circuito é formado por um ânodo inerte e a peça a ser protegida (cátodo). O processo de proteção ocorre por meio da injeção de elétrons no cátodo via uma fonte externa de corrente, como um retificador. Uma representação desse sistema é mostrada na Figura 6.11, na qual é possível ver uma foto de tubulação com esse tipo de proteção.

Note a diferença em relação ao método de proteção com ânodo de sacrifício – agora, os elétrons não provêm da reação no ânodo, mas de uma fonte externa. Dessa maneira, o ânodo não é consumido no processo e tem apenas a função de ser substrato para uma reação anódica qualquer, não havendo a limitação de precisar ser composto por um material cujo potencial-padrão de redução seja mais baixo do que o do cátodo. Esse tipo de ânodo é conhecido como *ânodo permanente*, pois tem longa vida útil e baixa necessidade de manutenção. Por essa razão, esse mecanismo é bastante utilizado em sistemas de tubulação e estruturas subterrâneas ou submersas, como complemento aos revestimentos interno e externo.

Os ânodos são escolhidos conforme o tipo de ambiente; geralmente são constituídos de grafite, titânio, nióbio, ligas de ferro e silício ou de chumbo e antimônio, devendo ser resistentes à corrosão.

Figura 6.11 – Proteção catódica em tubulações

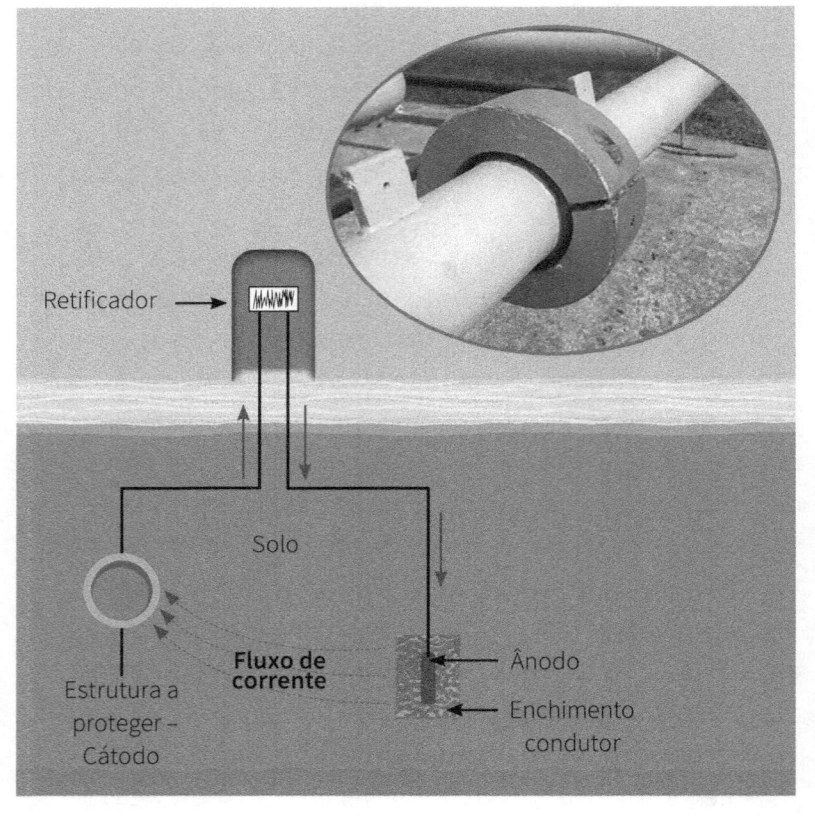

Fonte: Cefracor, 2020, tradução nossa.

Outro procedimento frequentemente aplicado a sistemas que utilizam eletrólitos mais agressivos é a **proteção anódica**, em que a peça a ser protegida é conectada ao polo positivo da célula, sendo o ânodo, e conta com uma fonte de corrente contínua. Essa técnica é válida para peças com capacidade de passivação no meio em que serão trabalhadas, como titânio, cromo, ligas de ferro/cromo e de ferro/cromo/níquel. A proteção anódica, além de favorecer a formação da camada passivante, também é importante para a manutenção da estabilidade da película. Sua aplicação é interessante em ambientes que façam uso de soluções de eletrólitos de maior poder corrosivo, como tanques de armazenamento de ácidos, mas não deve ser usada em meios que contêm íons cloreto, pois estes destroem as camadas passivadoras.

Outra alternativa para minimizar os danos gerados pela corrosão é a adição de **inibidores de corrosão** ao meio, os quais promovem uma diminuição, ou até mesmo uma eliminação, dos processos corrosivos, por meio da formação de uma barreira protetiva entre o substrato metálico e o eletrólito. Os inibidores são substâncias orgânicas ou inorgânicas que têm a capacidade de modificar a interface eletrodo/eletrólito e, assim, interferir na reação de corrosão, de modo a impedir seu início, bloquear uma corrosão em fase inicial ou, em casos específicos, remover camadas já formadas de produtos de corrosão, auxiliando na restauração da peça.

Os **inibidores inorgânicos** podem ser anódicos ou catódicos. Os primeiros modificam a reação de oxidação, reduzindo a corrente de corrosão e aumentando o potencial em que ocorrerá a corrosão, o que significa que há uma ampliação do intervalo de potenciais em que o material pode funcionar sem sofrer o processo oxidativo. Além disso, favorecem a formação de uma camada de passivação sobre o metal. Tais inibidores anódicos podem funcionar por meio de dois mecanismos, oxidativo e não oxidativo. No primeiro caso, os representantes são nitritos e cromatos, que agem modificando o potencial de corrosão até que a camada passivante se forme espontaneamente na superfície da peça. No caso de inibidores não oxidativos, o modo de funcionamento ainda não está totalmente elucidado, mas acredita-se que funcionem por meio de adsorção na superfície, em combinação com o oxigênio; geralmente, são utilizados benzoatos, boratos, molibdatos e vanadatos.

Os **inibidores catódicos** agem de maneira similar, diminuindo o potencial de corrosão, com a diferença de que atuam sobre as reações de redução. Podem ser utilizados íons de magnésio, cálcio, zinco e níquel, os quais se combinam com o oxigênio dissolvido para formar camadas insolúveis sobre o eletrodo. Esse revestimento é de baixa condutividade elétrica e interfere na difusão de moléculas de oxigênio, dificultando o desenvolvimento do processo de corrosão. Entretanto, apresenta resultados inferiores aos de inibidores anódicos e não é muito utilizado.

Os **inibidores orgânicos**, que, na realidade, podem incorporar os catódicos e os anódicos, apresentados anteriormente, atuam por meio da adsorção sobre a superfície metálica. São constituídos por espécies químicas que tenham afinidade com a interface do metal, favorecendo a formação de uma barreira protetiva. A interação entre as espécies é proporcionada pela presença de sítios eletricamente negativos em razão de dipolos ou insaturações e átomos com pares de elétrons não ligantes, como enxofre, fósforo, oxigênio e nitrogênio. Como representantes principais dessa classe é possível citar os polímeros e os surfactantes, mas há outros tipos de matérias que podem ser aplicados.

A escolha do tipo de inibidor depende de cada objetivo e das características de cada sistema. Os inibidores também encontram aplicação na conservação de peças prontas, podendo ser adicionados às embalagens para o armazenamento e a comercialização. Outra aplicação importante está em seu uso durante as etapas de limpeza de muitos equipamentos industriais que utilizam soluções de limpeza corrosivas; assim, a adição de inibidores torna esse processo menos danoso.

Os inibidores podem ser pulverizados ou pintados sobre a peça, formando uma fina camada, ou, ainda, adicionados aos banhos de decapagem e limpeza ácida, etapas de pré-tratamento das peças, como vimos anteriormente.

6.5 Eletrorremediação

Não é novidade que o ritmo de consumo e geração de resíduos da sociedade atual está em níveis alarmantes, gerando toneladas de descarte de diferentes naturezas que impactam e prejudicam o ecossistema do planeta, com capacidade de poluir os meios terrestre, subterrâneo, aquático e atmosférico.

Muitas das atividades e processos desenvolvidos em áreas industriais e agrícolas geram enorme quantidade de contaminantes, dos mais diversos tipos. Aliás, muitos dos procedimentos de tratamento de superfície apresentados ao longo deste capítulo são potenciais agentes de geração de resíduos tóxicos. Entre estes, atenção especial é dada aos metais pesados, que apresentam elevada toxicidade e capacidade de acumulação natural em organismos vivos, chegando até eles por meio de transporte terrestre e aquático, em razão do descarte inapropriado.

Nos últimos anos, vêm sendo desenvolvidas técnicas e processos de remediação ambiental, com vistas a minimizar e solucionar a questão da contaminação de áreas por resíduos nocivos. Entre as técnicas para tratamento de áreas contaminadas, as preferidas têm sido os processos *in situ*. No leque de opções de tais processos, a remediação eletrocinética, ou eletrorremediação, tornou-se importante para a separação e a remoção de metais pesados e alguns tipos de resíduos orgânicos do solo, das lamas, dos sedimentos contaminados e das águas subterrâneas.

A **eletrorremediação** ocorre pela inserção de eletrodos no ambiente a ser tratado, imersos em um reservatório com a solução de eletrólito adequado, estabelecendo-se uma célula eletroquímica com dois eletrodos, no mínimo. Então, por meio de uma fonte externa, é aplicada uma corrente de baixa intensidade, que gera um campo elétrico nesse meio, induzindo o transporte de espécies poluentes até os eletrodos polarizados. Nestes, elas sofrem algum tipo de modificação química ou física, acumulando-se na solução de eletrólito contida no reservatório ou sobre os eletrodos, podendo ser extraídas e, posteriormente, tratadas por meio de métodos tradicionais. O tamanho e a disposição dos eletrodos dependem da extensão da área a ser tratada; em alguns casos, podem ser organizados na forma de grades com camadas alternadas de cátodos e ânodos (Ramalingam, 2013).

Essa técnica pode ser aplicada ao tratamento de amostras porosas, tendo como bases a separação e a extração de metais pesados, espécies radioativas e alguns tipos de contaminantes orgânicos. Ainda pode funcionar por indução no direcionamento do fluxo de espécies tóxicas, sendo possível desviá-las de lençóis freáticos, por exemplo.

Quando aplicado às amostras de solo, o processo de eletrorremediação deve considerar diversas variáveis que se apresentam em razão da composição desse meio, que não é mais líquido. Dessa forma, o processo de transporte de massa que estudamos para meios líquidos é drasticamente modificado, passando a ser determinado por dois fenômenos principais: a migração iônica, ou eletromigração, e a eletrosmose.

A **eletromigração** é a movimentação de íons em direção aos eletrodos de carga contrária em resposta à formação de um campo elétrico. É o tipo de transporte mais rápido, estando condicionado à mobilidade dos íons, aos seus números de oxidação e à concentração da solução de eletrólito.

A **eletrosmose** deriva do processo de migração iônica e afeta, em especial, o transporte do fluido intersticial, sendo responsável, principalmente, pelo fluxo de espécies H^+ e OH^-. Por meio da migração dos íons em direção aos eletrodos polarizados, é estabelecido um gradiente de campo elétrico que exerce influência sobre a movimentação das moléculas de água do meio, o que está diretamente associado a características do solo, como permeabilidade, teor de umidade, concentração de sais dissolvidos, entre outros fatores. Por exemplo, quanto maior for a quantidade de material argiloso no solo, menor será a taxa de transporte de água, em razão da alta capacidade de hidratação das argilas, o que limita a movimentação de moléculas de H_2O.

Novo elemento!

☐ Fluido intersticial: fração líquida do solo, o qual é composto por frações sólida, líquida e gasosa (ar).

Entendido o transporte dos contaminantes para as proximidades dos eletrodos, precisamos examinar os processos físico-químicos envolvidos e que efetivamente são os responsáveis pela extração desses produtos.

Na interface dos eletrodos, ocorrem reações de oxirredução provocadas pela aplicação de perturbação externa, classificadas, portanto, como reações de eletrólise. Como o eletrólito do reservatório é aquoso, podemos esperar as clássicas reações de eletrólise da água, as quais foram analisadas na Seção 6.1. Relembremos que no ânodo ocorre a geração de íons H^+ e gás oxigênio, enquanto no cátodo há a formação de íons OH^- e gás hidrogênio. Com isso, o pH na região interfacial de cada eletrodo varia em razão do excesso de íons H^+, em um, e de OH^-, no outro. Esse gradiente de concentração, em conjunto com os processos de transferência (eletromigração e eletrosmose), promove a movimentação iônica ao longo da amostra, com velocidades diferentes, já que íons H^+ têm velocidade de migração de cerca de 1,7 vez maior do que a dos íons OH^-, mas sempre limitadas às características de matriz heterogênea.

Por meio dessa movimentação iônica, há interação com as espécies contaminantes, sendo que ácidos têm a capacidade de dissolver os contaminantes de caráter catiônico e auxiliar em sua remoção. No entanto, quando as espécies têm características aniônicas, os ácidos podem atrapalhar sua remoção, pois favorecem os processos adsortivos; nesses casos, íons hidroxila são mais eficientes.

Os processos adsortivos e dessortivos desempenham papel fundamental na etapa de remoção das espécies. Considerando-se uma amostra de solo, a adsorção é a passagem das espécies contaminantes dispersas na fase líquida, o fluido intersticial, para a fase sólida, isto é, as partículas de solo. A dessorção é o processo contrário. Contudo, esses dois processos dependem das cargas interfaciais localizadas nas interfaces, as quais podem ser modificadas, em função do pH do meio e de sua composição, incluindo o tipo de solo, a natureza da matéria orgânica e a presença de outros metais. Em outras palavras, é um processo extremamente complexo e difícil ser previsto.

Por fim, muito importantes são as reações redox que ocorrem nas interfaces de cátodo e ânodo, por meio da transferência de elétrons entre o contaminante e o eletrodo. Em se tratando de espécies metálicas, normalmente elas sofrem redução no cátodo, facilitando a remoção.

As espécies contidas nos eletrodos e nos compartimentos são retiradas por bombeamento do líquido por bombas hidráulicas ou com o auxílio de resinas de troca iônica.

Amostras de solos e de águas naturais são matrizes extremamente complexas, estando os contaminantes suscetíveis a todos esses processos de modificação química e física citados, os quais podem influenciar na eficiência da remediação, acelerando, retardando ou, até mesmo, interrompendo o tratamento. Em razão da heterogeneidade desses meios, ainda não há uma completa interpretação sobre todas as interações e o modo como estas afetam realmente os processos de recuperação.

A eletrorremediação é classificada como uma técnica *in situ* e tem a preferência, pois, ao contrário de técnicas *ex situ*, não é necessária a retirada do solo, nem o bombeamento de todo o volume de água contaminada, sendo um processo de menor custo, maior facilidade de execução, que utiliza equipamentos pouco complexos e que é adaptável ao ecossistema de cada local, sem gerar processos paralelos de contaminação. Outra vantagem é a possibilidade de provocar a movimentação das espécies de interesse por efeito de carga ou mecanicamente, dependendo das características de cada sistema. Além disso, pode ser aplicada conjuntamente com outros métodos de recuperação.

Entretanto, a eletrorremediação também apresenta desvantagens, como: é relativamente lenta; é necessário fazer a análise da presença de sistemas de tubulação no entorno da área; quando estão presentes outros contaminantes, a remoção de espécies tóxicas em baixa concentração é prejudicada e a camada de solo em volta dos eletrodos deve ser removida, pois pode conter resíduos tóxicos precipitados e excesso de espécies ácidas e básicas. Além disso, as variações de pH causadas pelas reações de eletrodo podem ser prejudiciais aos sistemas vivos presentes no ambiente, como a parte microbiótica e a vegetação, no caso de o sistema manter-se ativo por um tempo relativamente longo.

Os eletrodos utilizados são produzidos por materiais inertes, como grafite, platina ou outro tipo de carbono. Os reservatórios são de cerâmica, evitando processos corrosivos. O sistema também é constituído por bombas hidráulicas, drenando o eletrólito contaminado, que é encaminhado para estações de tratamento, nas quais se aplicam métodos tradicionais aos contaminantes.

Figura 6.12 – Esquema de montagem e elementos constituintes de um sistema de eletrorremediação em solos

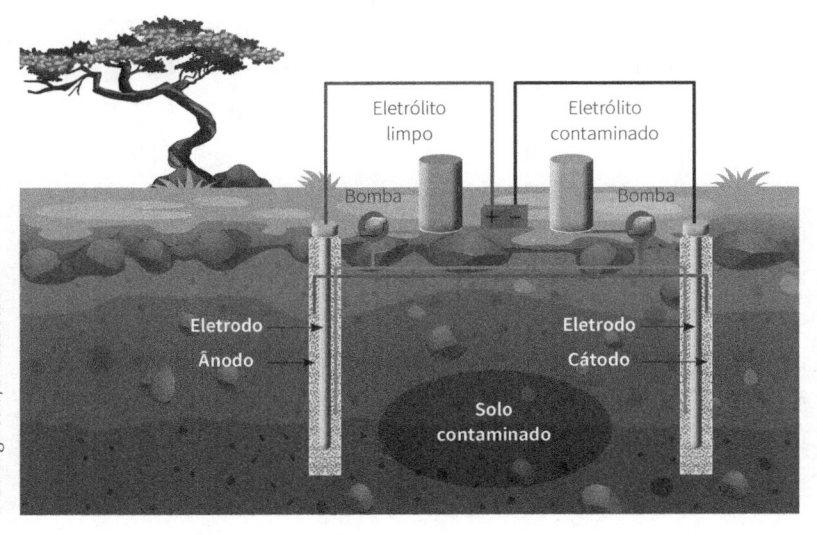

Fonte: Rosestolato; Bagatin; Ferro, 2015, p. 17, tradução nossa.

Síntese química

Neste capítulo, tratamos de outras aplicações industriais baseadas nos conceitos eletroquímicos que examinamos ao longo de todo este livro, indo além das clássicas pilhas e baterias. Agora, você já sabe que é possível a geração de gás hidrogênio em sua forma pura por meio da **eletrólise da água**, processo livre de formação de CO_2. Vimos que o gás cloro e o hidróxido de sódio, dois produtos de alta relevância industrial e econômica, podem ser sintetizados por rota eletroquímica mediante a **eletrólise aquosa** de cloreto de sódio, por meio de três tecnologias distintas (células de diafragma, de membrana e de mercúrio). Entre os processos de eletrometalurgia, o processo **Hall-Héroult** é utilizado para a obtenção do alumínio metálico, por meio de uma eletrólise ígnea em criolita fundida, e os processos de **eletroextração** e **eletrorrefinação** são utilizados para a recuperação ou o isolamento de elementos sob sua forma metálica.

As técnicas eletroquímicas também são extensamente utilizadas no tratamento de superfícies, destacando-se os processos de passivação, eletrodeposição e controle de corrosão. Na **passivação**, o objetivo é o desenvolvimento de uma película de proteção sobre a peça metálica, por meio da formação de um filme fino de seu próprio óxido. Na **eletrodeposição**, ou galvanoplastia, há a formação de um filme eletrodepositado sobre a peça metálica por meio de diversos metais, funcionando tanto como proteção quanto como acabamento estético. O nome atribuído a cada processo específico de eletrodeposição varia conforme o metal utilizado, como *zincagem*, *cromagem* ou *prateação*.

Ainda, no contexto de tratamento de superfícies, os métodos que visam ao **controle da corrosão** são muito importantes, inclusive no âmbito econômico. As técnicas de proteção de superfícies citadas são úteis na remediação da corrosão, mas outros métodos também merecem destaque, como a proteção catódica, a proteção anódica e os inibidores de corrosão.

A **proteção catódica**, bastante conhecida pelo uso do ânodo de sacrifício, nada mais é do que a instalação, próximo da peça, de uma placa metálica que tem tendência à corrosão (cátodo), sendo constituída por elemento que tenha menor potencial-padrão de redução e, assim, seja oxidado antes da peça de interesse. Já na **proteção anódica**, a peça a ser protegida é "forçada" a manter-se como o ânodo, por meio da conexão a uma fonte de corrente contínua. Esses sistemas são necessários na presença de eletrólitos mais agressivos e são de maior custo.

Os **inibidores de corrosão** são substâncias que podem interferir na reação de corrosão, retardando seu início, bloqueando um processo corrosivo em fase inicial e, até mesmo, removendo camadas corrosivas já estabelecidas.

Para finalizarmos nossa abordagem, apresentamos algumas técnicas de **eletrorremediação**, cuja finalidade é separar ou remover metais pesados e alguns tipos de resíduos orgânicos de solos contaminados. Basicamente, esse tipo de procedimento se baseia na inserção de eletrodos no ambiente desejado, seguida da aplicação de uma corrente de baixa intensidade, estabelecendo-se um sistema como uma célula eletroquímica cujo objetivo é, pela geração de campo elétrico, promover o transporte das espécies poluentes até os eletrodos polarizados. Nessa superfície, ocorrem modificações químicas ou físicas que, então, permitem a extração das espécies para posterior tratamento residual.

Figura 6.13 – Principais conceitos abordados no Capítulo 6

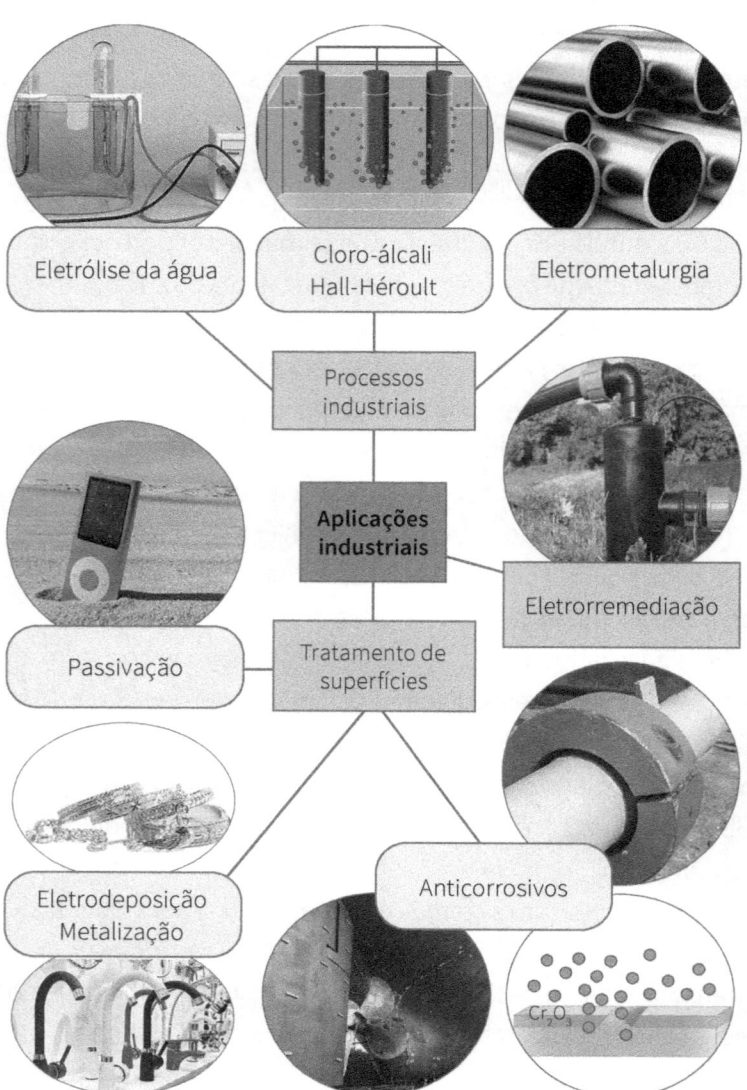

SimoneN, 3dfoto, servantes magnetix, haryigit, Talaj, MicroOne, iSpyVenus, underworld Kzenon, Prabhjit S. Kalsi, Dimitris Leonidas, Sefa Osman KUCUK, PavelStock, teena137, Dario Lo Presti, Sergey Ryzhov HF media art, jamal, Aytug askin e Serhii Hrebeniuk// Shutterstock

Prática laboratorial

1. Indique se as afirmativas são verdadeiras (V) ou falsas (F):
   ( ) A eletroextração consiste na dissolução eletroquímica de um cátodo contaminado e na consequente redução sobre um ânodo.
   ( ) O processo de extração do alumínio por meio da bauxita é uma eletrólise aquosa, em que os íons Al^{2+} são eletrodepositados no cátodo e no ânodo, e o produto é o gás oxigênio.
   ( ) Para que, na eletrólise da água, sejam gerados gases hidrogênio e oxigênio puros, o eletrólito deve ser apenas água pura.
   ( ) A eletrólise da água poder ser realizada em meio ácido e em meio alcalino, no entanto, no primeiro, o processo corrosivo é mais evidente.
   ( ) Em células de membrana utilizadas no processo cloro-álcali, ocorre a passagem de íons Na^+ através da membrana em razão da formação de um gradiente de concentração.

   Agora, assinale a alternativa que corresponde corretamente à sequência obtida:
   a) F, V, F, F, V.
   b) V, V, F, F, F.
   c) F, F, V, V, V.
   d) V, F, F, V, V.
   e) F, F, F, V, V.

2. Analise as afirmativas a seguir:
   I. ( ) Os processos de eletrometalurgia são eletrolíticos.
   II. ( ) A eletrodeposição pode ser compreendida como a formação de um filme metálico sobre uma superfície condutora pela redução de um íon metálico.
   III. ( ) *Galvanização* e *galvanoplastia* são sinônimos e correspondem ao processo de revestimento de peças com zinco.
   IV. ( ) A metalização consiste em uma primeira etapa responsável por tornar a superfície da peça condutora, seguida da etapa de eletrodeposição.
   V. ( ) As etapas de pré-tratamento visam, unicamente, deixar as peças livre de sujeira para receber o filme eletrodepositado.

   São **falsas** as afirmativas:
   a) I e II.
   b) I e V.
   c) III e V.
   d) I e IV.
   e) II e V.

3. Sobre métodos de passivação, assinale a alternativa correta:
   a) A passivação consiste na formação de uma película condutora sobre a superfície do metal, podendo causar sua deterioração.
   b) A anodização é um processo que se utiliza da própria camada passiva formada pelo metal para aumentar a proteção à peça.

c) Na anodização, assim como na eletrodeposição, ocorre a formação de uma camada metálica sobre uma superfície condutora.
d) No aço inox, o sistema de passivação ocorre graças à reação entre o ferro e o oxigênio atmosférico.
e) O processo de formação da camada de óxido de cromo no aço inox pode ser denominado *cromagem* ou *cromação*.

4. Analise as afirmativas a seguir:
   I. ( ) O princípio de técnicas anticorrosivas é a diminuição da área exposta da peça.
   II. ( ) Na proteção catódica por corrente impressa, o ânodo precisa apresentar potencial-padrão de redução menor do que o do cátodo.
   III. ( ) O ânodo de sacrifício apresenta alto potencial-padrão de redução.
   IV. ( ) Na proteção catódica galvânica, os elétrons consumidos na reação de redução no cátodo provêm da oxidação do ânodo, evitando a modificação química da peça.
   V. ( ) O princípio da técnica de proteção catódica é a inserção de uma peça que funcione como ânodo.

   São verdadeiras as afirmativas:
   a) I, II, III e V.
   b) I, III e V.
   c) I, IV e V.
   d) I, II e IV.
   e) II, III e IV.

5. Sobre a técnica de eletrorremediação, assinale a alternativa correta:
   a) O arranjo dos equipamentos configura uma célula galvânica.
   b) A separação e a extração dos contaminantes podem ocorrer de modo químico e físico.
   c) A eletromigração relaciona-se apenas com o transporte das espécies H^+ e OH^- pelo fluido intersticial.
   d) As características do solo exercem pouca influência na eficiência do processo.
   e) As variações locais de pH são minimizadas rapidamente pela movimentação de íons H^+ e OH^-.

Análises químicas
Estudos de interações

1. Na Seção 6.1, foram mostradas as rotas de produção da soda cáustica e do gás cloro. A soda cáustica é um produto extensamente utilizado na indústria e sua taxa de consumo/produção é um dos indicadores do grau de desenvolvimento industrial. Você sabe quais são os ramos da indústria que mais consomem NaOH? Faça uma lista de, pelo menos, cinco linhas de produção que utilizam esse produto e descreva qual é sua principal função dentro do processo.

2. No Brasil, a corrosão causa um prejuízo equivalente a 4% do PIB, além de ocasionar prejuízos ambientais incalculáveis. Faça uma pesquisa mais aprofundada sobre esse assunto e, em seguida, organize suas ideias em um texto crítico, explicando o porquê de o prejuízo econômico devido à corrosão ser tão alto. Destaque a importância das técnicas eletroquímicas de prevenção à corrosão no âmbito econômico.

Sob o microscópio

1. Em uma célula eletroquímica, o eletrólito é composto por uma mistura de $ZnSO_4$ e $CdSO_4$, ambos na mesma concentração. Com base nos conhecimentos eletroquímicos adquiridos ao longo da leitura deste livro, descreva a preparação de um eletrodo formado por duas camadas eletrodepositadas diferentes, sendo uma delas de zinco e a outra de cádmio, não necessariamente nessa ordem. Pesquise quais são as possíveis aplicações industriais que utilizam esse tipo de procedimento.

Balanço da reação

Retomando a pergunta feita na "Apresentação", agora você, leitor, saberia indicar, com mais propriedade e conhecimento, a relevância da eletroquímica no cotidiano?

    Nesta obra, o desenvolvimento dos capítulos, os recursos de aprendizagem, as ilustrações e as atividades foram construídos e organizados de maneira a torná-lo capaz de reconhecer e interpretar fenômenos eletroquímicos, que se apresentam de diversas maneiras, como em dispositivos eletrônicos que carregamos na palma da mão e em técnicas de prevenção à corrosão. Por meio de uma abordagem direta e simplificada, sem perder a formalidade própria da química em alguns momentos, buscamos evidenciar a relação dos conceitos enfocados com outros conteúdos, inclusive de outras áreas, consolidando seu conhecimento e preparando-o melhor para o mercado de trabalho e para o aprofundamento de seus estudos. Existe a orientação de que não é recomendado fazer uma referência tão direta a determinado curso/formação.

    O Capítulo 1 foi essencial para reforçar os conceitos fundamentais dos processos de transferência de elétrons e os termos comumente empregados em referência às espécies envolvidas nas reações, bem como para elucidar, definitivamente, as questões acerca de células eletrolíticas e galvânicas, a forma de calcular os potenciais de célula e os motivos pelos quais cada reação tem um valor de diferença de potencial.

    No Capítulo 2, abordamos a relevância da utilização dos sistemas referenciais e esclarecemos como relacionar a quantidade de trabalho útil gerado pela reação química com parâmetros termodinâmicos, como a energia livre de Gibbs, tornando possível a previsão sobre tendência de ocorrência de reações, conhecimento fundamental para o profissional de química.

No Capítulo 3, tratamos do clássico conceito de equilíbrio químico, visando orientar sua interpretação para a determinação do potencial da célula eletroquímica ao longo do processo natural de busca pela condição de equilíbrio químico.

As famosas pilhas e baterias foram exploradas ao longo do Capítulo 4, no qual discorremos sobre o desenvolvimento da tecnologia de geração e armazenamento de energia ao longo do tempo, com a apresentação de células a combustível com diferentes composições e o estudo sobre o futuro promissor do hidrogênio como combustível.

As técnicas voltamétricas e eletroanalíticas, muito comuns em laboratórios e na indústria química, foram descritas detalhadamente no Capítulo 5. Em razão da diversidade de técnicas eletroanalíticas disponíveis, elas encontram diferentes aplicações, podendo ter caráter qualitativo e quantitativo. Certamente, essa é uma das subáreas da eletroquímica que mais evoluem, apresentando constantes inovações científicas.

Para concluir esta obra de eletroquímica, as principais aplicações industriais foram descritas e exemplificadas no Capítulo 6. A área industrial abrange grande diversidade de setores e, com certeza, a eletroquímica está presente na maior parte deles, contribuindo, também, em métodos de recuperação de solos e na manutenção do meio ambiente. Nesse capítulo, procuramos esclarecer que, apesar da diferença na escala dos experimentos, os conceitos básicos são os mesmos. Por isso, é importante fortalecer e consolidar os conhecimentos mais básicos de química, desde o início da formação acadêmica.

É importante destacar que, embora seja comum a divisão das áreas em química, física, matemática e outras ciências, e até mesmo suas subdivisões (eletroquímica, cinética, inorgânica, orgânica etc.), todas elas se dedicam ao estudo de processos que ocorrem no universo que habitamos, os quais podem ser observados o tempo todo e de forma simultânea. Essas divisões são apenas uma forma de organizar as áreas de estudo, sendo fundamental interpretá-las de modo interdisciplinar, e não isoladamente.

É nosso desejo que este livro tenha atingido seu objetivo inicial de apresentar conceitos e interpretações químicas da forma mais clara possível, o suficiente para responder a seus questionamentos, em conjunto com as demais ferramentas de apoio de que você dispõe. Esperamos que a leitura tenha sido não só interessante, mas também prazerosa e agradável para você.

Obrigada e boa sorte!

Referências

ABAL – Associação Brasileira do Alumínio. **Cadeia primária**. Disponível em: <http://abal.org.br/aluminio/cadeia-primaria/>. Acesso em: 31 jul. 2020a.

ABAL – Associação Brasileira do Alumínio. **Perfil da indústria brasileira do alumínio**. Disponível em: <http://abal.org.br/estatisticas/nacionais/perfil-da-industria/>. Acesso em: 31 jul. 2020b.

ABICLOR – Associação Brasileira da Indústria de Álcalis, Cloro e Derivados. Tecnologias de produção. **A indústria de cloro-álcalis**. Disponível em: <http://www.abiclor.com.br/a-industria-de-cloro-alcalis/tecnologias/>. Acesso em: 29 abr. 2020.

ABINOX – Associação Brasileira do Aço Inoxidável. **ABC do aço inox**. Disponível em: <https://www.abinox.org.br/site/aco-inox-abc-do-aco-inox.php>. Acesso em: 31 jul. 2020.

AGOSTINHO, S. M. L. et al. O eletrólito suporte e suas múltiplas funções em processos de eletrodo. **Química Nova**, São Paulo, v. 27, n. 5, p. 813-817, 2004. Disponível em: <http://static.sites.sbq.org.br/quimicanova.sbq.org.br/pdf/Vol27No5_813_21-DV03210.pdf>. Acesso em: 31 jul. 2020.

AHMAD, K. et al. Construction of Graphene Oxide Sheets Based Modified Glassy Carbon Electrode (GO/GCE) for the Highly Sensitive Detection of Nitrobenzene. **Materials Research Express**, v. 5, n. 7, July 2018.

ALEIXO, L. M. Voltametria: conceitos e técnicas. **Revista Chemkeys**, n. 3, p. 1-21, mar. 2003. Disponível em: <https://econtents.bc.unicamp.br/inpec/index.php/chemkeys/article/view/9609>. Acesso em: 31 jul. 2020.

AMBRÓSIO, R. C.; TICIANELLI, E. A. Baterias de níquel-hidreto metálico, uma alternativa para as baterias de níquel-cádmio. **Química Nova**, São Paulo, v. 24, n. 2, p. 243-246, 2001. Disponível em: <http://static.sites.sbq.org.br/quimicanova.sbq.org.br/pdf/Vol24No2_243_14.pdf>. Acesso em: 31 jul. 2020.

ATKINS, P.; PAULA, J. de. **Físico-química**. Rio de Janeiro: LTC, 2008. v. 1.

AVERILL, B. A.; ELDREDGE, P. **General Chemistry**: Principles, Patterns, and Applications. [S.l.]: Saylor Academy, 2012. Disponível em: <https://saylordotorg.github.io/text_general-chemistry-principles-patterns-and-applications-v1.0/index.html>. Acesso em: 31 jul. 2020.

BARD, A. J.; FAULKNER, L. R. **Electrochemical Methods**: Fundamentals and Applications. 2. ed. New York: John Wiley & Sons, 2001.

BAXTER, R.; BRITTON J. **Offshore Cathodic Protection 101**. Deepwater Corrosion Services, 2007. Disponível em: <https://stoprust.com/technical-library-items/cp-101/>. Acesso em: 10 ago. 2020.

BOCCHI, N.; FERRACIN, N. C.; BIAGGIO, S. R. Pilhas e baterias: funcionamento e impacto ambiental. **Química Nova na Escola**, n. 11, p. 3-9, maio 2000. Disponível em: < http://qnesc.sbq.org.br/online/qnesc11/v11a01.pdf>. Acesso em: 31 jul. 2020.

BRASIL. Empresa de Pesquisa Energética. **ABCDEnergia**: matriz enérgetica e elétrica. 2018. Disponível em: <http://www.epe.gov.br/pt/abcdenergia/matriz-energetica-e-eletrica>. Acesso em: 31 jul. 2020.

BRASIL. Ministério da Saúde. Agência Nacional de Vigilância Sanitária. Resolução RDC n. 166, de 24 de julho de 2017. **Diário Oficial da União**, Brasília, DF, 25 jul. 2017. Disponível em: <https://www20.anvisa.gov.br/coifa/pdf/rdc166.pdf>. Acesso em: 31 jul. 2020.

BRASIL. Ministério do Meio Ambiente. Conselho Nacional do Meio Ambiente. Resolução n. 401, de 4 de novembro de 2008. **Diário Oficial da União**, Brasília, DF, 5 nov. 2008. Disponível em: <http://www2.mma.gov.br/port/conama/legiabre.cfm?codlegi=589>. Acesso em: 31 jul. 2020.

BRETT, C. M. A.; BRETT, A. M. O. **Electrochemistry**: Principles, Methods and Applications. New York: Oxford University Press, 1993.

BROWNSON, D. A. C.; KAMPOURIS, D. K.; BANKS, C. E. Graphene Electrochemistry: Fundamental Concepts through to Prominent Applications. **Chemical Society Reviews**, v. 41, p. 6944-6976, 2012

CARACTERÍSTICAS das baterias ions-lítio. Tradução de Patricia Sousa. Disponível em: <https://www.youtube.com/watch?v=OE_eSToslzw>. Acesso: 31 jul. 2020.

CASAGRANDE, D. F. M. **Minimização de impactos ambientais da indústria galvânica através do uso de soluções livres de cianeto**. Dissertação (Mestrado em Qualidade Ambiental) – Centro Universitário Feevale, Novo Hamburgo, 2009.

CASTELLAN, G. W. **Fundamentos de físico-química**. Rio de Janeiro: LTC, 1986.

CEFRACOR. Certification Protection Cathodique. **Protection par Anode**. Disponível em: <https://protectioncathodique.net/en/principes-et-applications/generalites/systemes-de-protection-cathodique/protection_par_anode/>. Acesso em: 31 jul. 2020.

CGEE – Centro de Gestão e Estudos Estratégicos. **Hidrogênio energético no Brasil**: subsídios para políticas de competitividade: 2010-2025. Brasília, 2010. (Série Documentos Técnicos, n. 7). Disponível em: <https://www.cgee.org.br/documents/10195/734063/Hidrogenio_energetico_completo_22102010_9561.pdf/367532ec-43ca-4b4f-8162-acf8e5ad25dc?version=1.3>. Acesso em: 31 jul. 2020.

CORREIA, A. N. et al. Ultramicroeletrodos. Parte I: revisão teórica e perspectivas. **Química Nova**, São Paulo, v. 18, n. 5, p. 475-480, 1995. Disponível em: <http://static.sites.sbq.org.br/quimicanova.sbq.org.br/pdf/Vol18No5_475_v18_n5_10.pdf>. Acesso em: 31 jul. 2020.

COURGARTRON. **Best Passivation Method for Stainless Steel**. 6 Jan. 2015. Disponível em: <https://cougartron.com/int/blog/best-passivation-method-stainless-steel/>. Acesso em: 31 jul. 2020.

CRANNY, A. W. J.; ATKINSON, J. K. Thick Film Silver-Silver Chloride Reference Electrode. **Measurements Science and Technology**, v. 9, n. 9, p. 1557-1565, 1998.

DAMOS, F. S.; MENDES, R. K.; KUBOTA, L. T. Aplicações de QCM, EIS e SPR na investigação de superfícies e interfaces para o desenvolvimento de (bio)sensores. **Química Nova**, São Paulo, v. 27, n. 6, p. 970-979, 2004. Disponível em: < http://static.sites.sbq.org.br/quimicanova.sbq.org.br/pdf/Vol27No6_970_22-DV03229.pdf>. Acesso em: 31 jul. 2020.

DROPPING Mercury Electrode. In: **Wikipedia**. 9 Dec. 2019. Disponível em: <https://en.wikipedia.org/wiki/Dropping_mercury_electrode>. Acesso em: 31 jul. 2020.

EHL, R. G.; IHDE, A. J. Faraday's Electrochemical Laws and the Determination of Equivalent Weights. **Journal of Chemical Education**, v. 31, n. 5, 1953.

ELECTROPLATING. In: New World Encyclopedia. Disponivel em: <https://www.newworldencyclopedia.org/entry/Electroplating>. Acesso em: 31 jul. 2020.

ELMAHDY, M. The Basics of Cathodic Protection. **Corrosionpedia**, 2017. Disponível em: <https://www.corrosionpedia.com/2/1368/prevention/cathodic-protection/cathodic-protection-101>. Acesso em: 1 abr. 2019.

ETT, G. et al. Geração de energia elétrica distribuída a partir de célula a combustível. In: ENCONTRO DE ENERGIA NO MEIO RURAL, 4., 2002, Campinas. **Anais**... Disponível em: <http://www.proceedings.scielo.br/scielo.php?script=sci_arttext&pid=MSC000000022002000200007&lng=en&nrm=abn>. Acesso em: 31 jul. 2020.

FALCO, M. de. EKRT: Electro-Kinetic Remediation Technology for Soil Contaminated by Heavy Metals. **Oil & Gás Portal**, 2017. Disponível em: <http://www.oil-gasportal.com/ekrt-electro-kinetic-remediation-technology-for-soil-contaminated-by-heavy-metals/#_ftnref8>. Acesso em: 31 jul. 2020.

FELDMAN, B. Carro elétrico sem bateria? **Blog do Boris**. 4 mar. 2019. Disponível em: <https://jornaldocarro.estadao.com.br/blog-do-boris/carro-eletrico-sem-bateria>. Acesso em: 31 jul. 2020.

FERNANDES, E.; GLÓRIA, A. M. da S.; GUIMARÃES, B. de A. O setor de soda-cloro no Brasil e no mundo. **BNDES Setorial**, Rio de Janeiro, n. 29, p. 279-320, 2009. Disponível em: <https://web.bndes.gov.br/bib/jspui/handle/1408/2682>. Acesso em: 31 jul. 2020.

FOSTER, R. J.; KEYES, T. E. Ultramicroelectrodes. In: ZOSKI, C. (Ed.). **Handbook of Electrochemistry**. Rio de Janeiro: Elsevier, 2007. p. 155-171.

HARVEY, D. **Analytical Chemistry 2.0**. 2019. Disponível em: <https://chem.libretexts.org/Under_Construction/Purgatory/Book%3A_Analytical_Chemistry_2.0_(Harvey) >. Acesso em: 31 jul. 2020.

HARVEY, D. Mercury Electrodes. **Image and Video Exchange Forum**, 31 July 2013. Disponível em: <https://community.asdlib.org/imageandvideoexchangeforum/2013/07/31/mercury-electrodes/>. Acesso em: 31 jul. 2020.

HONDA. **2020 Clarity Fuel Cell**: Hydrogen Powered Car. Disponível em: <https://automobiles.honda.com/clarity-fuel-cell>. Acesso em: 31 jul. 2020.

HORIZON FUEL CELL BRAZIL. **Tecnologia**: células a combustível P&D. Disponível em: <http://www.brasilh2.com.br/brh2-tecnologia-ped-cac.html>. Acesso em: 31 jul. 2020.

IUPAC – International Union of Pure and Applied Chemistry. **Compendium of Chemical Terminology**. 2014. Disponível em: <https://goldbook.iupac.org/pdf/goldbook.pdf>. Acesso em: 31 jul. 2020.

IUPAC – International Union of Pure and Applied Chemistry. **Who We Are**. Disponível em: <https://iupac.org/who-we-are/>. Acesso em: 31 jul. 2020.

JENSEN, W. B. Faraday's Laws or Faraday's Law? **Journal of Chemical Education**, v. 89, p. 1208-1209, 2012.

KIM, B. K. et al. Electrochemical Supercapacitors for Energy Storage and Conversion. In: YAN, J. (Ed.). **Handbook of Clean Energy Systems**. New York: John Wiley & Sons, 2015. p. 1-25.

MAHAN, B. M. **Química**: um curso universitário. São Paulo: E. Blücher, 1995.

MICHELINI, A. **Baterias recarregáveis para equipamentos portáteis**. São Paulo: S.T.A. – Sistemas e Tecnologia Aplicada, 2017. Disponível em: <http://www.sta-eletronica.com.br/resources/downloads/ebookbateriasrecarregaveis2.pdf>. Acesso em: 31 jul. 20.

MURRAY, R. W.; EWING, A. G.; DURST, R. A. Chemically Modified Electrodes: Molecular Design for Electroanalysis. **Analytical Chemistry**, v. 59, n. 5, p. 379A-390A, 1987.

NANAN, K. **The Basics of Cathodic Protection**. Corrosionpedia, 2020. Disponível em: <https://www.corrosionpedia.com/2/1368/prevention/cathodic-protection/cathodic-protection-101>. Acesso em: 10 ago. 2020.

NARAYAN, B. **Metal and Non Metals**. 17 Feb. 2018. Disponível em: <http://brajeshnarayan.blogspot.com/2018/02/chapter-3-metal-and-non-metals.html>. Acesso em: 9 mar. 2020.

NUNES, C. N.; ANJOS, V. E. dos; QUINÁIA, S. P. A versatilidade do eletrodo de gota pendente de mercúrio em química analítica: uma revisão sobre recentes aplicações. **Química Nova**, São Paulo, v. 41, n. 2, p. 189-201, 2018. Disponível em: <http://static.sites.sbq.org.br/quimicanova.sbq.org.br/pdf/RV20170224.pdf>. Acesso em: 31 jul. 2020.

OLIVEIRA, L. T. C. et al. Estruturação de um programa de segurança de processo a partir da modelagem quantitativa de riscos em planta química de produção de cloro-álcali por tecnologia de membranas. **Brazilian Applied Science Review**, v. 2, n. 1, p. 52-69, 2018. Disponível em: <http://www.brazilianjournals.com/index.php/BASR/article/view/270>. Acesso em: 31 jul. 2020.

PACHECO, W. F. et al. Voltametrias: uma breve revisão sobre os conceitos. **Revista Virtual de Química**, v. 5, n. 4, p. 516-537, 2013. Disponível em: <http://rvq-sub.sbq.org.br/index.php/rvq/article/view/380>. Acesso em: 31 jul. 2020.

PAIXÃO, T. R. L. C.; BERTOTTI, M. Métodos para fabricação de microeletrodos visando a detecção em microambientes. **Química Nova**, São Paulo v. 32, n. 5, p. 1306-1314, 2009. Disponível em: <http://static.sites.sbq.org.br/quimicanova.sbq.org.br/pdf/Vol32No5_1306_36-RV08567.pdf>. Acesso em: 31 jul. 2020.

PTI Brasil – Parque Tecnológico de Itaipu. **Hidrogênio**. 1º jun. 2018. Disponível em: <https://www.youtube.com/watch?v=IIpeAh7IQLE>. Acesso em: 31 jul. 2020.

RAMALINGAM, V. **Electrokinetic Remediation**. 9 Jan. 2013. Disponível em: <https://www.geoengineer.org/education/web-class-projects/cee549geoenvironmental-engineering-winter-2013/assignments/electrokinetic-remediation>. Acesso em: 31 jul. 2020.

RIOS, A. G. et al. **Células de combustível**: protótipos. Relatório de Unidade Curricular, Faculdade de Engenharia, Universidade do Porto, Porto, 2012. Disponível em: <https://paginas.fe.up.pt/~projfeup/bestof/12_13/files/REL_Q1Q2_02.PDF>. Acesso em: 31 jul. 2020.

ROSESTOLATO, D.; BAGATIN, R.; FERRO, S. Electrokinetic Remediation of Soils Polluted by Heavy Metals (Mercury in Particular). **Chemical Engineering Journal**, v. 264, p. 16-23, 2015.

ROUT, C. S.; LATE, D.; MORGAN, H. (Ed.). **Fundamentals and Sensing Applications of 2D Materials**. Sawston: Woodhead Publishing, 2019.

SANTOS, F. A. C. M. dos; SANTOS, F. M. S. M. dos. Células de combustível. **Millenium – Journal of Education, Technologies and Health**, n. 29, p. 145-156, 2004. Disponível em: <http://www.ipv.pt/millenium/Millenium29/21.pdf>. Acesso em: 31 jul. 2020.

SILVA, B. O. da. et al. Série histórica da composição química de pilhas alcalinas e zinco-carbono fabricadas entre 1991 e 2009. **Química Nova**, São Paulo, v. 34, n. 5, p. 812-818, 2011. Disponível em: <http://static.sites.sbq.org.br/quimicanova.sbq.org.br/pdf/Vol34No5_812_15-AR10553.pdf>. Acesso em: 31 jul. 2020.

SILVA, J. C. J. **Aula- 8**: Potenciometria. Universidade Federal de Juiz de Fora. Juiz de Fora, 2014. Disponível em: <http://www.ufjf.br/baccan/files/2010/10/Aula-8-Eletroanalitica-1_2014.pdf>. Acesso em: 31 jul. 2020.

SILVA, S. M. et al. Ultramicroeletrodos. Parte II: construção e aplicações. **Química Nova**, São Paulo, v. 21, n. 1, p. 78-95, 199.

SKOOG, D. A. et al. **Fundamentos de química analítica**. São Paulo: Thomson, 2006.

SOUZA, D. de; MACHADO, S. A. S.; AVACA, L. A. Voltametria de onda quadrada. Primeira parte: aspectos teóricos. **Química Nova**, São Paulo, v. 26, n. 1, 2003. Disponível em: <http://static.sites.sbq.org.br/quimicanova.sbq.org.br/pdf/Vol26No1_81_14.pdf>. Acesso em: 31 jul. 2020.

SOUZA, M. F. B. Eletrodos quimicamente modificados aplicados à eletroanálise: uma breve abordagem. **Química Nova**, São Paulo, v. 20, n. 2, p. 91-195, 1997. Disponível em: <http://static.sites.sbq.org.br/quimicanova.sbq.org.br/pdf/Vol20No2_191_v20_n2_10.pdf>. Acesso em: 31 jul. 2020.

SURFACE. **Metalização de plásticos**. Disponível em: <https://surface.net.br/wp/metalizacao-de-plasticos/>. Acesso em: 31 jul. 2020.

VOELKER, P. Trace Degradation Analysis of Lithium-Ion Battery Components. **R&D Magazine**, Apr. 2014. Disponível em: <https://assets.thermofisher.com/TFS-Assets/CMD/Reference-Materials/ar-lib-battery-degradation-randdmag-0414-en.pdf>. Acesso em: 31 jul. 2020.

WALTER – Tecnologias em Superfícies. **Processo de passivação**. Disponível em: <https://www.walter.com/pt_BR/surfox/processo-de-passivacao>. Acesso em: 31 jul. 2020.

WENDT, H.; GOTS, M.; LINARDI, M. Tecnologia de células a combustível. **Química Nova**, São Paulo, v. 23, n. 4, p. 538-546, 2000. Disponível em: <http://www.scielo.br/pdf/qn/v23n4/2655.pdf>. Acesso em: 31 jul. 2020.

Compostos químicos

ATKINS, P.; PAULA, J. de. **Físico-química**. Rio de Janeiro: LTC, 2008. v. 1.

Organizado em dois volumes, esse é um livro muito utilizado por diversas instituições de ensino superior. Trata-se de uma obra consagrada no ramo da físico-química, que pode ser útil para estudar não apenas a eletroquímica, mas também os demais assuntos correlatos.

AVERILL, B. A.; ELDREDGE, P. **General Chemistry**: Principles, Patterns, and Applications. [S.l.]: Saylor Academy, 2012.

Esse é um livro de química geral muito interessante, tanto que foi extensamente citado nesta obra. Os autores, Bruce A. Averill e Patricia Eldredge, abordam desde os princípios mais básicos da química, de forma clara e objetiva, inserindo ao longo do texto muitos exemplos e aplicações da área médica e biológica. Outro fator que o torna um material de consulta importante é a qualidade e a beleza das ilustrações.

BARD, A. J.; FAULKNER, L. R. **Electrochemical Methods**: Fundamentals and Applications. 2. ed. New York: John Wiley & Sons, 2001.

Esse é um livro específico de eletroquímica, muito completo e essencial para estudiosos da área, pois o nível de aprofundamento das explicações, inclusive a parte matemática, é bastante complexa.

IUPAC – International Union of Pure and Applied Chemistry. **Compendium of Chemical Terminology**. 2014. Disponível em: <https://goldbook.iupac.org/pdf/goldbook.pdf>. Acesso em: 31 jul. 2020.

Conhecido como *Gold Book*, na verdade, esse é um compêndio de terminologias químicas. Desenvolvido pela Iupac (sigla em inglês para União Internacional de Química Pura e Aplicada), ele contém as definições internacionalmente aceitas no âmbito da química. O acesso é livre pelo *link* indicado.

SKOOG, D. A. et al. **Fundamentos de química analítica**. São Paulo: Thomson, 2006.

Consagrada na subárea de química analítica, a obra contém uma parte com vários capítulos especificamente sobre eletroquímica e eletroanalítica. Destaca-se também uma entrevista com o professor Allen J. Bard, pesquisador reconhecido na área e autor de um dos livros indicados nesta seção.

Apêndices

Apêndice 1: Balanceamento de equações redox

1. Verifique, pela variação dos números de oxidação, quais átomos ou íons sofreram redução e oxidação. (Dica: aumento do número de oxidação → **oxidação**; diminuição do número de oxidação → **redução**)
2. Escreva as duas semirreações.
3. Balanceie as espécies nas duas semirreações separadamente. Importante:

    a. Se o meio for **ácido**, balanceie átomos ou íons de oxigênio usando H_2O e átomos ou íons de H usando H^+.

    b. Caso o meio seja **básico**, balanceie oxigênio pela adição de H_2O. Compense o H pela adição de H_2O e, simultaneamente, OH^- do lado oposto, na proporção de uma molécula de água para cada H deficiente.

4. Balanceie as cargas elétricas pela adição de elétrons. O número de elétrons deve ser o mesmo nas duas semirreações. Para isso, multiplique-as por um fator numérico que resulte em números iguais de elétrons em ambas as semirreações.
5. Por fim, some as semirreações, cancelando os elétrons e espécies iguais que aparecerem em lados diferentes da reação.
6. Verifique se o número de átomos e o de cargas foram balanceados corretamente.

Apêndice 2: Material suporte sobre cinética química

Figura A – Resumo dos principais parâmetros de cinética química

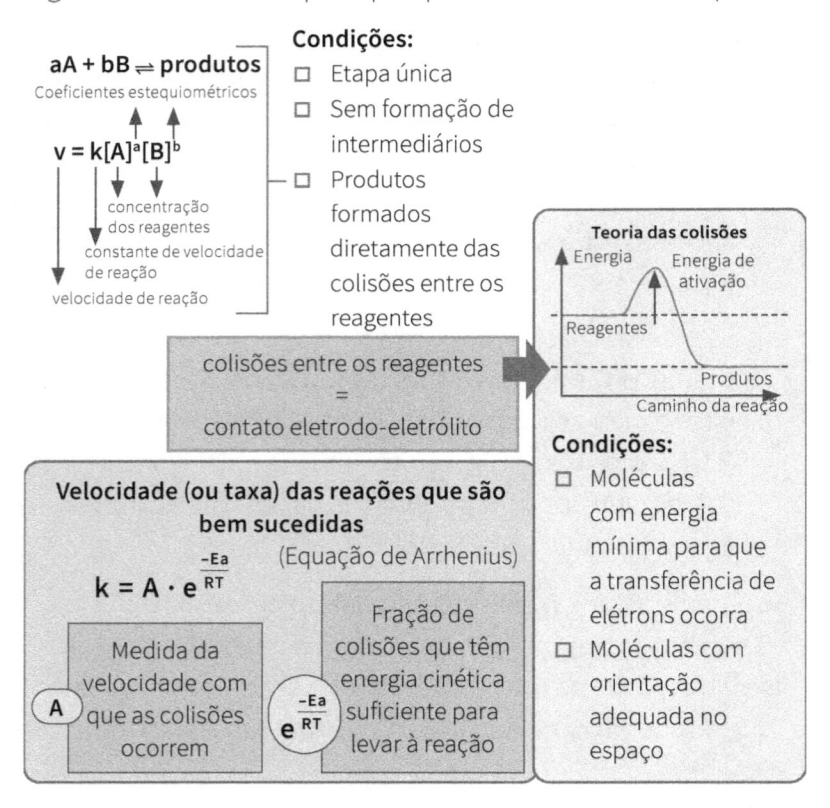

$aA + bB \rightleftharpoons$ **produtos**
Coeficientes estequiométricos

$v = k[A]^a[B]^b$

- concentração dos reagentes
- constante de velocidade de reação
- velocidade de reação

Condições:
- Etapa única
- Sem formação de intermediários
- Produtos formados diretamente das colisões entre os reagentes

colisões entre os reagentes
=
contato eletrodo-eletrólito

Teoria das colisões

Energia / Energia de ativação / Reagentes / Produtos / Caminho da reação

Condições:
- Moléculas com energia mínima para que a transferência de elétrons ocorra
- Moléculas com orientação adequada no espaço

Velocidade (ou taxa) das reações que são bem sucedidas

$k = A \cdot e^{\frac{-Ea}{RT}}$ (Equação de Arrhenius)

- A: Medida da velocidade com que as colisões ocorrem
- $e^{\frac{-Ea}{RT}}$: Fração de colisões que têm energia cinética suficiente para levar à reação

Fonte: Elaborado com base em Atkins; Paula, 2008.

Apêndice 3: Considerações importantes sobre cinética eletroquímica

Equação da curva polarográfica

$$E = E_{1/2} + \frac{0,0592}{n} \log \frac{(i_d - i)}{i}$$

Em que:

$E_{1/2}$: potencial de meia onda
i_d: corrente de difusão

Voltametria cíclica – equação de Butler Volmer

$$i = FAk^0 \left([Ox]e^{-\alpha f \Delta E} - [Red]e^{(1-\alpha)f\Delta E} \right)$$

Em que:
F: constante de Faraday (C mol^{-1})
A: área do eletrodo (cm^2)
k^0: constante de velocidade-padrão equivalente a $k_{direto} = k_{inverso}$
ΔE: equivalente a $E - E^0$ (E^0 é o potencial em que k^0 ocorre e E é o potencial aplicado.)
α: coeficiente de transferência (É o fator que compara a barreira energética das reações de oxidação e redução. Varia de 0 a 1.)
f: F/RT

Voltametria cíclica – equação de Randles-Sevcik
(processos reversíveis)

$$i_{pc} = 2{,}69 \cdot 10^5 \, n^{2/3} A D_0^{1/2} v^{1/2} [Ox]$$

Em que:

D_0: coeficiente de difusão da espécie eletroativa (cm²/s)
v: velocidade de varredura (mV/s)
n: número de elétrons envolvidos na reação

Voltametria de pulso diferencial

$$i_p = \frac{nFAD_0^{1/2}[\text{analito}]}{\sqrt{\pi t_m}} \left(\frac{1-\sigma}{1+\sigma} \right)$$

Em que:

t_m: tempo entre as aquisições de corrente (s)
σ: $e^{nf\Delta E/2}$
ΔE: amplitude do pulso (V)

Fonte: Elaborado com base em Bard; Faulkner, 2001; Brett; Brett, 1993

Anexos

Os valores indicado na tabela a seguir foram obtidos nas condições-padrão, isto é, temperatura de 298K, pressão de 1 bar e atividade unitária (quando envolve íons H^+, o pH é zero; para sólidos e líquidos puros, a atividade é unitária). Os itens estão ordenados conforme a série eletroquímica. Para obter mais dados, consulte a fonte indicada.

Tabela A – Potenciais-padrão de redução a 298 K

Meia-reação	E^θ/V
$F_2(g) + 2e^- \rightarrow 2F^-(aq)$	+2,87
$O_3(g) + 2H^+(aq) + 2e^- \rightarrow O_2(g) + H_2O$	+2,07
$Ag^{2+}(aq) + e^- \rightarrow Ag^+(aq)$	+1,98
$Co^{3+}(aq) + e^- \rightarrow Co^{2+}(aq)$	+1,81
$H_2O_2 + 2H^+(aq) + 2e^- \rightarrow 2H_2O$	+1,78
$Au^+(aq) + e^- \rightarrow Au^0(s)$	+1,69
$Pb^{4+}(aq) + 2e^- \rightarrow Pb^{2+}(aq)$	+1,67
$Ce^{4+}(aq) + e^- \rightarrow Ce^{3+}(aq)$	+1,61
$MnO_4^-(aq) + 8H^+(aq) + 5e^- \rightarrow Mn^{2+}(aq) + 4H_2O$	+1,51
$Mn^{3+}(aq) + e^- \rightarrow Mn^{2+}(aq)$	+1,51
$Au^{3+}(aq) + 3e^- \rightarrow Au^0(s)$	+1,40
$Cl_2(g) + 2e^- \rightarrow 2Cl^-(aq)$	+1,36
$Cr_2O_7^{2-}(aq) + 14H^+(aq) + 6e^- \rightarrow Cr^{3+}(aq) + 7H_2O$	+1,33
$O_3(g) + H_2O + 2e^- \rightarrow O_2(g) + 2OH^-(aq)$	+1,24
$O_2(g) + 4H^+(aq) + 4e^- \rightarrow 2H_2O$	+1,23

(continua)

(Tabela A - continuação)

Meia-reação	$E^{\ominus}/V$
$MnO_2(s) + 4H^+(aq) + 2e^- \rightarrow Mn^{2+}(aq) + 2H_2O$	+1,23
$Br_2(l) + 2e^- \rightarrow 2Br^-(aq)$	+1,09
$NO_3^-(aq) + 4H^+(aq) + 3e^- \rightarrow NO(g) + 2H_2O$	+0,96
$2Hg^{2+}(aq) + 2e^- \rightarrow Hg_2^{2+}(aq)$	+0,92
$Hg^{2+}(aq) + 2e^- \rightarrow Hg^0(l)$	+0,86
$NO_3^-(aq) + 2H^+(aq) + e^- \rightarrow NO_2(g) + H_2O$	+0,80
$Ag^+(aq) + e^- \rightarrow Ag^0(s)$	+0,80
$Hg_2^{2+}(aq) + 2e^- \rightarrow Hg(l)$	+0,79
$Fe^{3+}(aq) + e^- \rightarrow Fe^{2+}(aq)$	+0,77
$MnO_4^{2+}(aq) + 2H_2O + 2e^- \rightarrow MnO_2(s) + 4OH^-(aq)$	+0,60
$MnO_4^-(aq) + e^- \rightarrow MnO_4^{2-}(aq)$	+0,56
$I_2(s) + 2e^- \rightarrow 2I^-(aq)$	+0,54
$NiOOH(aq) + H_2O + e^- \rightarrow Ni(OH)_2(s) + OH^-(aq)$	+0,49
$O_2(g) + 2H_2O + 4e^- \rightarrow 4OH^-(aq)$	+0,40
$Cu^{2+}(aq) + 2e^- \rightarrow Cu(s)$	+0,34
$AgCl(s) + e^- \rightarrow Ag(s) + Cl^-(aq)$	+0,22
$Cu^{2+}(aq) + e^- \rightarrow Cu^+(aq)$	+0,16
$2H^+(aq) + 2e^- \rightarrow H_2(g)$	**0,00** – por definição
$Fe^{3+}(aq) + 3e^- \rightarrow Fe(s)$	–0,04
$Pb^{2+}(aq) + 2e^- \rightarrow Pb(s)$	–0,13
$Sn^{2+}(aq) + 2e^- \rightarrow Sn(s)$	–0,14
$Ni^{2+}(aq) + 2e^- \rightarrow Ni(s)$	–0,23
$Co^{2+}(aq) + 2e^- \rightarrow Co(s)$	–0,28
$PbSO_4(s) + 2e^- \rightarrow Pb(s) + SO_4^{2-}(aq)$	–0,36

(Tabela A – conclusão)

Meia-reação	$E^\ominus/V$
$Cd^{2+}(aq) + 2e^- \rightarrow Cd(s)$	−0,40
$Fe^{2+}(aq) + 2e^- \rightarrow Fe(s)$	−0,44
$S(s) + 2e^- \rightarrow S^{2-}(aq)$	−0,48
$Cr^{3+}(aq) + 3e^- \rightarrow Cr(s)$	−0,74
$Zn^{2+}(aq) + 2e^- \rightarrow Zn(s)$	−0,76
$Cd(OH)_2(s) + 2e^- \rightarrow Cd(s) + 2OH^-(aq)$	−0,81
$2H_2O + 2e^- \rightarrow H_2(g) + 2OH^-(aq)$	−0,83
$Cr^{2+}(aq) + 2e^- \rightarrow Cr(s)$	−0,91
$Mn^{2+}(aq) + 2e^- \rightarrow Mn(s)$	−1,18
$Al^{3+}(aq) + 3e^- \rightarrow Al(s)$	−1,66
$Mg^{2+}(aq) + 2e^- \rightarrow Mg(s)$	−2,36
$Ce^{3+}(aq) + 3e^- \rightarrow Ce(s)$	−2,48
$Na^+(aq) + e^- \rightarrow Na(s)$	−2,71
$Ca^{2+}(aq) + 2e^- \rightarrow Ca(s)$	−2,87
$Ba^{2+}(aq) + 2e^- \rightarrow Ba(s)$	−2,91
$K^+(aq) + e^- \rightarrow K(s)$	−2,93
$Li^+(aq) + e^- \rightarrow Li(s)$	−3,05

Fonte: Elaborado com base em Atkins; Paula, 2008.

Respostas

Capítulo 1

Prática laboratorial

1. a

I) Verdadeira. Para verificar, basta calcular a carga de cada átomo dentro da molécula ou íon composto, como apresentado a seguir:

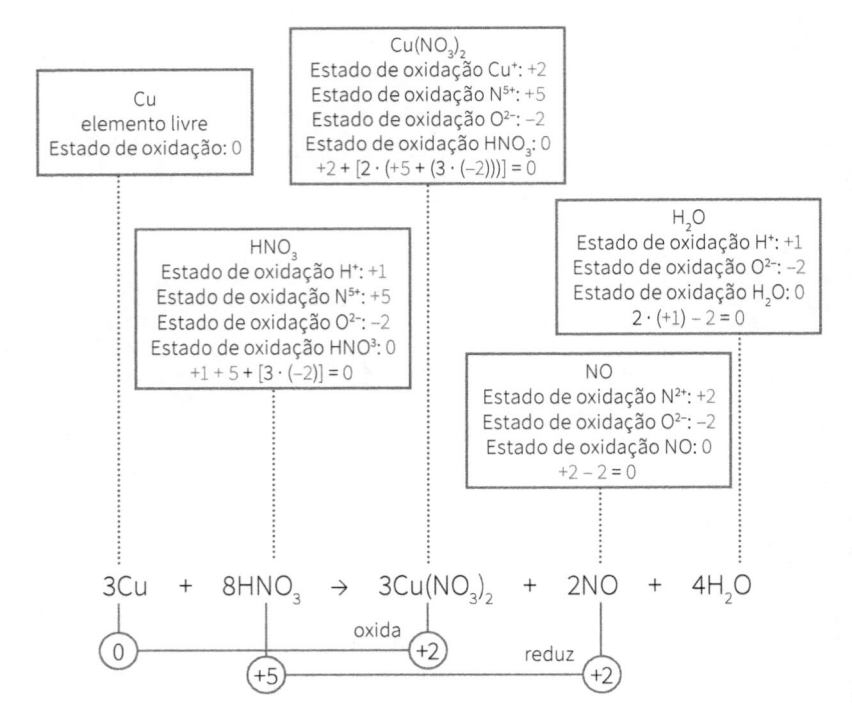

```
┌─────────────────────┐      ┌──────────────────────────────────────┐
│         Cu          │      │              Cu(NO₃)₂                │
│   elemento livre    │      │  Estado de oxidação Cu⁺: +2          │
│  Estado de          │      │  Estado de oxidação N⁵⁺: +5          │
│  oxidação: 0        │      │  Estado de oxidação O²⁻: −2          │
└─────────────────────┘      │  Estado de oxidação HNO₃: 0          │
                             │  +2 + [2 · (+5 + (3 · (−2)))] = 0    │
                             └──────────────────────────────────────┘
```

$Cu(NO_3)_2$
Estado de oxidação Cu^+: +2
Estado de oxidação N^{5+}: +5
Estado de oxidação O^{2-}: −2
Estado de oxidação HNO_3: 0
$+2 + [2 \cdot (+5 + (3 \cdot (-2)))] = 0$

HNO_3
Estado de oxidação H^+: +1
Estado de oxidação N^{5+}: +5
Estado de oxidação O^{2-}: −2
Estado de oxidação HNO^3: 0
$+1 + 5 + [3 \cdot (-2)] = 0$

H_2O
Estado de oxidação H^+: +1
Estado de oxidação O^{2-}: −2
Estado de oxidação H_2O: 0
$2 \cdot (+1) - 2 = 0$

NO
Estado de oxidação N^{2+}: +2
Estado de oxidação O^{2-}: −2
Estado de oxidação NO: 0
$+2 - 2 = 0$

$$3Cu + 8HNO_3 \rightarrow 3Cu(NO_3)_2 + 2NO + 4H_2O$$

 0 ———————————— oxida ————————— +2
        +5 ————————————————— reduz ————— +2

II) Verdadeira. Como mostrado pela análise da reação da afirmativa I, o HNO_3 sofreu redução a NO (o número de oxidação diminuiu), ao mesmo tempo que o eletrodo de cobre foi oxidado (o número de oxidação aumentou).

III) Falsa. Alguns foram reduzidos para NO e outros permaneceram sob a forma de íons nitrato.

IV) Falsa. O HNO_3 é o agente oxidante.

V) Verdadeira. Para confirmar, basta realizar o balanceamento redox, conforme a resolução a seguir:

Semirreações: **(I)** $Cu^{2+} + 2e^- \rightarrow Cu^0$;

(II) $HNO_3 \rightarrow NO + NO_3^- + H_2O$

Balanceando **(II)**: $8HNO_3 + 6e^- \rightarrow 2NO + 6NO_3^- + 4H_2O$

Igualamos os elétrons de ambas as semirreações: para isso, multiplicamos **(I)** pelo fator 6 e **(II)** pelo fator 2, obtendo:

(I) $6Cu^0 \rightarrow 6Cu^{2+} + 12e^-$

(II) $16HNO_3 + 12e^- \rightarrow 4NO + 12NO_3^- + 8H_2O$

Cancelam-se os elétrons e os íons Cu^{2+}; combina-se com os íons NO_3^-, formando $6\ Cu(NO_3)_2$.

Reação global: $6Cu^0 + 16HNO_3 \rightarrow 6Cu(NO_3)_2 + 4NO + 8H_2O$

Simplificando por 2, obtemos:

Reação global: $3Cu^0 + 8HNO_3 \rightarrow 3Cu(NO_3)_2 + 2NO + 4H_2O$

Portanto, para realizar o balanceamento dessa reação redox, são necessários 12 elétrons.

2. c

   I) Falsa. A forma correta é $Pb^0|Pb^{2+}||Ag^+|Ag^0$.

   IV) Falsa. No polo positivo, cátodo, ocorrerá a semirreação de redução dos íons Ag^+ a prata metálica.

   V) Falsa. Exatamente por ser uma célula galvânica, o fluxo eletrônico é espontâneo e ocorre na direção do ânodo para o cátodo.

3. a

   A amônia (NH_3) sofre oxidação, pois o número de oxidação do nitrogênio aumenta de –3 para +2 na molécula de NO. O gás oxigênio (O_2) sofre redução, pois seu número de oxidação varia de 0 na molécula diatômica para 2– nas moléculas de NO, H_2O e NO_2. O dióxido de nitrogênio (NO_2) sofre desproporcionamento, pois o átomo de nitrogênio tem número de oxidação +4 no NO_2 e é decomposto em NO (o número de oxidação do nitrogênio é +2) e em HNO_3 (o número de oxidação do nitrogênio é +5).

4. d

   Antes de iniciar os cálculos, sempre verifique se as unidades estão de acordo com o SI; caso não estejam, realize as conversões necessárias.

   $t = 4 \text{ horas} \cdot \dfrac{60 \text{ minutos}}{1 \text{ hora}} \cdot \dfrac{60 \text{ segundos}}{1 \text{ minuto}} = 14\,400 \text{ segundos}$

   $i = \dfrac{Q}{t}$ Rearranjando: $Q = i \cdot t$

Portanto, $Q = 5A \cdot 14\,400$ s; $Q = 72\,000$ C

Sabemos que o $CuSO_4$ em solução sofre dissociação $CuSO_4 \rightarrow Cu^{2+}(aq) + SO_4^{2-}(aq)$ e que a reação de redução de íons cobre é $Cu^{2+}(aq) + 2e^- \rightarrow Cu^0(s)$. Sabemos que a redução de 1 mol de cobre envolve 2 mols de elétrons, cada mol de elétrons equivale a 96 500 C e a massa molar do cobre é 63,5 g/mol. Assim:

$$\frac{1\,mol\,e^-}{96\,500\,C} \cdot \frac{1\,mol\,Cu}{2\,mol\,e^-} \cdot \frac{63,5\,g}{1\,mol\,Cu} \cdot 72\,000\,C =$$

$= 23,7$ g de massa de cobre recuperada

$m \cong 24$ g de massa de cobre recuperada

5. d

II) Falsa. Pela relação $\Delta G = -nFE^\theta$, quando o E^θ for negativo, o ΔG será positivo, configurando um processo não favorável.

III) Falsa. O potencial-padrão de redução à sua direita no diagrama de Latimer é maior do que o potencial à sua esquerda. Isso indica que essa espécie (Cr^{4+}) sofrerá desproporcionamento em suas espécies vizinhas, Cr^{3+} e Cr^{5+}, sendo, portanto, instável em meio ácido.

V) Verdadeira. Confira o cálculo:

Reação global: $Cr^{6+} + 3e^- \rightarrow Cr^{3+}$ $\qquad E^\theta = ?$

Reações envolvidas:

$\frac{1}{2}Cr_2O_7^{2-} + 7H^+ + e^- \rightarrow Cr^{5+} + \frac{7}{2}H_2O \qquad E^\theta = +0,55$ V

$Cr^{5+} + e^- \to Cr^{4+}$ $E^\theta = +1,34$ V

$Cr^{4+} + e^- \to Cr^{3+}$ $E^\theta = +2,10$ V

Aplicando a Equação 1.15, obtemos:

$$E^\theta(\text{etapa}\,1 + \text{etapa}\,2 + \text{etapa}\,3) = \frac{1\cdot(0,55) + 1\cdot(+1,34) + 1\cdot(+2,10)}{1+1+1}$$

$E^\theta = +1,33$ V

Análises químicas
Estudos de interações

1. O alumínio tem potencial-padrão de redução de –1,66 V; então, em contato com uma solução ácida, é espontânea a reação de oxidação do alumínio da embalagem pelos íons H⁺ da solução, gerando gás hidrogênio dentro do frasco e contaminando a solução com íons Al^{3+}.

2. Consideremos as reações envolvidas com base nos componentes desse sistema, cobre e $AgNO_3$:

    $Cu^{2+}(aq) + 2e^- \to Cu^0(s)$ $E^\theta = +0,34$ V

    $Ag^+(aq) + e^- \to Ag^0(s)$ $E^\theta = +0,80$ V

    Comparando os valores de potencial-padrão de redução, como a semirreação da prata que tem maior E^θ, essa espécie será reduzida a prata metálica, uma vez que já está presente na solução sob a forma de íons Ag^+, depositando-se sobre a superfície do eletrodo de cobre. O cobre, por sua vez, será oxidado a Cu^{2+}, migrando para a solução e deixando-a levemente azulada.

Reação global: $Cu^0(s) + 2AgNO_3(aq) \rightarrow Cu(NO)_3(aq) + Ag^0(s)$

Assista ao vídeo sobre essa reação:

MRLUNDSCIENCE. **Redox Reaction**: Holiday ChemisTree! Copper + Silver Nitrate (Holiday Chemistry). 1º dez. 2017. Disponível em: <https://www.youtube.com/watch?v=yO9sl60XAZo>. Acesso em: 31 jul. 2020.

Capítulo 2
Prática laboratorial

1. d

    II) Falsa. O eletrodo de platina tem a função de ser um suporte para o transporte de elétrons, não participando efetivamente dos processos redox.

    IV) Falsa. Por convenção, o potencial-padrão para o EPH é constante em todas as temperaturas.

2. b

    I) Falsa. ΔG assume valor zero quando o sistema está em condição de equilíbrio químico e a velocidade das reações direta e inversa é igual.

    II) Falsa. Reação exotérmica espontânea necessita que ΔS seja positivo, independentemente da temperatura, o que nem sempre acontece.

    V) Falsa. Não há sentido em valores de entropia absoluta negativos (terceira lei da termodinâmica).

3. d

Como ΔS < 0, o termo TΔS é positivo. Assim, para a reação ser espontânea (ΔG negativo), necessariamente o valor ΔH (negativo nesse caso) precisa ser superior ao termo TΔS.

4. a

I) Falsa. O potencial elétrico é expresso em volts (joule/coulomb), e a energia livre de Gibbs, em joule/mol.

III) Falsa. O pH é igual a 0, e a pressão é 1 atm, que equivale a 760 torr.

IV) Falsa. O potencial elétrico é a quantidade de trabalho necessária para deslocar uma carga Q do infinito até um ponto p no espaço.

5. e

I) Falsa. Entropia não se refere a calor transferido em processos.

V) Falsa. A reação faz aumentar o número de mols, e as moléculas são gasosas. Esses dois fatos contribuem para o aumento da entropia.

Análises químicas

Estudos de interações

1. Sua reflexão sobre os itens indicados deve considerar que processos espontâneos ocorrem com liberação de energia e aumento de entropia. Você não precisa ter valores numéricos de entropia para reconhecer a espontaneidade de um evento,

pois aprendeu que a entropia se relaciona com a desordem do sistema; logo, se um processo leva a uma maior desorganização, ele é espontâneo.

I. O fluxo de cachoeira é um processo espontâneo, ocorre sem interferência externa, ao contrário do que seria o fluxo oposto. Fazer uma quantidade de água subir uma montanha ou um abismo apenas seria possível com o auxílio de bombas d'agua, por exemplo, ou seja, essa seria a interferência ou intervenção externa.

II. O processo de fotossíntese não é espontâneo. Você sabe que ele apenas acontece na presença de luz, portanto necessita de um estímulo externo.

III. O ato de a mão aquecer enquanto segura uma xícara quente envolve transferência de calor, que acontece espontaneamente do corpo mais quente para o mais frio.

IV. A pintura da carcaça de um automóvel por eletrólise é um processo não espontâneo, pois, na eletrólise, um potencial é fornecido por uma fonte externa para que a reação química aconteça.

V. A geração de energia nuclear pelo decaimento radioativo natural do urânio é um processo espontâneo. Apesar de não ser um processo comum no cotidiano, é uma importante fonte energética.

2. Considerando a cozinha, podemos observar que os processos de dissolução do sal de cozinha, o derretimento de um cubo de gelo e a expansão do gás quando o botão do fogão é acionado são processo espontâneos. Com relação aos processos não espontâneos, podemos citar o cozimento de

alimentos, o estouro do milho de pipoca e o congelamento de alimentos no refrigerador. Porém há muitos outros, basta observar o ambiente.

Sob o microscópio

1. Para a construção do mapa mental, use sua criatividade e organize as informações de forma clara. Nesse tipo de mapa, é indicada a utilização do mínimo de texto possível e é incentivado o uso de palavras-chave e ilustrações. A Figura 2.5 não é um mapa mental, mas pode auxiliar na organização de suas ideias para que você desenvolva essa atividade.

Capítulo 3
Prática laboratorial

1. b

    Inicialmente, deve-se balancear a equação:

    $N_2O_4(g) \rightleftharpoons 2NO_2(g)$

    A constante de equilíbrio é calculada por meio das concentrações no equilíbrio. Perceba que o exercício fornece o número de mol (n) das espécies em equilíbrio e o volume total do frasco, 2 L. Assim, a concentração no equilíbrio é obtida pela divisão de n pelo volume, obtendo-se um valor de 0,03 mol L^{-1} para o N_2O_4 e 0,09 mol L^{-1} para o NO_2. A determinação do valor da constante de equilíbrio é calculada pela razão entre a concentração de produtos e a de reagentes. Logo:

    $$K = \frac{0,09^2}{0,03} = 0,27$$

2. d

II) Falsa. A reação é exotérmica, ou seja, o calor é "produto". Quando realizada com aquecimento, é deslocada no sentido dos reagentes.

IV) Falsa. A variação de funções de estado considera a diferença entre os estados inicial (produtos) e final (reagentes). Logo, se o valor de ΔH é negativo, a entalpia dos reagentes é maior do que a dos produtos.

3. d

II) Falsa. O valor de ΔS positivo indica aumento na desordem do sistema, mas isso não implica que o valor de ΔG deverá ser negativo. Conforme a relação $\Delta G = \Delta H - T\Delta S$ o valor de energia livre depende tanto da entropia como da entalpia.

III) Falsa. A termodinâmica é, realmente, útil para determinar se um processo é energeticamente favorável, mas não contempla fatores de velocidade de reação, cuja função compete à cinética química.

4. c

A reação será $Fe^{2+} + 2e^- \rightarrow Fe$. Conforme o Anexo, o potencial-padrão para essa reação é $-0,44$ V. Aplicando a equação de Nernst, temos:

$$E = E^0 - \frac{RT}{nF}\ln\frac{[Fe]}{[Fe^{2+}]}$$

$$E = -0,44 - \frac{0,0256}{2}\ln\left(\frac{1}{1,0 \cdot 10^{-3}}\right) \qquad E = -0,53 \text{ V}$$

5. b

Para calcularmos o potencial de célula, precisamos descobrir como as concentrações de cada espécie afetam, inicialmente, o valor de potencial de cada semirreação. Em razão disso, é necessário aplicar a equação de Nernst para cada uma delas. Perceba que devemos ajustar os coeficientes estequiométricos para a semirreação da prata, para igualar o número de elétrons transferidos.

$$E^0_{Pb} = -0,13 - \frac{0,0256}{2} \ln \frac{1}{[Pb^{2+}]} = -0,18 \text{ V}$$

$$E^0_{Ag} = 0,80 - \frac{0,0256}{2} \ln \frac{1}{[Ag^+]^2} = +0,69 \text{ V}$$

Sabemos que $E_{célula} = E^0_{Ag} - E^0_{Pb}$. Dessa forma:

$E_{célula} = +0,69 - (-0,18)$ $E_{célula} = +0,87$ V

Análises químicas
Estudos de interações

1. Essas lentes são chamadas de *fotossensíveis*, pois mudam de coloração quando recebem a radiação UV e retornam à versão incolor quando não estão sob a ação da luz do sol, ou seja, trata-se de um equilíbrio químico. Elas são formadas por cloreto de prata e íons de cobre, os quais são adicionados aos componentes do vidro (carbonato de sódio, carbonato de cálcio e sílica) durante a preparação. Os íons de prata não têm coloração, porém a prata metálica tem coloração escura e é essa espécie que promove o escurecimento do

vidro. Há outros equilíbrios envolvidos nesse processo, mas o principal é o apresentado na questão. A temperatura é um dos fatores que afetam a posição do equilíbrio químico. Em dias de sol e calor, a reação ocorre mais rapidamente e o equilíbrio químico é atingido antes. Porém, em dias de sol e frio, o escurecimento também ocorre, mas de forma mais lenta.

2. O Quadro 3.1 mostra como a relação entre reagentes e produtos influencia os valores da energia livre de Gibbs e o potencial de célula. Você sabe que pilhas sofrem reações redox e que essas reações apenas acontecem quando há uma diferença de potencial entre os eletrodos, a qual corresponde à força eletromotriz para que os elétrons se movimentem e gerem corrente elétrica. Assim, conforme a pilha é utilizada, a concentração dos reagentes e dos produtos varia no sentido de alcançar o equilíbrio químico. Isso leva à diminuição do potencial de célula; logo, sua capacidade de gerar trabalho diminui e ela para de funcionar.

Sob o microscópio

1. O ATP é um nucleotídeo capaz de armazenar energia da respiração celular e da fotossíntese em suas ligações químicas. A liberação da energia acumulada ocorre pelo processo exotérmico de rompimento das ligações com os grupos fosfato, transferindo o excedente energético para os processos não espontâneos acoplados.

$ATP(aq) + H_2O(l) \rightleftharpoons ADP(aq) + P_i^-(aq) + energia$

Na reação de hidrólise do ATP, são gerados ADP (difosfato de adenosina), fosfato inorgânico (P_i^-) e energia. Essa reação tem valor de $\Delta G = -30,5$ kJ mol^{-1}, assumindo 25 °C, pH 7 e concentrações de 1 mol L^{-1}. Portanto, pode ser aplicada para impulsionar outros processos. Na Figura 3.4, é apresentado um esquema geral para exemplificar o ciclo ATP/ADP.

A reação acoplada II pode ser, por exemplo, a síntese de sacarose, cuja demanda energética é de +27 kJ mol^{-1}, obtendo-se um processo global favorável energeticamente.

glicose + frutose $\rightleftharpoons$ sacarose $\Delta G = +27,0$ kJ mol^{-1}

ATP + $H_2O \rightleftharpoons$ ADP + P_i^- $\Delta G = -30,5$ kJ mol^{-1}

glicose + frutose + ATP $\rightleftharpoons$ sacarose + ADP + P_i^-
$\Delta G = -3,5$ kJ mol^{-1}

A reação entre ATP e ADP é reversível; assim, logo após a formação do ADP, a molécula de ATP pode ser regenerada pelo consumo de energia, por meio de outra reação espontânea que esteja acoplada a esse sistema. Em condições reais dentro da célula, o valor de energia liberada na quebra da molécula do ATP pode chegar a −57 kJ mol^{-1}, um valor relativamente grande.

Capítulo 4
Prática laboratorial

1. a

   b) Incorreta. O elemento chumbo sofre oxidação nos eletrodos de Pb⁰ e redução nos eletrodos de PbO_2.

   c) Incorreta. O estado de oxidação do chumbo no PbO_2 é +4, porque o número de oxidação do oxigênio é –2.

   d) Incorreta. Nas semirreações, há a transferência de dois elétrons.

   Reação no cátodo:
   $$PbO_2(s) + H_2SO_4(aq) + 2H^+ + 2e^- \rightleftharpoons PbSO_4(s) + 2H_2O$$

   Reação no ânodo:
   $$Pb^0(s) + H_2SO_4(aq) \rightleftharpoons PbSO_4(s) + 2H^+ + 2e^-$$

   e) Incorreta. O eletrólito é ácido sulfúrico e é corrosivo.

2. b

   I) Incorreta. As espécies à esquerda têm menor poder redutor, o que significa que são melhores agentes oxidantes, ou seja, apresentam uma maior tendência a receber elétrons (caráter catódico).

3. e

4. b

   III) Falsa. Ocorre a passagem de espécies carregadas. A função do separador é equilibrar as cargas e evitar contato entre os eletrodos.

IV) Falsa. A pilha tem processo espontâneo ($\Delta G < 0$ e $\Delta E > 0$), e a eletrólise não é espontânea ($\Delta G > 0$ e $\Delta E < 0$).

V) Falsa. A capacidade da bateria indica a capacidade de fornecer corrente por unidade de tempo, expressa em termos de mAh.

5. a

I) Falsa. O H_2 é oxidado, e o oxigênio é reduzido.

II) Falsa. A condição de espontaneidade define que a energia livre ΔG deve ser negativa; assim, pela equação $\Delta G = -nFE$, quando ΔG tiver sinal negativo, o valor de E será positivo.

IV) Falsa. O hidrogênio é o combustível, e o oxigênio é o comburente.

Análises químicas

Estudos de interações

1. Resultado esperado da comparação:

	Pilhas e baterias	Células a combustível
Combustíveis	Os reagentes ficam armazenados dentro do dispositivo. Quando são totalmente consumidos, a pilha para de funcionar.	Os reagentes são continuamente injetados para dentro das câmaras; assim, a vida útil é muito maior.
Produtos gerados	Os produtos gerados apresentam toxicidade quando liberados.	São gerados água e calor, se usados gases puros.

(continua)

(conclusão)

	Pilhas e baterias	Células a combustível
Geração e armazenamento	A quantidade de energia gerada depende do tipo de pilha, mas, de modo geral, têm menor eficiência energética do que células a combustível. As pilhas e baterias funcionam como geradores e armazenadores de energia.	A quantidade de energia gerada depende do tipo de célula e de sua configuração. A principal diferença é que células a combustível apenas geram a energia, sendo necessária uma bateria para armazená-la, caso não seja consumida prontamente.
Custo	Por se tratar de uma tecnologia mais madura, os custos envolvidos já são aceitáveis comercialmente.	Por se tratar de uma tecnologia relativamente recente, muitos estudos ainda vêm sendo feitos com o objetivo de torná-las mais acessíveis economicamente.

2. A ideia implícita no texto é a urgente necessidade da substituição da frota veicular, à base de processos de combustão, por uma nova tecnologia mais limpa e menos agressiva ao ecossistema. Com essa compreensão, é importante manter-nos atentos aos esforços do governo e à evolução de projetos científicos nacionais sobre esse tema, uma vez que nosso país tem a vantagem da ampla

disponibilidade de etanol como precursor de hidrogênio para células a combustível, especialmente para aplicações automobilísticas.

Capítulo 5
Prática laboratorial

1. d

   I) Falsa. A concentração é maior na camada de Stern em razão da atração eletrostática promovida pelo eletrodo polarizado. Ela diminui, gradativamente, na camada difusa até alcançar o valor de concentração do *bulk* da solução.

   II) Falsa. O processo descrito é a difusão.

   III) Falsa. A troca de elétrons ocorre na interface eletrodo/eletrólito.

   V) Falsa. A reação ocorre entre o eletrodo de trabalho e o eletrodo auxiliar, sendo o eletrodo de referência responsável pela monitoração da variação de potencial do eletrodo de trabalho.

2. d

   IV) Incorreta. são usados eletrodos inertes para que não ocorra interferência nas reações de interesse.

   V) Incorreta. O EPH continua sendo utilizado, pois o potencial-padrão de um eletrodo de referência é aferido contra um eletrodo EPH.

3. e

   III) Falsa. A corrente faradaica se deve a processos redox.

   IV) Falsa. O tamanho da gota é importante, pois é proporcional à área eletroativa.

4. b

   a) Incorreta. Na varredura linear, há apenas uma onda voltamétrica.

   c) Incorreta. Em amperometria, o potencial é constante.

   d) Incorreta. A informação é traduzida sob a forma de corrente elétrica.

   e) Incorreta. A amostragem ocorre antes e após cada pulso.

5. b

   I) Falsa. Na medida de pH, não há consumo ou geração de corrente elétrica; assim, não há reação.

   II) Falsa. O potencial e a junção líquida se estabelecem na interface da ponte salina com a solução de eletrólito.

   V) Falsa. O ponto de equivalência é localizado na região em que as adições de titulante promovem alto incremento de potencial, como indicado na figura a seguir. Esse ponto pode ser determinado com precisão pela primeira derivada curva sigmoidal.

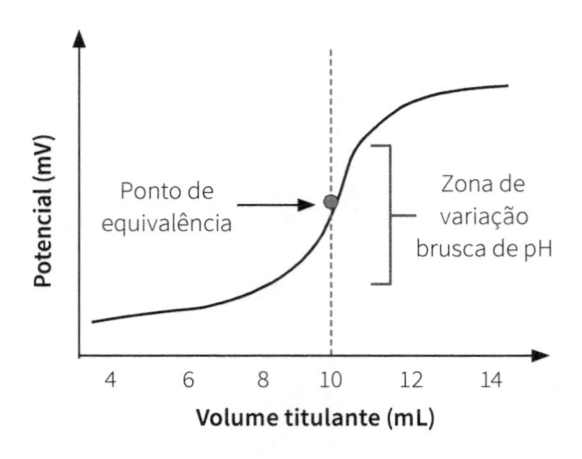

Gráfico: Potencial (mV) vs Volume titulante (mL), com o Ponto de equivalência indicado e a Zona de variação brusca de pH destacada.

Análises químicas

Estudos de interações

1. Sensores eletroquímicos de gases: esse dispositivo tem a clássica composição de dois eletrodos imersos em um eletrólito e envolvidos por um invólucro. A diferença aqui é o fato de esse invólucro ser plástico e poroso, permitindo a passagem dos gases a serem detectados. Quando o gás entra em contato com o eletrodo de trabalho, uma reação química desenvolve-se, gerando uma variação de potencial que sinaliza a presença do gás no meio. Esse tipo de dispositivo é aplicado em detectores de fumaça em hotéis e em indústrias, para a detecção de vazamentos de gases tóxicos ou explosivos.

Exames de gravidez de farmácia: esses dispositivos são um tipo de biossensor, pois há um material biológico presente. O resultado acontece por meio da reação química entre o anticorpo presente no sensor e o hormônio beta-HCG, encontrado na urina da mulher grávida. A reação promove uma variação de coloração na fita.

2. Os indicadores ácido-base são espécies que promovem a alteração de cor da solução conforme o pH é alterado. Isso ocorre em razão da presença de grupos ionizáveis na estrutura química. As principais vantagens estão no custo menor e na possibilidade de utilização em amostras biológicas e que contenham material particulado. Como desvantagens, devemos destacar que a identificação da cor pode ser subjetiva, dependendo da interpretação do operador; também não é interessante para soluções que já apresentem coloração. Por fim, a concentração do indicador pode afetar a intensidade da cor. Os eletrodos indicadores, estudados no Capítulo 5, oferecem como principais vantagens a seletividade e a precisão nos resultados, pois a maior parte deles é específica para um tipo de íons (H^+, Ag^+, Na^+, Cl^-). Como pontos fracos, podem ser destacados o custo relativamente alto do eletrodo e a impossibilidade de uso em meios com materiais sólidos e, também, em alguns meios biológicos, com o risco de haver o entupimento dos poros da membrana.

Capítulo 6
Prática laboratorial

1. e

    I) Falsa. A eletroextração corresponde ao processo de dissolver eletroquimicamente um ânodo metálico impuro, gerando um cátodo de alta pureza.

    II) Falsa. O processo envolvido é a eletrólise ígnea e no ânodo de carbono é gerado CO_2.

    III) Falsa. Água pura não é boa condutora elétrica, por isso são adicionados sais durante a eletrólise, os quais não participam das reações redox, e os gases gerados são puros.

2. c

    III) Falsa. A galvanização é o processo de revestimento de peças com zinco e a galvanoplastia é o método de proteção de superfícies capaz de formar camadas protetivas por meio de diversos metais.

    V) Falsa. O pré-tratamento visa excluir arestas salientes, rugosidades, sulcos e outras imperfeições físicas, além de remover as impurezas, as camadas de óxido e a sujeira.

3. b

    a) A passivação não causa deterioração e a película formada é isolante.

c) Há a formação de camada de óxido metálico na anodização, e não de camada metálica.

d) A reação é entre o cromo e o oxigênio.

e) *Cromação* é o nome do processo de formação de uma camada metálica de cromo.

4. c

II) Falsa. No sistema de proteção catódica por corrente impressa, não há limitação para os valores de potencial-padrão de redução assumidos para o ânodo, pois, nesse sistema, os elétrons derivam de uma fonte externa e o ânodo funciona apenas como um substrato para a transferência eletrônica.

III) Falsa. O ânodo de sacrifício deve ter baixo potencial-padrão de redução, devendo ser menor do que o da peça a ser protegida.

5. b

a) Falsa. Configura uma célula eletrolítica.

c) Falsa. A eletromigração relaciona-se com a movimentação de íons de modo geral.

d) Falsa. Exercem forte influência

e) Falsa. A movimentação das espécies é lenta em razão do meio heterogêneo.

Análises químicas

Estudos de interações

1. Produtos de limpeza: a soda é utilizada no processo de fabricação de sabão em pó e em barra, detergentes e sabões industriais. Estes últimos são mais potentes e utilizados na limpeza de fornos, equipamentos da produção alimentícia, pisos, removedores de tinta etc.

   Indústria de eletrodeposição/galvanização: nesse ramo, o NaOH é utilizado no tratamento de efluentes, pois estes reagem com os íons metálicos residuais e formam hidróxidos insolúveis, podendo ser removidos por filtração ou outro processo físico de separação. Essa etapa torna os efluentes menos tóxicos para o descarte.

   Indústria de papel e celulose: a soda é usada na etapa de branqueamento do papel.

   Indústria têxtil: a soda cáustica tem a função de tornar o tingimento mais eficiente e fortalecer as fibras dos tecidos. Também é utilizada em lavadores de gases de muitos tipos de indústrias, pois atua na neutralização de tais gases, que normalmente são de caráter ácido, gerando um sal e água. Essa etapa reduz a emissão de gases tóxicos para a atmosfera.

   Esses são apenas alguns exemplos; há uma infinidade de processos industriais que utilizam a soda cáustica em larga escala.

Sob o microscópio

A ideia é que seja formada, primeiro, uma camada de metal e, depois, a outra. Podemos selecionar a sequência das camadas por meio de seus valores de potencial-padrão para cada reação de redução. Para isso, recorremos à tabela do Anexo.

$Cd^{2+} + 2e^- \rightarrow Cd^0 \qquad E^0 = -0,40\ V$

$Zn^{2+} + 2e^- \rightarrow Zn^0 \qquad E^0 = -0,76\ V$

Uma alternativa é, inicialmente, aplicar um potencial para iniciar a reação, em torno de −0,40 V, havendo a formação do depósito de cádmio metálico. Com a evolução da reação, a [Cd^{2+}] na solução diminui e, conforme a equação de Nernst determina, o potencial medido também reduzirá, até atingir valores próximos a −0,76 V, momento em que os íons Zn^{2+} começarão a ser reduzidos conjuntamente com as espécies remanescentes em solução de cádmio. Como [Zn^{2+}] > [Cd^{2+}], nesse instante, podemos considerar que essa camada é composta majoritariamente por zinco metálico. Com isso, o objetivo proposto seria alcançado.

Experimentos conduzidos para gerar duas ou mais camadas controladas pelo potencial são comuns na fabricação de joias e bijuterias, em que, normalmente, a camada mais interna é de um metal menos nobre, corrigindo imperfeições e protegendo a peça. A camada mais externa é feita de um metal mais nobre e é mais fina, tendo apenas a finalidade de acabamento. É pela espessura dessa camada que se classificam as joias de ouro em diferentes quilates.

Sobre a autora

Ana Luiza Lorenzen Lima é bacharel em Química pela Universidade Federal do Paraná (UFPR), mestre e doutora em Físico-Química pela mesma instituição. As linhas de pesquisa desenvolvidas no mestrado e no doutorado envolvem diretamente a eletroquímica. Seus projetos concentraram-se no estudo eletroquímico de interfaces de eletrodos modificados, por meio de diferentes materiais, com o objetivo principal de promover o desenvolvimento de sistemas supercapacitivos para armazenamento energético.

Os papéis utilizados neste livro, certificados por instituições ambientais competentes, são recicláveis, provenientes de fontes renováveis e, portanto, um meio responsável e natural de informação e conhecimento.

Impressão: Reproset
Agosto/2023